经济管理实践教材丛书

主编／刘宇　副主编／张虹　曲立

经济管理实践教材丛书

主　编／刘　宇
副主编／张　虹　曲　立

心理测量实践教程
Psychological Measurement Practice Tutorial

廉串德　梁栩凌 ◎ 编著

社会科学文献出版社
SOCIAL SCIENCES ACADEMIC PRESS (CHINA)

本丛书出版得到北京市属高等学校人才强校计划项目、
科技创新平台项目、北京市重点建设学科项目、
北京知识管理研究基地项目资助

总　序

General Preface

经济管理学院是北京信息科技大学最大的学院。目前拥有管理科学与工程、企业管理、技术经济及管理、国民经济学、数量经济学等5个硕士授权学科，其中管理科学与工程、企业管理为北京市重点建设学科；拥有北京市哲学社会科学研究基地——北京知识管理研究基地；拥有工业工程专业硕士；拥有会计学、财务管理、市场营销、工商管理、人力资源管理、经济学等6个学士授权专业，设有注册会计师、证券与投资、商务管理、国际贸易等四个专门化方向。

经济管理学院下设五个系：会计系、财务与投资系、企业管理系、营销管理系、经济与贸易系；现有教授12人、副教授37人，具有博士学位教师占25%，具有硕士学位教师占70%。在教师中，有享受政府特殊津贴专家、博士生导师、跨世纪学科带头人，还有北京市教委人才强教计划学术创新拔尖人才、北京市教委人才强教计划学术创新团队带头人、北京市哲学社会科学研究基地首席专家、北京市重点建设学科带头人、北京市科技创新标兵、北京市科技新星、证券投资专家，还有北京市政府顾问、国家注册审核员、国家注册会计师、大型企业独立董事，还有一级学术组织常务理事，他们分别在计量经济、实验经济学、知识管理、科技管理、证券投资、项目管理、质量管理和财务会计教学与研究领域颇有建树，享有较高的知名度。

经济管理学院成立了知识管理研究所、实验经济学研究中心、顾客满意度测评研究中心、科技政策与管理研究中心、食品工程项目管理研究中心、经济发展研究中心、国际贸易研究中心、信息与职业工程研究所、金融研究所、知识工程研究所、企业战略管理研究所。

近5年以来，在提高教学质量的同时，在科学研究方面也取得了丰硕的成果。完成了国家"十五"科技攻关项目、国家科技基础平台建设项目、国家科技支撑计划项目、国家软科学项目等12项国家级项目和28项省部级项目；荣获2008年国家科技进步奖，以及6项省部级奖；获得软件著作权30项；出版专著26部；出版译著6本；出版教材20本；发表论文600余篇。这些成果直接或间接地为政府部门以及企业服务，特别地服务于北京社会发展与经济建设。

基于培养创新能力强的应用型人才的需要，在长期有关实验实习工作研究、建设、整合、优化与提升过程中，建成了经济管理实验教学中心，下设财务与会计实验室、企业管理实验室、经济与贸易实验室。该中心覆盖了会计、财务与投资、企业管理、营销管理、经济与贸易、知识管理、实验经济学等七个实验教学领域。该中心由实验室与专业系共同建设，专业教师与实验教师密切合作，取得了实质性的进展，成果"工商管理专业实践教学体系构建与实施"获得了2008年北京市教育教学成果奖（高等教育）一等奖，并完成了这套经济管理实验教学教材丛书。

在北京市属高等学校科技创新平台、北京市重点建设学科、北京知识管理研究基地与北京市属高等学校人才强教计划项目资助下，出版这套经济管理实验实习教材丛书。

对于培养应用型人才来说，实践教学教材就显得十分重要，且需求量大。但鉴于实践教学教材个性化、差异化强，编写出版难度大，市场上可供选择的实践教学教材少，不能满足需求。这套教材是一种尝试，是一种交流，也是一种学习，难免有不当甚至错误之处，敬请批评指正。

我们有信心，在北京市教委与学校大力支持与领导下，依靠学科、科研、教学与实验教学团队，精心设计、组织与建设，把经济管理实验教学中心建成为北京市实验教学示范中心，为北京市经济社会发展培养急需的应用型人才作出更大的贡献。

主编 刘 宇

2009年9月于北京天通苑

前　言

　　心理测量既是应用心理学的一个重要分支学科，也是教育学、社会学、管理学等社会学科的研究工具，因此心理测量学具有很强的实践特色。编者基于心理测量课程的实践教学经验，将本书定位于心理测量实践教程，既是为开设心理测量实践教学课程提供教学依据，也是为在工作中需要编制和应用心理测验的专业人员提供实践参考。

　　本书共分为三个部分。第一部分是理论篇，包括两章内容，分别是心理测量的基本概念和主要指标，目的是让读者了解心理测量的基本原理。第二部分是编制篇，这是心理测验实践的核心部分，结合心理测验编制的科学程序，分为编制准备、项目编制、项目分析与测验标准化、信度分析、效度分析、常模制订和手册撰写共七章内容，系统介绍测验编制过程各种指标的计算方法和要领。第三部分是应用篇，侧重于指导读者掌握现有心理测验工具，特别是经典心理测验工具的应用方法。其内容包括两个方面：一是心理测验应用的基本知识，包括测验选择、测验实施、测验结果的解释共三章内容；二是心理测验的工具介绍，包括智力测验、人格测验、职业倾向测验和心理健康测验共四章内容，介绍了经典心理测量工具的应用情况。

  本书的理论部分借鉴和引用了前人研究的成熟结论，编制部分来源于心理测量课程教学过程的数据资料，特别是心理测量课程设计的相关成果，应用部分是对我国应用较多的经典心理测量工具的介绍。在此，对心理测量的研究前辈、同仁以及提供数据的学生表示感谢。

  本系列教材主编刘宇，副主编张虹、曲立对全书进行了审订，对本书的内容定位进行详细指导，在写作过程中得到了北京信息科技大学经济管理学院葛新权院长的悉心关怀，在此特表谢意。但是，由于编者能力和写作时间的限制，难免有不当之处，希望得到各位同仁的帮助指正。

廉串德 梁栩凌
2010 年 11 月 20 日

目 录

第一部分　理论篇

第一章　心理测量的基本概念 …………………………… 003
　第一节　心理测量的发展历史 …………………………… 003
　第二节　心理测量与心理测验 …………………………… 011
　练习与思考 ………………………………………………… 020
　本章小结 …………………………………………………… 020

第二章　心理测量指标 …………………………………… 022
　第一节　测量误差与测量理论 …………………………… 022
　第二节　信度 ……………………………………………… 032
　第三节　效度 ……………………………………………… 037
　第四节　常模 ……………………………………………… 043
　练习与思考 ………………………………………………… 046
　本章小结 …………………………………………………… 046

第二部分 编制篇

第三章 测验编制准备 ································· 051
第一节 心理测验的编制程序 ···················· 051
第二节 心理测验的主题设计 ···················· 053
练习与思考 ······································· 057
本章小结 ··· 058

第四章 测验项目编制 ································· 059
第一节 测验项目的编制 ·························· 059
第二节 测验的编排 ······························· 067
练习与思考 ······································· 069
本章小结 ··· 070

第五章 项目分析与测验标准化 ···················· 072
第一节 测验预试与项目分析 ···················· 072
第二节 测验标准化 ······························· 092
练习与思考 ······································· 098
本章小结 ··· 100

第六章 信度分析 ······································· 101
第一节 信度系数的计算 ·························· 101
第二节 信度系数的应用 ·························· 119
练习与思考 ······································· 123
本章小结 ··· 125

第七章 效度分析 …… 126
第一节 评估测验的效度 …… 126
第二节 效标效度的应用 …… 142
练习与思考 …… 144
本章小结 …… 146

第八章 常模制订 …… 147
第一节 常模数据采集 …… 147
第二节 常模计算 …… 153
练习与思考 …… 175
本章小结 …… 176

第九章 测验手册 …… 177
第一节 测验手册的内容结构 …… 177
第二节 测验手册的撰写 …… 181
练习与思考 …… 182
本章小结 …… 182

第三部分 应用篇

第十章 测验的选择 …… 187
第一节 测验来源 …… 187
第二节 测验的评价 …… 189
第三节 测验选择的原则与方法 …… 197
练习与思考 …… 207
本章小结 …… 207

第十一章 测验的实施与计分 209
   第一节 测验的实施 209
   第二节 测验的计分 217
   练习与思考 222
   本章小结 222

第十二章 测验结果报告与解释 224
   第一节 测验结果报告 224
   第二节 测验结果的解释 230
   练习与思考 237
   本章小结 237

第十三章 智力测验 238
   第一节 智力测验概述 238
   第二节 比内智力量表 251
   第三节 韦克斯勒智力量表 260
   第四节 瑞文测验 275
   第五节 创造力测验 279
   练习与思考 286
   本章小结 287

第十四章 人格测验 289
   第一节 人格测验的相关理论 289
   第二节 明尼苏达多项个性调查表 303
   第三节 卡氏16种人格因素测验 312
   第四节 艾森克人格问卷 318

第五节　投射测验 …………………………………………… 322
　练习与思考 …………………………………………………… 328
　本章小结 ……………………………………………………… 329

第十五章　职业倾向测验 ……………………………………… 331
　第一节　职业倾向测验概述 ………………………………… 331
　第二节　特殊职业能力测验 ………………………………… 334
　第三节　职业兴趣测验 ……………………………………… 349
　练习与思考 …………………………………………………… 354
　本章小结 ……………………………………………………… 355

第十六章　心理健康评定量表 ………………………………… 356
　第一节　心理健康与评定量表 ……………………………… 356
　第二节　症状自评量表 ……………………………………… 361
　练习与思考 …………………………………………………… 365
　本章小结 ……………………………………………………… 365

参考文献 ………………………………………………………… 367

附表1　标准正态分布表 ……………………………………… 370

附表2　相关系数显著性临界值表 …………………………… 372

Contents

PART I Theories

Chapter 1 Basic concepts of psychological measurement / 003
1.1 History of psychological measurement / 003
1.2 Psychological measurement and psychological testing / 011
Thinking & Practice / 020
conclusion / 020

Chapter 2 Index of psychological measurement / 022
2.1 Measurement error and theories / 022
2.2 Reliability / 032
2.3 Validity / 037
2.4 Norm / 043
Thinking & Practice / 046
conclusion / 046

PART II Developing

Chapter 3 Preparation for tests developing / 051
3.1 Procedures of psychological tests developing / 051

3.2　Psychological tests'title design　　　　　　　　　/ 053
Thinking & Practice　　　　　　　　　　　　　　　　/ 057
conclusion　　　　　　　　　　　　　　　　　　　　　/ 058

Chapter 4　Item writing　　　　　　　　　　　　　　/ 059
4.1　Items writing　　　　　　　　　　　　　　　　　/ 059
4.2　Items layout　　　　　　　　　　　　　　　　　/ 067
Thinking & Practice　　　　　　　　　　　　　　　　/ 069
conclusion　　　　　　　　　　　　　　　　　　　　　/ 070

Chapter 5　Item analysis and tests standardization　　/ 072
5.1　Test pilot test and item analysis　　　　　　　　 / 072
5.2　Tests standardization　　　　　　　　　　　　　 / 092
Thinking & Practice　　　　　　　　　　　　　　　　/ 098
conclusion　　　　　　　　　　　　　　　　　　　　　/ 100

Chapter 6　Reliability analysis　　　　　　　　　　　/ 101
6.1　Calculation of reliability coefficient　　　　　　　/ 101
6.2　Application of reliability coefficient　　　　　　 / 119
Thinking & Practice　　　　　　　　　　　　　　　　/ 123
conclusion　　　　　　　　　　　　　　　　　　　　　/ 125

Chapter 7　Validity analysis　　　　　　　　　　　　/ 126
7.1　Evaluation of test validity　　　　　　　　　　　/ 126
7.2　Application of criterion - related validity　　　　 / 142
Thinking & Practice　　　　　　　　　　　　　　　　/ 144
conclusion　　　　　　　　　　　　　　　　　　　　　/ 146

Chapter 8　Norm formulate　　　　　　　　　　　　　/ 147
8.1　Collection of norm data　　　　　　　　　　　　 / 147
8.2　Norm calculation　　　　　　　　　　　　　　　 / 153
Thinking & Practice　　　　　　　　　　　　　　　　/ 175

conclusion / 176

Chapter 9 Test manual / 177
9.1 Structure of test manual / 177
9.2 Test manual writing / 181
Thinking & Practice / 182
conclusion / 182

PART III Application

Chapter 10 Test choice / 187
10.1 Tests source / 187
10.2 Tests evaluation / 189
10.3 Principle and methods of tests choice / 197
Thinking & Practice / 207
conclusion / 207

Chapter 11 Tests implementation and scoring / 209
11.1 The implementation of tests / 209
11.2 Tests scoring / 217
Thinking & Practice / 222
conclusion / 222

Chapter 12 Reporting and explaining of tests results / 224
12.1 Reports of tests results / 224
12.2 Explaining of test results / 230
Thinking & Practice / 237
conclusion / 237

Chapter 13 Intelligence tests / 238
13.1 Overview of intelligence tests / 238
13.2 Binet intelligence scale / 251
13.3 Wechsler intelligence scales / 260

13. 4　Raven Progressive Matrices　/ 275
13. 5　Creativity tests　/ 279
Thinking & Practice　/ 286
conclusion　/ 287

Chapter 14　Personality tests　/ 289
14. 1　Theories of personality tests　/ 289
14. 2　Minnesota Multiphasic Personality Inventory　/ 303
14. 3　Sixteen Personality Factor Questionnaire　/ 312
14. 4　Eysenck Personality Questionnaire　/ 318
14. 5　Projective tests　/ 322
Thinking & Practice　/ 328
conclusion　/ 329

Chapter 15　Aptitude tests　/ 331
15. 1　Overview of aptitude tests　/ 331
15. 2　Special vocational ability tests　/ 334
15. 3　Vocational interest tests　/ 349
Thinking & Practice　/ 354
conclusion　/ 355

Chapter 16　Mental health rating scales　/ 356
16. 1　Mental health and rating scales　/ 356
16. 2　Self rating scales　/ 361
Thinking & Practice　/ 365
conclusion　/ 365

References　/ 367

Attachment 1　standard normal distribution　/ 370
Attachment 2　significance of correlation coefficient　/ 372

第一部分 理论篇

理论篇

- 心理测量的基本概念
- 心理测量指标

第一章 心理测量的基本概念

本章学习目标
- 了解中国心理测量的发展历史
- 了解科学心理测验在西方国家的产生和发展
- 理解测量的概念及类型划分
- 掌握心理测验的概念及其分类
- 了解心理测验的应用范围

第一节 心理测量的发展历史

心理测量学是心理学的一个分支学科，作为一门独立的学科，只有近百年的历史，与数学、物理学等古老学科相比，可谓年轻的学科。但其心理测量作为一种思想，与其他科学一样，有着悠久的历史。自从有了人类以来就有了心理活动，人们在试图了解自己、认识别人的过程中发生了测量心理的兴趣。心理测量经历了一个从感性到理性，从定性到定量、再到定性和定量的有机结合，从玄学到科学的长期发展过程。

一　我国古代的心理测量思想

在我国的文化典籍中，记录了不少文人学者在知人识才方面所做的有益探索，几千年的文明历史蕴涵丰富的心理测量思想。虽然没有心理测量一词，也没有直接论述心理测量的文字，但对人的心理及特点的测度，在远古时期就有了。

早在商周时代就已经有了《周易》，它以卜卦方式，预测自然现象和人的生死祸福。我国最古老的一部历史文献《尚书》中说，"知人则哲，能官人"。意思是说，只有聪明睿智的人，才能了解别人，才能用人得当。《礼记·学记》中的"知其心，长善而救其失也"则指出，教师必须了解学生学习的不同类型及心理上的个别差异，才能"长善救失"。这些"知人善任"、"知人善教"的论述，间接地揭示了心理测量的重要性。

孟子相信人的心理是可知的，"权，然后知轻重；度，然后知长短。物皆然，心为甚"。这里的权、度指的都是测量，物既能测，心即可测。直接指明了人的个别差异测量的可能性，包含十分明确的心理测量思想。孔子认为，人的心理是可以在言语和行动中表现出来的，只要"听其言而观其行"，便可洞察一个人内心的底蕴。这说明人的心理及特点是可以通过其外部表现去探测的。

我国古代一直十分注重知人识才，也留下了许多这方面的材料和方法，有些方法就带有心理测量的性质，可以说是现代心理测量方法的雏形。有关这方面的记载，最早可见《尚书》中的《尧典》："帝曰：我其试哉！女于时，观厥刑于二女。厘降二女于妫汭，嫔于虞。慎徽五典，五典克从。纳于百揆，百揆时叙。宾于四门，四门穆穆。纳于大麓，烈风雷雨弗迷。"文中记叙了尧对舜的五种考查方法，均是设置一定的情境，通过舜的表现，观察其心理品质。这就是西方心理测量学所说的困难情境测验法。

《庄子》中提出了九种知人之法："故君子远使之而观其忠，近使之而观其敬，烦使之而观其能，卒然问焉而观其知，急与之期而观其信，委之以财而观其仁，告之以危而观其节，醉之以酒而观其则，杂之以处而观其色。九征至，不肖人得矣。"该段论述告诉我们，只要掌握这些方法，就一定能够洞察人们心灵的秘密，分辨出谁是好人谁是坏人。这里所用的方法主要是观察法，与我们现在采用的结构化面试相当。

三国时期（公元前3世纪），刘劭著有《人物志》一书。在该书中，刘劭将人分类为圣贤、豪杰、傲荡、拘懦，即如他说："心小志大者圣贤之伦也；心大志大者豪杰之伦也；心大志小者傲荡之伦也；心小志小者拘懦之伦也。"并提出了观察心理现象的一条基本原理，即"观其感变，以审常度"。意思是根据一个人的行为变化便可推测他的一般心理特点。由于该书对人物的研究颇有独到之处，美国的施罗克（J. K. Shryock）曾将它翻译成英文，于1937年以《人类能力研究》一书在美国出版，向西方介绍了刘劭的思想。

公元6世纪初叶，南朝人刘勰在《新论·专学篇》中提到"使左手画方，右手画圆，无一时俱成"，其原因是"由心不两用，则手不并用也"。他不仅观察到左手画方右手画圆不易实现这种现象，而且认为其原因是一心不能二用，这恐怕应算是世界上最早的"分心测验"了。

南北朝时期学问最通博、最有思想的学者颜之推十分关心儿童的心智发展，并对民间有关周岁试儿的实践加以总结。他在《颜氏家训·风操篇》中对此做了详细记载："江南风俗，儿生一期（指一周岁），为制新衣，盥浴装饰。男则用弓矢纸笔，女则刀尺针缕，并加饮食之物及珍宝服玩，置之儿前，观其发意所取以验贪廉智愚，名之为试儿。"这种针对婴儿期感觉—运动发展的特点，以实物为材料的近似标准化的测试方法可以说是1925年格塞尔（A. Gesell）婴儿发展量表的前导。

中国民间广泛流行的"七巧板"在某些方面可作为创造力测验的一种方法。七巧板又称益智图，它的操作属于典型的发散思维活动，操作的成果是形象转化，值得高度重视。九连环是另一种中国民间的智力游戏，其设计之巧妙，也可以和现代的魔方、魔棍媲美。七巧板、九连环等后传入西方，受到推崇，如著名心理学家武德沃斯（R. S. Woodworth）就把九连环称作"中国式的迷津"，七巧板则被称为"唐图"（Tangram），即"中国的图板"之意。七巧板类型的拼图任务现在几乎为当代多数智力测验和创造力测验所使用，并且已发展成为标准化的纸笔型测验。

隋炀帝大业二年（606年）始置进士科，是科举制度的开端。经隋唐宋元明至清代，科举制度相当成熟。当时的考试方法主要有帖经（填补词句中的缺字）、口义（口试）、墨义（笔试）、策问（政事问答）和杂文（即诗赋）等，其中科举考试中的帖经和对偶类似于现代西方言语测验中常见的填字和类比。19世纪科举制度传入欧洲后，很受西方新兴资产阶级的欢迎，并用于他们的官吏考试制度中。科举制度作为中国特有的人才选拔方法，开创了现代人才选拔制度的先河。

纵观中国古代心理测验的思想，不难看出其中包含典型的东方文化特点：首先，从测验的计量方式看，现代心理测量理论重视测验结果的数量化，而我国古代的心理测量则以定性考查为主，这也是人们评价我国古代心理测量仅是一种思想，而不是一门科学的依据之一。其次，中国古代的心理测验往往将心理特点（能力、人格、智力等）与道德观念联系起来。这种将智力与道德、心理能力与社会评价等混杂在一起的具有情感色彩的分类，远不是科学的分类方法。最后，我国古代在知人识才方面，使用面谈和情境法较多，可能与古人重视人的品性和情绪的测量有关。

二 科学心理测验的产生与发展

（一）心理测验的产生是社会的需要

在西方一些国家，工业革命成功后，对劳动力的需要急剧增加，且分工日益精细，因而有了专门人才的训练、人员选拔与职业指导的需要，这是促使测验发展的重要因素。19世纪，在欧洲和美洲开设了一些护理精神病人的特别医院，因而急需确定收护标准和客观化的分类方法，这是促使测验发展的另一个重要因素。

（二）心理测验的先驱

首先倡导测验运动的是优生学创始人、英国生物学家和心理学家高尔顿爵士（Francis Galton）。他在研究遗传问题的过程中，认识到有必要测量那些有亲缘关系和没有亲缘关系的人们的特性，以确定其相似程度。他设计了许多简单的测验，如判断线条长短与物体轻重等，企图由各种感觉辨别力的测量结果来推估个人智力的高低。高尔顿还是应用等级评定量表、问卷法以及自由联想法的先驱。

在心理测验的发展史上，美国心理学家卡特尔（J. M. Cattell）占据了一个特别突出的位置。卡特尔早年留学德国，从师冯特（W. Wundt）。1888年，在英国剑桥大学任教期间，他与高尔顿过从甚密，深受其影响。回美后，编制测验几十个，包括测量肌肉力量、运动速度、痛感受性、视听敏度、重量辨别力、反应时、记忆力以及类似的一些项目。他于1890年发表的《心理测验与测量》一文，首创了"心理测验"这个术语。

著名美国学者波林（E. G. Boring）指出："在测验领域中，19世纪80年代是高尔顿的10年，90年代是卡特尔的10年，20世纪头10年则是比内（A. Binet）的10年。"

1857年，比内生于法国尼斯市。1904年，法国教育部组织一个委员会，专门研究公立学校中低能班的管理方法，比内亦是委员之一。他极力主张用测验法去辨别有心理缺陷的儿童，经过细心研究，次年与其助手西蒙（T. Simon）发表一篇论文，题为《诊断异常儿童智力的新方法》，在这篇文章中介绍的就是世界上第一个智力测验——比内—西蒙量表。

1905年的量表有30个由易到难排列的项目，可用来测量判断、理解、推理，亦即比内所谓智力的基本组成部分。虽然这些测验也包括感、知觉的内容，但其中言语部分所占的比例远较同时代的其他测验大。1908年他对该量表做了修订，采用智力年龄的方法计算成绩，并建立了常模，这是心理测验史上的一个创新。1911年他做了第二次修订，就在这一年比内不幸谢世。

目前世界上的智力测验为数众多，其基本原理和主要方法都是由比内奠定的，在心理测量的发展史上，比内的贡献是不可磨灭的。

（三）心理测验的发展

比内一西蒙量表问世后，迅即传至世界各地。各种语言的版本纷纷出现，其中最著名的是美国斯坦福大学推孟（L. M. Terman）教授1916年修订的斯坦福—比内量表，其最大的改变是采用了智商的概念，从此智商一词便为全世界所熟悉。

心理测验运动自20世纪初兴起，20年代进入狂热，40年代达到顶峰，50年代后转向稳步发展。在此期间测验主要有以下几方面的发展。

（1）编制出一批操作测验，既可弥补语言文字量表在理论上的缺陷，又适用于文盲和有言语障碍的人。

（2）编制出团体智力测验，扩大了测验的应用范围。在第一次世界大战期间，为满足美国军队对官兵选拔和分派兵种的需要，编制了团体测验，对两百多万官兵进行了智力测查。

（3）多重能力倾向测验逐渐受到重视。20世纪30年代，随着因素分析理论的发展，多重能力倾向测验在第二次世界大战后编制出来，这种成套测验为分析个人心理品质的内部结构提供了适用的工具。

（4）正当心理学家们忙于发展智力测验的时候，传统的学校考试也在进行一场改革，卡特尔的学生桑代克（E. L. Thorndike）等人利用心理测验原理，编制了第一批标准化的教育测验。因此后人尊称他为教育测验之鼻祖。一些专门的教育测验机构也在一些国家陆续成立，如美国教育测验中心成立于1947年，是目前世界上最大的测验编制和研究机构。

（5）心理测验发展的另一领域涉及情感适应、人际关系、动机、兴趣、态度、性格等人格特点的测量。

（6）20世纪60年代后，由于认知心理学的崛起，将实验法与测验法结合，产生了信息加工测验，为了解心理能力提供了一些补充方法，使心理测验出现了新的发展趋势。

三　近现代中国心理测验的发展

现代中国心理测验的传播和发展经历了一个曲折的过程。可以说，它与中国近代社会的发展保持着密切的联系，也间接折射出中国社会的文明进步的变化趋势。为叙述方便起见，我们大致以1949年新中国成立为分界，分别讨论前后两段时期心理测验的发展历史。

（一）中华人民共和国成立前心理测验的发展

清朝末年，心理学由西方传入我国。1914年前后，克雷顿在中国的广州对500名儿童进行了记忆和比喻理解的测验。1916年，樊炳清先生首先介绍了比内—西蒙智力量表。1918年，俞子夷曾编制"小学生毛笔书法量表"，可称作我国最早的标准化教育测验。1920年，北京高等师范学校和南京高等师范学校建立了我国最早的两所心理学实验室。廖世承和陈鹤琴在南京高等师范学校开设测验课，并用心理测验试测投考该校的学生，这便是我国正式开始的科学心理测试。1921年他俩正式出版《智力测验法》一书。1922年，比内量表由费培杰译成中文，并在江苏、浙江两省的一些小学生中进行测试。同年美国测验专家麦柯尔（W. A. McCall）博士应中华教育改进社聘请来华讲学，在他的指导下，北京师范大学、北京大学、燕京大学、北京女子高等师范学校、东南大学等校的教授和学生开始编制测验。据麦氏说，当时中国心理学家所编造的各种测验至少与美国的水平相等，有许多竟比美国的为优。这个时期是我国心理测验较盛行的时期。

1923年，在教育改进社的主持下，进行了全国小学生教育调查，调查地区包括22个城市和11个乡镇，测验了9.2万个儿童。这个大规模的调查，引起了当时教育界对测验的注意。1924年，陆志韦先生发表了《订正比内—西蒙智力测验说明书》。1936年他又与吴天敏再次做了修订。1931年中国测验学会成立。1932年《测验》杂志创刊。根据不完全的资料统计，到抗日战争前夕，我国心理学工作者制订或改编出合乎标准的智力测验和人格测验约20种，教育测验50多种，出版心理与教育测验方面的书籍20多种。

（二）中华人民共和国成立后心理测验的发展

1949年后，由于多方面原因，心理测验一直成为禁区。文化大革命后，心理测验才在科学的春天中复苏。1980年初，北京师范大学心理系首次开设心理测量课。许多单位陆续编制或修订了一些心理测验。随着心理测量教学和研究工作的开展，心理测验开始在实际部门应用，如飞行员的选拔、运动员的选材、精神病的诊断、儿童多动症以及智力超常与落后儿童的检查等。

随着改革开放的深入，心理测验的教学、科研工作也不断加深，其实际应用逐步开展，在运动员选拔、飞行员筛选、精神疾病诊断，以及智力发育超常、低常的检查等方面都在使用心理测验技术。1984年，在北京召开的第五届全国心理学年会上，成立了心理测验工作委员会，加强了测验工作的指导和监督。1989年，成立中国心理学会心理测验专业委员会，标志着我国心理测验进入了一个新的高速发展时期。

此外，近些年来我国的心理学家致力于测验本土化，编制适合我国文化背景的人格测验、智力测验、适应行为量表等，并取得了初步成功。我们期望通过一代或数代人的努力，心理测量与测验事业将会在它的发源地发扬光大。

第二节 心理测量与心理测验

一 心理测量

(一) 测量与心理测量

1. 测量的定义

通常人们所说的测量，指的是给事物确定出一种数量化的价值。史蒂文斯（S. S. Stevens）曾说："就其广义来讲，测量是按照法则给事物指派数字。"简单地说，测量就是根据一定的法则用数字对事物加以确定。所谓"一定的法则"，是指采用的规则或方法。比如称重量，依据的是杠杆原理；用温度计测物体的温度，依据的是热胀冷缩规律；而人的心理特征的测量，如智力测验，就是根据智力理论来编制测验，以得分多少来衡量智力水平。规则或法则的好坏决定了测量结果的好坏。

所谓"事物"，是指要测量事物的属性或特征，即测量的对象。它既可以是物体的某种物理属性，也可以是人某方面的心理特征。此外，定义中还有一个关键词"数字"。这里的"数字"可以表示数量，也可以不表示数量。一般来说，用数字对事物加以确定，就是确定一个事物的属性的量的多少。但有时也可以把数字当做一种事物的符号，而不反映事物的量，如学生或运动员的编号等。

2. 测量的要素及类型

任何测量都必须具备参照点、单位和量表三个要素。根据测量所采用的单位及参照点，史蒂文斯将测量量表从低级到高级分成四种，分别为命名量表（或类别量表）、等级量表（或次序量表）、等距量表和比率量表。高级量表除了具备低级量表的性质和功能外，还有自身的特点。在进行统计处理时，必须在量表允许的统计分析范围内展开。

命名量表（nominal scale）是水平最低的一种测量量表，只是用数字来代表事物或对事物进行分类，如男=1，女=2，没有任何数值意义，只是表明类别，即男女两类人。又如足球运动员背心上的号码，只代表他个人，无任何其他意义。故命名量表中的数字不能作数量化分析，既无大小意义，也不能进行加减乘除、乘方开方等运算。在统计时，可以记它的频次、众数、百分比、χ^2检验及偶发事件的相关（如ϕ相关）。

顺序量表（ordinal scale）比命名量表高级，它不仅能表明类别，还能表明不同类别的大小等级，或具有某种属性的程度。如学生考试成绩排名次，就包含数量关系，如A＞B＞C等。顺序量表没有相对单位也没有绝对零点，数字仅表示等级，并不表示某种属性的真正量或绝对值，也不能做加减乘除运算。适合顺序量表的统计量有中位数、百分位数、斯皮尔曼等级相关和肯德尔和谐系数等。

等距量表（interval scale）又比顺序量表高一级。它不仅有大小关系，而且有相等的单位，因此可以加减运算，但没有绝对零点，所以不能做乘除运算。温度计是典型的例子，10℃与15℃的差别，同15℃与20℃的差别是一样的，但不能说某物的温度是另一物的多少倍，因为它的零点是人定的。用此量表获得的数值可以计算平均数、标准差、积差相关、等级相关，并作t检验和F检验。

比率量表（ratio scale）是最精确的测量，既有相等的单位，又有绝对零点。不仅可以知道事物之间在某种特点上相差多少，还可以知道它们之间的倍数关系，因此可以进行乘除运算。比率量表所适用的统计方法除上述几种外，还可以计算几何均数及变异系数等。

3. 心理测量

心理测量是通过科学、客观、标准的测量手段对人的特定素质进行测量、分析、评价。这里的所谓素质，是指那些完成特定工作或活动所需要或与之相关的感知、技能、能力、气质、性格、兴趣、动机等个人特征，它们是以一定的质量和速度完成工作或活动的必要基础。广义的心理测量不仅包括以心理测验为工具的测量，也包括用观察法、访谈法、问卷法、实验法、心理物理法等进行的测量。

（二）心理测量的理论基础

1. 人的心理素质具有差异性、相对稳定性和可测性

每个人的心理素质也像他的指纹一样存在着明显的个体差异，每个人的能力、个性、行为风格等方面都呈现出独特性。正因为这样，才有必要对个人的素质进行测评，人的差异性与独特性为测评提供了前提条件。

人的心理素质又表现出一种相对稳定的特征。稳定性主要体现在跨时间和跨情境的稳定性。跨时间的稳定性是指一个人在不同的时间表现出相同或相类似的心理特征，即不仅今年表现得这样，去年一般也是这样，明年有很大的可能还是这样。跨情境的稳定性是指一个人在不同的情境、不同的任务中表现出一致的心理特征，例如一个责任心强的人不仅对待工作尽职尽责，对待家人也能充分地履行自己的义务，对待朋友也能够坚守承诺。当然这种稳定性仅仅是相对而言的，在某些因素的影响下，个人的心理特征也会发生一定的改变。正因为人的素质特征具有相对的稳定性，才能够根据测评的结果从过去的表现推论将来的表现，从一种情境中的表现推论更大范围的情境中的表现，使得测评具有意义。

尽管人的心理特征具有内隐性，难以直接进行观察，但它可以通过人的行为反映出来。人的外显行为与内在的心理特征有较大的一致性，这为测评提供了可能性。但人擅长掩饰自己，外显的行为与内在的心理特征也常常有不一致的地方，因此，对行为的探测和推论就应当比较慎重，并且也需要较多的专业技巧。

2. 心理测量是客观的、间接的和相对的测量

了解人的心理特征的最直接和最简单的方法就是借助于观察者的主观经验与直觉，但这种凭主观直觉获得的结论往往是不可靠的。现代人员素质测评则借助了一系列客观性的测评技术，在后面的部分将会——予以介绍。

科学发展到今天，还无法直接测量人的心理，只能测量人的外显行为，进而推论人的内在心理素质。这就像不能直接测量温度而是通过水银汞柱的体积变化来测量一样是一种间接的测量。例如，通过职业兴趣测验测得一个人喜欢阅读机械杂志，喜欢修理钟表、自行车，推论此人具有从事与机械有关的工作的兴趣。

心理测量的相对性体现在对一个人某种素质的高低、强弱进行评价时并没有绝对的尺度，而是通过个体在群体中的相对位置来判定的。一个人能力的高低、兴趣的强弱，都是与所在团体的大多数人的行为或某种人为确定的标准相比较而言的，因此是一种相对的测量。

3. 科学的测量基于统计规律之上

使用人员测评手段对人的心理素质进行测评是一种科学而合理的做法，因为我们不可能测量一个人所有的行为，只能抽取一定的行为样本。从统计学意义上讲，通过有代表性的样本可以对行为的整体作出推论，因此，测评中所选用的目标行为一定要具有代表性。

任何测评手段所作出的推论都不是百分之百，而只是达到统计上的显著性水平而已。例如，通过视觉空间能力测验来预测一个人未来作为建筑设计师的成就水平，对一个具有代表性的样本的统计表明，99%的成功建筑设计师都具有较高的视觉空间能力，但不能排除1%的特例存在。而且从上面的例子中还可以发现，视觉空间能力与建筑设计方面的成功在统计上只是相关关系而不是因果关系，因此，如果视觉空间能力强的人一定会在建筑设计方

面成功就是不成立的,因为建筑设计方面的成功还取决于其他一些重要的因素。

二 心理测验

(一) 心理测验的概念

美国心理和教育测量学家布朗(F. G. Brown)认为,测验是测量一个行为样本的系统工程。美国心理学家阿娜斯塔西(A. Arlastasi)认为,心理测验是一种对行为样本作客观和标准化的测量。一般认为,心理测验就是通过观察人的少数有代表性的行为,对于贯穿在人的全部行为活动中的心理特点作出推论和数量化分析的一种手段。

人的心理特性是不能被直接观察到的,但总以其相应的行为显现出来。测验就是让人们产生相应的行为,根据这些行为反应推论他们的心理特性。因此心理测验就是测量一个人对测验题目所进行的反应。但任何一种测验都不可能包含要测量的行为领域的所有可能的题目,只能是全部可能题目中的一个样本。因此测验题目的取样必须有代表性。

一般来说,心理测验是在顺序量表上进行的。因为对于人的智力、性格、气质、兴趣、态度等来说,绝对零点是难以确定的。即使在某智力测验中得了零分,也不能认为被试者智力的各个侧面的知识和能力均为零。而且,在心理测验中,相等单位是很难获得的。例如,假设一个测验包含50个难度不同的题目,每题1分,我们也不能说10分和15分的差别与40分和45分的差别相等,因为从40分提高到45分,要求再回答5个较难的题目,而从10分提高到15分却只要求再做对5个相对容易的题目,所以说40~45分之差比10~15分之差要大些。

虽然心理现象适合在顺序量表上进行测量,但大多数心理学家喜欢把测验成绩转换为等距量表,最常用的转换方法是转换为标准分数,即把顺序量表转变成以标准差为单位的等距量表。

（二）心理测验的种类

心理测验数目较多，据统计，仅以英语发表的测验已达5000余种。其中，有许多因过时而废弃不用；有许多本来就流传不广，鲜为人知；有一部分测验因应用广泛，经过一再修订，并为许多国家译制使用。1989年出版的《心理测验年鉴》第十版收集了常用的各种心理测验近1800种。为了方便起见，可以从不同的角度将其归纳为以下几种类型。

1. 按测验的功能分类

智力测验。智力测验的功能是测量人的一般智力水平。如比内—西蒙（Binet-Simon）智力测验、斯坦福—比内（Stanford-Binet）智力量表、韦克斯勒（Wechsler）儿童和成人智力量表等，都是现代常用的著名智力测量工具，用于评估人的智力水平。

特殊能力测验。特殊能力测验偏重测量个人的特殊潜在能力，多为升学、职业指导以及一些特殊工种人员的筛选所用。常用的如音乐、绘画、机械技巧，以及文书才能测验。这类测验在临床上应用得较少。

人格测验。人格测验主要用于测量性格、气质、兴趣、态度、品德、情绪、动机、信念等方面的个性心理特征，亦即个性中除能力以外的部分。一般有两类，一类是问卷法，一类是投射法。前者如明尼苏达多项人格调查表（MMPI）、16种人格因素问卷（16PF）、艾森克人格问卷（EPQ），后者如罗夏墨迹测验、主题统觉测验（TAT）。

2. 按测验的目的分类

描述性测验。描述性测验的目的在于对个人或团体的能力、性格、兴趣、知识水平等进行描述。

诊断性测验。诊断性测验的目的在于对个人或团体的某种行为问题进行诊断。

预测性测验。预测性测验的目的在于从测验分数预示一个人将来的表现和所能达到的水平。

3. 按测验的难度和时限分类

速度测验。此种测验题目数量多，并严格限制时间，主要测量反应速度。此种测验题目较为容易，一般都没有超出被试者的能力水平，但因时限较短，几乎每个被试者都不能做完所有题目。在纯粹的速度测验中，分数完全依赖于工作的速度。

难度测验。难度测验包含各种不同难度的题目，由易到难排列，其中有一些极难的题目，几乎所有被试者都解答不了。但作答时间较为充裕，使每个受测者都有机会做所有的题目，并在规定时间内做完会做的题目，因此测量的是解答难题的最高能力。

4. 按测验的要求分类

最高行为测验。最高行为测验要求受测者尽可能做出最好的回答，主要与认知过程有关，有正确答案。能力测验、学绩测验均属最高行为测验。

典型行为测验。典型行为测验要求受测者按通常的习惯方式作出反应，没有正确答案。一般说来，人格测验测量的均属典型行为。

5. 按测验材料的性质分类

文字测验。文字测验所用的是文字材料，它以言语来提出刺激，被试者用言语作出反应。明尼苏达多项人格调查表、艾森克人格问卷、16种人格因素问卷及韦克斯勒儿童和成人智力量表中的言语量表部分均属于文字测验。此类测验实施方便，团体测验多采用此种方式编制，还有一些有肢体残疾而有言语困难的病人只能进行文字测验。其缺点是容易受被试者文化程度的影响，因而对不同教育背景的人使用时，其有效性将降低，甚至无法使用。

操作测验。操作测验也称非文字测验。测验题目多属于对图形、实物、工具、模型的辨认和操作，无须使用言语作答，所以不受文化因素的限制，可用于学前儿童和不识字的成人。如罗夏墨迹测验、主题统觉测验、瑞文（Raven）测验及韦克斯勒儿童和成人智力量表中的操作量表部分均属于非文字测验。此种测验的缺点是大多不宜团体实施，在时间上不经济。

有时两类测验常常结合使用。例如比内—西蒙智力量表开始主要是文字测验，但以后修订的比内—西蒙智力量表，特别是最近的修订本增加了操作测验成分。韦克斯勒的三套智力量表（即幼儿、儿童和成人）每套均分成文字的和操作的两类测验。

6. 按测验材料的严谨程度分类

客观测验。在此类测验中，所呈现的刺激词句、图形等意义明确，只需被试者直接理解，无须发挥想象力来猜测和遐想，故称客观测验。绝大多数心理测验都属这类测验。

投射测验。在此类测验中，刺激没有明确意义，问题模糊，对被试者的反应也没有明确规定。被试者作出反应时，一定要凭自己的想象力加以填补，使之有意义。在这个过程中，恰好投射出被试者的思想、情感和经验，所以称为投射测验。投射测验种类较少，具有代表性的有罗夏测验、主题统觉测验、自由联想测验和句子完成测验。

7. 按测验的方式分类

个别测验是指每次测验过程中是以一对一形式来进行的，即一次一个被试。这是临床上最常用的心理测验形式，如比内—西蒙智力量表、韦克斯勒智力量表。其优点在于主试者对被试者的言语情绪状态有仔细的观察，并且有充分的机会与被试者合作，所以其结果正确可靠。缺点是时间不经济，不能在短时间内收集到大量的资料，而且测验手续复杂，主试者需要较高的训练与素养，一般人不易掌握。

团体测验是指每次测验过程中由一个或几个主试者对较多的被试者同时实施测验。心理测验史上有名的陆军甲种和乙种测验、教育上的成就测验都是团体测验。这类测验的优点在于时间经济，主试者不必接受严格的专业训练即可担任。其缺点为主试者对被试者的行为不能做切实的控制，所得结果不及个别测验正确可靠，故在临床上很少使用。团体测验材料，也可以个别方式实施，如明尼苏达多项人格调查表、艾森克人格问卷、16种人格因素问卷等。但个别测验材料不能以团体方式进行，除非将实施方法和材料加以改变，使之适合团体测验。

（三）心理测验的应用范围

心理测验最根本的功能是测量个体差异或行为反应，从理论和实际应用角度看，它又有许多具体功能。

1. 心理诊断

对于智力落后者的鉴别和诊断是促使心理测验产生的最初原因。时至今日，在临床上对各种智能缺陷、精神疾病和脑功能障碍的诊断仍是心理测验的主要用途。同时，通过各种心理测评方法对人的能力、个人风格和动力等各方面的素质进行分析，从而得出诊断性的信息。就像医生对病人的身体状况进行诊断一样，通过心理测评也可以得出一个人心理素质各方面指标的高低，可以知道一个人在哪些方面比较强，在哪些方面比较弱，以及在素质的各个方面的一些典型的特点。

2. 人才选拔

在教育、工业、军事、艺术、体育等领域，人们常常面临着选材问题，也就是要辨认那些具有最大成功可能性的人。这就需要根据不同职业的要求，选拔出素质特点适合该职业要求的人来从事这项工作，从而提高人才选拔和职业训练的效率。

3. 岗位安置

众所周知，职业上成功的条件之一是一个人从事的职业适合自己的能力、气质和性格。在学校对学生如何按能力分班，以做到因材施教、早出人才；在工厂和部队如何根据每个人的特长分配工作和兵种，以提高劳动生产率和部队战斗力，均需要心理测验帮忙。借助心理测验，我们可以做到人与工作的较好匹配，做到人尽其才，避免乱点鸳鸯谱的弊端。

4. 教育评价

心理测验是教师了解学生的有用手段。通过测验，教师可以了解学生的能力水平、性格特点、兴趣爱好、学习动机等多种资料，这有利于教师因材施教。此外，学科测验或特殊的生理心理测验，还可以帮助教师发现孩子哪些学科学习困难，其原因源于哪些功能的缺陷。了解这些问题就能有的放矢地对学生进行有效指导或干预。

5. 心理学研究

心理测验是收集个体差异资料最快捷的办法，心理学研究所需的大量资料都可以通过心理测验获得。同时，在心理学研究中，根据心理测验的结果，可以对被试者进行分类，满足实验设计的要求。但也应该注意，测验资料只能是作决策时考虑的一个因素，而非充分条件，要作出正确的决策还必须考虑其他方面的信息。

练习与思考

1. 简述古代中国对心理测验的贡献及其特点。
2. 与物理测量相比较，阐明心理测量的特点。
3. 联系实际谈谈心理测量的功能。

本章小结

测量就是根据一定的法则用数字对事物加以确定。人的心理特征的测量，如智力测验，就是根据智力理论来编制测验，以得分多少来衡量智力水平。任何测量都必须具备参照点、单位和量表三个要素。根据测量所采用的单位及参照点，测量量表从低级到高级分成四种，分别为命名量表（或类别量表）、等级量表（或次序量表）、等距量表和比率量表。

心理测验就是通过观察人的少数有代表性的行为，对于贯穿在人的全部行为活动中的心理特点作出推论和数量化分析的一种手段。一般心理测验在顺序量表上进行，但测验成绩常转换为等距量表，最常见的是转换为标准分数，即转变成以标准差为单位的等距量表。

心理测验的种类。按测验的功能分类，有智力测验、特殊能力测验和人格测验；按测验的目的分类，有描述性测验、诊断性测验和预测性测验；按测验的难度和时限分类，有速度测验和难度测验；按测验的要求分类有最高行为测验和典型行为测验；按测验材料的性质可分为文字测验和操作测验；按测验材料的严谨程度可分为客观测验和投射测验；按测验的方式可以分为个别测验和团体测验。心理测验的应用范围有心理诊断、人才选拔、岗位安置、教育评价、心理学研究。

第二章　心理测量指标

本章学习目标
- 了解测量误差概念及其种类
- 了解真分数的含义
- 了解经典测验理论的基本假设
- 掌握信度的概念、种类、功能及影响因素
- 掌握效度的概念、种类、功能及影响因素
- 理解常模和常模团体的概念
- 掌握常模的类型及其应用范围

第一节　测量误差与测量理论

一　误差的定义和种类

误差是在测量中与目的无关的因素所产生的不准确的或不一致的结果。这个定义包含两层意思：一是测量误差是由与测量目的无关的因素引起的；二是误差是不准确或不一致的测量结果。

定义的后半部分从准确性和一致性两方面对误差做了区分。准确性和一致性的关系可以用射击靶环来说明。假设有 A、B、C 三支枪，对准靶面中心固定位置后射击，所得结果见图 2-1。

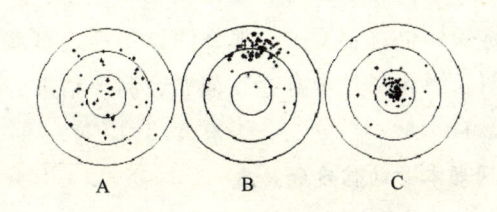

图 2-1 准确性和一致性的关系

A 枪弹着点十分分散，说明准确性和一致性不好；B 枪弹着点比较集中，一致性较好，但偏离靶心，准确性差；C 枪弹着点全部集中在靶心，准确性和一致性都比较好。

图 2-1 的 A 和 B 显示了两种主要的误差形式。一种是随机误差，是由与测量目的无关的偶然因素引起的变化无规律的误差。这种误差的大小和方向的变化完全是随机的，无规律可循。例如，几个人用同一杆秤去称同一件东西或一个人几次用同一杆秤去称同一件东西，由于秤杆高低掌握得不同，秤出来的结果可能会不一样，所产生的不一致，叫随机误差。

另一种误差叫系统误差，是由与测量目的无关的因素引起的恒定的有规律的误差。它稳定地存在于每一次测量中。例如，有个做生意的人，在秤砣上搞鬼，称一斤少一两，每次卖给别人东西，都一斤少一两。两斤就少二两。每次与真实的重量都不一致，但这种不一致是稳定的，虽然是不正确的，但具有一致性。

二　心理测量的主要误差因素

心理测量的准确性受到各种误差因素的影响，常见的误差因素主要来源于三个方面，即测评方法内部因素、测评的实施过程因素和被测评者本身因素。其中，测评方法内部因素导致系统误差,测评实施过程因素和被测评者本身因素导致随机误差。

(一) 测评方法内部因素

测评能够得到准确可靠的结果,首先直接依赖于测评所使用的工具本身。如果测评工具有着良好的信、效度,并且其他重要的心理测量学指标也符合要求,那么测评的准确可靠性程度就比较高。但是如果测评工具本身存在问题,测评结果的准确和可靠性就会受到影响。

1. 测量问题本身的信度和效度

首先,如果一种测评方法缺乏良好的信度和效度资料,测评的结果就不会准确可靠;其次,如果一个测评工具没有经过标准化,那么它就缺乏客观性,结果也就失去准确可靠性;再次,如果测评的难度和区分度不合适的话,这个测评工具也不是一个很好的测评工具,所得到的结果也就不够准确可靠。

2. 题目的取样

题目的取样也会给测评带来误差。当测验的题目过少或题目缺乏代表性时,被测评者的反应受到机遇影响较大,测评的结果就不会准确可靠。还有其他一些因素也会带来误差,例如,指导语不够清楚、用语引起歧义、时限设计得过短使得被测评者仓促作答。

3. 社会赞许性

很多测验由于采用自我报告的形式,易于受到被试者的"系统性歪曲",尤其是社会赞许性(social desirability)的影响。在选拔情景下,被试者常常会尽量好地呈现自己,而一些测验的项目又难以避免附有价值成分(value laden),且被试者的歪曲反应难以检测。这一点有可能严重影响测验在预测中的结果。

(二) 测评实施过程的因素

在测评的实施过程中,也存在着各种各样的影响测评准确性的因素。在各种误差因素中,与测评实施过程有关的误差可能是各种误差中最容易控制和检验的一种误差。

1. 测评的环境因素

施测现场的环境会给被测评者的反应带来影响，这种影响可能是带来促进作用的正面的影响，也可能是带来抑制或阻碍作用的负面的影响。

影响测评结果的环境因素主要包括光线、声音、温度、湿度、颜色、桌椅和空间大小等。一个舒适的环境可以让被测评者感到精神上的满足，能够自然放松，真实地表现自己。

颜色会影响人类的情绪、意识与行为。例如，颜色会对人的血压和情绪产生重要的影响。某些颜色会使人产生舒适的感觉，有些颜色却有相反的效果。有些颜色使人心情放松，有些颜色则令人感到烦闷。有些颜色会使人的思维加快，有些颜色则会使人思维缓慢。房间中的温度不宜太高，温度太高会使人有头昏脑胀的感觉，温度太低也会使人感到不舒服。一般温度维持在20℃左右最为合适。空气中的湿度也会影响人的舒适与效率。在同样的温度下，潮湿的空气会使人觉得热，干燥的空气会使人觉得冷。特别潮湿的空气，会引起人的呼吸器官的不适并造成疲倦的感觉。安静的环境是测评所必需的，如果环境中有较大的噪声，也会给被测评者带来不良的影响。

2. 意外的干扰

有时，在测评的实施过程中，会突然发生一些意外的干扰，这些意外的干扰往往会打断被测评者的思路，分散他们的注意力。例如，突然停电、突然有人生病或晕倒、测评材料发生错误等。无论在哪种情况下，都会引起不安和骚乱，导致测评的准确性受到影响。

3. 施测者的因素

施测者的年龄、性别、衣着、言谈举止、声音、语速、表情等均会影响测评的结果。施测者声音过小或表达不清楚会使得部分被测评者不能理解领会测评的目的和任务要求，特别是在许多被测评者同时受测或测评实施的步骤较为复杂时，这种影响会更大。施测者若身着奇装异服或讲话时语音语调较为奇怪,也会作为额外的刺激吸引被测评者的注意力。当测评方法要求个别施测时,施测者对测评结果的影响最大。

4. 观察与评分计分

观察与评分计分的过程也会影响测评的准确性,尤其是在由多位测评者进行观察和评分的时候对测评准确性的影响更为明显。测评者在观察和评分的时候要按照预先规定的观察、记录和评分原则进行,若某些测评者不遵守这些原则,观察和评分就会出现误差。同时,由于测评者的经验以及他们各自对观察和计分原则与方法有着不同的理解,这样就往往会由于评分的不一致而造成误差。

(三)被测评者本身的因素

即使一个测评工具是经过精心编制的,具有良好的心理测量学指标,在施测过程中有训练有素的测评者严格按照标准化的施测和计分程序进行,由于被测评者本身的因素,仍然会给测评的结果带来误差。这种误差是最难控制的。

来自被测评者的因素,有些是属于个人的长期的稳定性因素,有些则是与特定的测评内容以及特定的施测条件相联系的暂时性、特殊性的因素。

1. 应试动机

被测评者对测评的动机不同,会影响其主动性、注意力、持久性、反应速度和强度等,从而影响测评的结果。一个有较高动机的人,在受测过程中会尽量作出最好的反应。但是如果一个人的动机过高,也会使其过于紧张焦虑,反而不能正常发挥。在一项情境性测评方法中,若一个被测评者对获取目标工作有较高的动机,他会表现得非常主动,注意表现自己。在人格测验中,动机过高的被测评者会过多地考虑雇主的期望和社会标准,从而在作答过程中不按自己的真实情况作答,故意给人留下好印象,带有伪装的倾向。

2. 测验焦虑

测验焦虑是指被测评者是接受测评前和测评过程中出现的一种紧张的、不愉快的情绪体验。一般来说，适度的焦虑会使人的兴奋性提高，注意力增强，反应速度提高，从而对测评的结果产生积极的影响。过高的焦虑则会使工作能力降低，注意力分散，思维变得狭窄、刻板，记忆中储存的东西提取不出来。

研究表明，测验焦虑主要受到多方面因素的影响。能力高的人，测验焦虑一般较低，而对自己的能力没有把握的人，测验焦虑一般较高。缺乏自信心、情绪不稳定、适应不良的人容易产生测验焦虑。经常接受测验的人焦虑较低，而对测验程序不熟悉的人焦虑较高。测评的结果对被测评者关系重大或被测评者承受较大的压力时易产生测验焦虑。

3. 测评的经验

被测评者对测评的经验也会影响测评结果，因此，对那些对测评程序和技能的熟练程度不同的被测评者，所得结果不能直接进行比较。

有些人经历了多次测评，积累了很多测评的经验。他们往往能够觉察出如何作出反应会得到比较好的评价，他们能够在测评中保持稳定的情绪，合理分配时间，并对新的测评形式也有较强的适应能力，所以他们能够比那些缺乏测评经验和技巧的被测评者获得更好的成绩。因此，有些被测评者由于自己接受测评的经验比较丰富而获得较好的成绩，这是不公平的。在测评之前，应给被测评者提供演示和练习的机会，使得他们对测评的程序都尽可能了解和熟练。

4. 反应倾向

不同的被测评者对测评的内容有着不同的反应倾向。在速度测验中，有的人"快而不准"，有的人"宁慢勿错"。在是非型的作答方式中，有的被测评者倾向于选较多的"是"，有的被测评者倾向于选较多的"否"。在利科特式五点或七点量表上，有的被测评者存在一种趋中的倾向，即倾向于选择较为中立的选项，避免选择较为极端的选项。

5. 生理因素

被测评者的疾病、疲劳等生理因素也会影响测评结果的准确性，带来误差。例如，被测评者在参加测评的前一天晚上失眠了，会导致他第二天参加测评时注意力不够集中，记忆力减退，从而影响测评成绩。

三 心理测量理论

一般将测量理论分为经典测量理论、概化理论和项目反应理论三大类，或称三种理论模型。

（一）经典测量理论

人们将以真分数理论（True Score Theory）为核心理论假设的测量理论及其方法体系，统称为经典测验理论（Classical Test Theory，CTT），也称真分数理论。

真分数理论是最早实现数学形式化的测量理论。该理论在19世纪末开始兴起，20世纪30年代形成比较完整的体系而渐趋成熟。50年代格里克森的著作使其具有完备的数学理论形式，而1968年洛德和诺维克的《心理测验分数的统计理论》一书，将经典真分数理论发展至巅峰状态，并实现了向现代测量理论的转换。

所谓真分数是指被测者在所测特质（如能力、知识、个性等）上的真实值，即真分数（True Score）。而我们通过一定测量工具（如测验量表和测量仪器）进行测量，在测量工具上直接获得的值（读数），叫观测值或观察分数。由于有测量误差的存在，因此，观察值并不等于所测特质的真实值，换句话说，观察分数中包含真分数和误差分数。而要获得真实分数的值，就必须将测量的误差从观察分数中分离出来。为了解决这一问题，真分数理论提出了三个假设。

第一，真分数具有不变性。这一假设的实质是指真分数所指代的被测者的某种特质，必须具有某种程度的稳定性，至少在所讨论问题的范围内，或者说在一个特定的时间内，个体具有的特质为一个常数，保持恒定。

第二，误差是完全随机的。这一假设有两个方面的含义。一是测量误差的平均数为零的正态随机变量。在多次测量中，误差有正有负。如果测量误差为正值，那么观测分数就会高于实际的分数（真分数）；如果测量误差为负值，那么观测分数就会低于实际的分数，即观察分数会出现上下波动的现象。但是，只要重复测量次数足够多，这种正负偏差会抵消，测量误差的平均数恰好为零。用数学式表达为：$E(E)=0$。二是测量误差分数与所测的特质即真分数之间相互独立。不仅如此，测量误差之间，测量误差与所测特质外其他变量间，也是相互独立的。

第三，观测分数是真分数与误差分数的和。即：

$$X = T + E \tag{2-1}$$

在上述三个基本假设的基础上，真分数理论作出了如下两个重要推论：第一，真分数等于实得分数的平均数 $[T = E(X)]$；第二，在一组测量分数中，实得分数的变异数（方差）等于真分数的变异数（方差）与误差分数的变异数（方差）之和。即：

$$S_X^2 = S_T^2 + S_E^2 \tag{2-2}$$

这里只涉及随机误差的变异，系统误差的变异包含在真分数的变异中。这就是说，真分数的变异可以分成两个部分：与测验目的有关的变异（有效的变异数）和与测验目的无关的变异（无效的变异数），即：

$$S_T^2 = S_V^2 + S_I^2 \tag{2-3}$$

式中：S_V^2——与测量目的有关的变异数，即有效的变异数；

S_I^2——与测量目的无关的变异数，即无效的变异数。

将公式 (2-3) 代入公式 (2-2) 得下列公式：

$$S_X^2 = S_V^2 + S_I^2 + S_E^2 \qquad (2-4)$$

经典测量理论在真分数理论假设的基石上构建起了它的理论大厦，主要包括信度、效度、项目分析、常模等基本概念。

(二) 概化理论

如前所述，凡是测量都有误差，误差可能来自测量工具的不标准或不适合所测量的对象，可能来自工具的使用者没有掌握要领，也可能是测量条件和环境造成，还可能是测量对象不合作引起。总之产生测量误差的原因是多种多样的，而 CTT 理论仅以一个 E 就概括了所有的误差，并不能指明哪种误差或在总误差中各种误差的相对大小。这样对于测量工具和程序的改革没有明确的指导意义，只能根据主试自己的理解去控制一些因素，针对性并不强。鉴于此种情况，20 世纪 60~70 年代，克伦巴赫 (Cronbach) 等人提出了概化理论 (Generalizability Theory)，简称 GT 理论。

GT 理论的基本思想是，任何测量都处在一定的情境关系之中，应该从测量的情境关系中具体地考查测量工作。该理论提出了多种真分数与多种不同的信度系数的观念，并设计了一套方法去系统辨明与实验性研究多种误差方差的来源，并用"全域分数"(Universe Score) 代替"真分数"(True Score)，用"概括化系数"(Generalizability Coefficent) 代替"信度"(Reliabilty)。

概化理论是用方差分析的方法来全面估计各种误差成分的相对大小，并可直接比较。概化理论不仅静止地分析各种误差来源，还要通过实验性研究，进一步考查不同测验设计条件下的概括力系数的变化状况，从而探求到最佳的控制误差的方法，作出最佳的设计决策，从而为改进测验的内容、方式方法提供了有价值的信息。

概化理论在研究测量误差方面有更大的优越性，它能针对不同测量情境估计测量误差的多种来源,为改善测验、提高测量质量有用的信息。其缺陷是统计计算相当繁杂,但是借助一些统计分析软件可以解决这一问题。概化理论目前在我国还处于实验研究阶段,在面试、考核等主观性测评中有一些应用。

(三) 项目反应理论

项目反应理论(Item Response Theory,IRT)则是在反对和克服传统测量理论的不足之中发展起来的一种现代测量理论。无论是经典测量理论还是概化理论,其测验内容的选择、项目参数的获得和常模的制定,都是抽取一定的样本(行为样本或被试样本),因此可以说二者都建立在随机抽样理论基础之上,受样本的影响较大。

项目反应理论是以潜在特质为假设,并从项目特征曲线开始研究。利用项目反应理论,可以开发优质题库,可以按测量精度目标编制各种测验试卷,可以实施测验等值,可以侦察测验项目功能偏差,可以实现计算机化的自适应测验(CAT)。

项目反应理论在实际应用方面也有很大成就,主要表现在三个方面:一是指导测验编制。伯恩鲍姆和费啸将测验信息结构的测度引入测验,导致通过建立测验信息目标函数来影响测验的结果,从根本上改善了测验编制的指导思想。在此基础上发展了多种测验编制指导方法,特别是对目标参照性测验编制的指导,一改经典测验理论软弱无力的指导状况。二是计算化自适应测验的兴起。三是项目反应理论认知测量模型的出现,将测量导向与认知心理学相结合的方向,应用测量模型直接探索人的认知结构。

项目反应理论也存在着一定的局限性,第一,它假定所测的特质是单维的,这只是一种理想状态,在现实中很难满足这一假设。第二,现有的 IRT 模型主要针对的是二级评分试题(即只有正确与错误两种答案的试题),而对多级评分的试题模型,虽说有一些探索,但还不成熟。第三,IRT 的参数估计不依赖于特定的样本，但是要使参数的估计具有稳定性，需要大样本。在现实的测评中要对大量的试题进行大样本测试以获取稳定的参数估计值，人才和物力的投入都是相当可观的。但必须提出的是，IRT 代表了现代测量理论的发展方向，随着统计理论成熟和计算机技术的普及与测评需求的发展，IRT 理论将逐步扩大其在现代人才测评中的应用。

上述三种测量理论构成了现代人才测评的理论基石。三种理论各有长短，经典理论容易理解、操作简单、体系完整，在现实中更易于被接受，因为适应面很广。GT 理论主要解决测量误差的问题，对于分析测量的信度有一定优势。IRT 理论数理逻辑严密，测量精度高，但对使用者的素质和客观条件都有很高的要求，故应用的范围受到限制。因此，本书将以经典测量理论为基础，探讨心理测验的各项指标。

第二节 信度

信度是评价一个测验是否合格的重要指标之一，也是标准化心理测验的基本要求之一。用同一个心理测验测量同一个被试，如果今天所测的结果与明天所测的结果相差悬殊，那么测验就不会有人运用它。

一 信度的定义

信度是指同一被试在不同时间内用同一测验（或用另一套相等的测验）重复测量，所得结果的一致程度。如果一个测验在大体相同的情况下，几次测量的分数也大体相同，便说明此测验的性能稳定；反之，几次测量的分数相差悬殊，便说明此测验的性能不稳定，信度低。

信度只受随机误差的影响。随机误差越大，信度越低。因此，信度可视为测验结果受机遇影响的程度。系统误差产生恒定效应，不影响信度。

根据经典测量理论,信度被定义为:一组测量分数的真分数方差与总方差(实得分数的方差)的比率,或者是指真分数方差占总方差的百分比。根据统计学理论,真分数方差与实得分数方差的比是一个相关系数的平方,所以把这种相关系数的平方叫做信度系数。其计算公式:

$$r_{xx}(信度) = \frac{S_T^2(真分数方差)}{S_X^2(总方差)} \qquad (2-5)$$

由于真分数的方差是无法统计的,公式(2-5)可转化为:

$$r_{xx} = \frac{S_X^2 - S_E^2}{S_X^2} = 1 - \frac{S_E^2}{S_X^2} \qquad (2-6)$$

因此,信度也可以看做在总的方差中非测量误差的方差所占的比例。S_T^2 占的比例越大,信度越高;S_E^2 越大,信度越低。

二 信度的类型

信度是一个理论上构思的概念,在实际应用时,通常以同一样本所得的两组资料的相关性,作为衡量一致性的指标。由于样本资料的差异,不同的信度反映测验误差的不同来源,每一种信度系数的意义有很大差异。

(一)重测信度

重测信度又称稳定性系数,使用同一测验,在同样条件下对同一组被试前后施测两次测验,求两次得分间的相关系数,用来检验一个测验的结果是否具有跨时间的稳定性。即考查两次不同时间里对同一组被试施以同一个测验其结果是否一样或一致。若一致,则说明测验是比较稳定的,或可靠的;若不一致,则测验就不合格。

人的多数心理特征如智力、性格、兴趣等,具有相对的稳定性，间隔一段时间，不会有很大变化。如果两次测验结果所得的分数差别较大，说明此测验未能反映较稳定的心理特征，而受了随机变量的影响。另外，还经常要用测验分数对人做预测，此时测验分数的跨时间的稳定性更加重要。

重测信度的前提假设是：所测量的特性必须是稳定的；每个人对前一次反应的遗忘程度相同；在时间间隔中没有学习另外的与测验有关的东西，或者说每人学习其他东西的程度都一样。

由于以上假设难于做到，不是所有测验都可以计算重测信度。从严格意义上说，只有不易受重复施测影响的测验，比如感觉运动测验、人格测验等比较合适做重测信度估计，多数测验不是非常合适做重测信度估计，如智力测验、成就测验、推理和创造力的测验等。

（二）复本信度

复本信度又称等值性系数。它是用两个等值但题目不同的测验（复本）来测量同一群体，然后求得被试在两个测验上得分的相关系数，这个相关系数就代表了复本信度的高低。复本信度反映的是测验在内容上的等值性，故称等值性系数。其误差来源主要是题目取样偏差。

复本信度的优点是能够避免重测信度的一些问题，如记忆效果、学习效应等。但也有其局限性：其一，如果测量的行为易受练习的影响，那么复本信度只能减少而不能完全消除这种影响；其二，由于第二个测验只改变了题目的内容，已经掌握的解题原则，可以很容易地迁移到同类问题；其三，对于许多测验来说，建立复本是十分困难的。

（三）内部一致性信度

重测信度和复本信度主要考查了测验跨时间的一致性（稳定性）和跨形式的一致性（等值性），而内部一致性信度系数主要反映的是题目之间的关系，表示测验能够测量相同内容或特质的程度。主要包括分半信度和同质性信度。

1. 分半信度

分半信度指采用分半法估计所得的信度系数。这种方法估计信度系数只需一种测验形式，实施一次测验。通常是在测验实施后将测验按奇、偶数分为等值的两半，并分别计算每位被试在两半测验上的得分，求出这两半分数的相关系数。这个相关系数就代表了两半测验内容取样的一致程度，因而也称为内部一致性信度系数。

2. 同质性信度

同质性指测验内部所有题目间的一致性。当各个测题的得分有较高的正相关时，不论题目的内容和形式如何，测验即为同质的；若所有题目看起来好像测量的是同一特质，但相关很低或为负相关时，测验即为异质的。

（四）评分者信度

评分者信度用于测量不同评分者之间所产生的误差。为了衡量评分者之间的信度高低，可随机抽取若干份测验卷，由两位以上的评分者按评分标准分别给分，以考查多个评分者之间的一致性。

三 影响信度的因素

影响信度的因素很多，下面就样本的特征、测验的长度、测验的难度和测验的时间间隔对信度的影响加以讨论。

（一）样本的特征

1. 样本团体分数分布的影响

相关关系都要受到团体中分数分布的影响，当分布范围增大时，其信度估计就较高；当分布范围减小时，相关系数随之下降，信度值则较低。从信度系数的计算公式（ $r_{xx} = 1 - S_E^2/S_X^2$ ）也可以看出，当总体得分的方差（ S_X^2 ）减小时，信度（ r_{xx} ）会降低。也就是说，求得信度的样本团体得分分布比较窄小的话，总体变异（S_X^2）也变小，r_{xx} 就降低，即信度就低。

2. 样本团体异质性的影响

一般而言，若获得信度的取样团体较为异质的话，往往会高估测验的信度，相反则会低估测验的信度。

3. 样本团体平均能力水平的影响

测验的信度不仅受取样团体中个别差异程度的影响，也会由于不同团体间平均能力水平的不同而不同。这是因为，对于不同水平的团体，题目具有不同的难度，每个题目在难度上的微小差异累计起来便会影响信度。但这种差异很难用一般的统计公式来预测或评估，只能从经验中发现它们。

显而易见，每个信度系数都要求有对建立信度系数的团体的描述。在编制测验时，应把常模团体按年龄、性别、文化程度、职业等分为更同质的亚团体，并分布报告每个亚团体的信度系数，这样测验才能适用于各种团体。

（二）测验的长度

测验长度，亦即测验的数量，也是影响信度系数的一个因素。一般来说，在一个测验中增加同质的题目，可以使信度提高。测验越长，测验的测题取样或内容取样越有代表性；测验越长，被试的猜测因素影响就越小。

需要注意的是，增加测验长度的效果应遵循报酬递减原则。测验过长是得不偿失的，有时反而会引起被试的疲劳和反感而降低可靠性。

（三）测验的难度

难度对信度的影响只存在于能力测验中，对于人格测验、兴趣测验、态度量表等不存在难度问题，因为这些测验题目的答案没有正确、错误之分。

就难度与信度间的关系而言，并没有简单的对应关系。但是，当测验分数分布范围缩小时，测验的信度降低。因此，如果一个测验对某团体而言太容易，会使所得分数都集中在高分端；当题目太困难时,得分会集中在低分端。两种情况均会使信度样本的分数范围变窄,从而使测验变得不够可靠。

(四) 测验的时间间隔

时间间隔只对重测信度和不同时测量时的复本信度有影响,对其余的信度来说不存在时间间隔问题。两次测验相隔时间越短,其信度系数越大;间隔时间越久,其他变因介入的可能性越大,受外界的影响也越大,信度系数便越低。

第三节 效度

一 效度的概念

(一) 效度的定义

在心理测验中,效度是指所测量的与所要测量的心理特点之间符合的程度,或者简单地说是指一个心理测验的准确性。效度是科学测量工具最重要的必备条件,一个测验若无效度,则无论其具有其他任何优点,一律无法发挥其真正的功能。因此,选用标准化测验或自行设计编制测量工具,必须首先鉴定其效度,没有效度资料的测验是不能选用的。

此外,任何测验的效度是对一定的目标来说的,或者说测验只有用于与测验目标一致的目的和场合才会有效。每种测验各有其功能与限制,世上没有一种对所有目的都有效的测验,也没有一个测验编制者能把所有的心理特性都包含在他的一套测验之中。因此,不能笼统地说某测验有没有效,而应说它对测量什么有没有效。

在经典测验理论中,效度被定义为在一组测量中,与测量目标有关的真实方差(或称有效方差)与总方差的比率,即

$$r_{xy}^2(效度) = \frac{S_v^2(有效方差)}{S_x^2(总方差)} \qquad (2-7)$$

由于有效方差是一个理论值，无法测量，因此效度也和信度一样是一个理论上的概念。

（二）信度和效度的关系

根据定义，信度和效度的差别在于所涉及的误差不同。信度考虑的是随机误差的影响，效度还包括与测验无关但稳定的测量误差。由此可以得出两点结论。

第一，信度是效度的必要而非充分条件。从方差分配公式：$S_X^2 = S_V^2 + S_I^2 + S_E^2$ 可以看出，S_V^2 增大，即效度高，信度的真方差（$S_V^2 + S_I^2$）必然大，故信度必然高。当信度高时，即 S_E^2 降低时，S_V^2 是否增加还要看 S_I^2 是否增减，因此效度不一定就高。所以说，信度是效度的必要条件，但不是充分条件。

第二，效度是受信度制约的。根据效度和信度的定义（$r_{xy}^2 = S_V^2/S_X^2$，$r_{xx} = S_T^2/S_X^2$）及公式（$S_T^2 = S_V^2 + S_I^2$）可得

$$r_{xy}^2 = \frac{S_T^2 - S_I^2}{S_X^2} = r_{xx} - \frac{S_I^2}{S_X^2}$$

$$\because S_I^2/S_X^2 \geq 0$$

$$\therefore r_{xy} \leq \sqrt{r_{xx}}$$

从这一不等式可以看出，信度系数的平方根是效度系数的最高限度。可见，一个测验的效度总是受它的信度制约。

二 效度的类型

美国心理学会 1974 年发行的教育与心理测试标准将效度分为三大类，即内容效度、构想效度和效标效度。

（一）内容效度

1. 内容效度的概念

内容效度指的是测验题目对有关内容或行为取样的适用性，从而确定测验是否是所欲测量的行为领域的代表性取样。若测验题目是行为范围的好样本，则推论将有效；若选题有偏差，如

在智力测验中包括许多与智力无关的测验题目，则推论将无效。因为这种测验的效度主要与测验内容有关，所以称内容效度。

想编制有较高内容效度的心理测验，首先，对所测量的心理特性有个明确的概念，并划出哪些行为与这心理特性既有关、又较密切。这就需要通过查阅大量资料、观察及询问来发现究竟哪些行为是受这种心理特性所制约的。例如要测定人的"忧虑性"，就要对忧虑性概念有个明确的内容范围，然后从临床观察、病人自述、医生笔记以及文献报道中了解忧虑性的人具有哪些行为特点，并通过自己的观察及调查加以验证，从而明确编制测量人的"忧虑性"的测验。

其次，测验题目应是所界定的内容范围的代表性取样。有人在编制测验时不注意取样策略，哪方面内容编起来容易，哪方面题目就占较大比例，这样会影响测验的内容效度。为了防止此种情况的发生，必须对内容范围进行系统分析，将该范围区分细目，并且对每个纲目作适当加权，然后再根据权数从每个纲目中作随机取样，直到得到所需要数目的题目。

2. 内容效度与表面效度

内容效度经常与表面效度混淆。表面效度是由外行对测验作表面上的检查确定的，它不反映测验实际测量的东西，只是指测验表面上看来好像是测量所要测的东西；而内容效度是由够资格的判断者（专家）详尽地、系统地对测验作评价建立的。虽然二者都是根据测验内容作出的主观判断，但判断的标准不同。前者只考虑题目与测量目的之间明显的、直接的关系，后者则考虑到题目与测量目的和内容总体之间逻辑的微妙关系。

虽然表面效度一词容易引起混乱，但能对被试的动机产生影响，因而也会影响到效度。所以，在编制测验时，表面效度是一个必须考虑的特性。例如，最高作为的测验通常要求有较高的表面效度，以使被试有较强的动机，尽最大努力去完成。如果测验内容看起来与测量目标和要做的决定不相干，就会使被试产生不配合、马马虎虎、应付了事等反应，而影响测验的效度。相反，典型行为测验要求较低的表面效度。如果被试很容易从测验题目看出测验的目的，就可能产生反应偏差（如掩饰等）。只有当被试不知每个题目测量什么时，才会按自己的典型方式真实作答，否则就会按一般的要求或社会赞许的方面去回答问题，测验结果也就不是他自己真正的人格特征。

（二）构想效度

构想效度的概念是1954年提出来的，有人也翻译成构思效度，还有人叫结构效度。它主要涉及的是心理学的理论概念问题，是指测验能够测量到理论上的构想或特质的程度。其目的是以心理学的概念说明和分析测验分数的意义，即从心理学的理论观点对测验的结果加以解释和探讨。

在心理学上，所谓构想是指心理学理论所涉及的抽象而属假设性的概念、特质或变量，如智力、焦虑、机械能力倾向、成就动机等。通常采用某种操作性定义并用测验来测量。确定构想效度的逻辑和方法一般是：先从某一构想的理论出发，导出各项关于心理功能或行为的基本假设，据以设计和编制测验，然后由果求因，以相关、实验和因素分析等方法，审查测验结果是否符合心理学上的理论观点。

（三）效标效度

效标效度指测验分数与效度标准的一致程度。效度标准简称效标，是足以反映测验所欲测量或预测的特质的独立量数，并作为估计效度的参照标准。测验分数与效标的一致程度以二者的相关系数表示，这种相关系数称为效度系数。效度系数越大，测验的效度越高。由于用相关系数这种统计数值表示，这种效度又称统计效度。

效标效度可为同时效度和预测效度。同时效度指测验分数与当前的效标之间的相关程度，通常与心理特性的评估和诊断有关，常用的效标资料包括在校学业成绩、教师评定的等级、临床检查、其他同性质测验的结果等；预测效度指测验分数与将来的效标之间的相关程度，对人员的甄选、分类与安置工作等甚为重要。常用的效标资料包括专业训练的成绩和实际工作的成果等。运用追踪法对行为表现作长期观察、考核和记录，以累积所得的事实资料衡量测验结果对将来成就的预测性。

三　影响效度的因素

影响效度的因素很多，凡能产生随机误差和系统误差的因素都会降低测验的效度，故在编制测验或选择标准化测验时应考虑这些因素，以免影响测验结果的有效性。

（一）测验本身的因素

1. 测验题目的质量

测验的指导语和试题的答案说明不明确、试题的编制不符合测验的目的、试题的难度不合适、试题的编排和组织不合理、试题提供了额外的线索、选择题的答案排列具有明显的规律性等，都会影响测验的效度。

2. 测验的长度

一般而言，增加测验的长度通常可以提高测验的信度，而信度又制约着效度，因此增加测验的长度也能提高测验的效度。

（二）测验实施中的干扰因素

1. 主试的影响因素

测验实施过程中主试的因素会影响效度。例如，是否遵从测验使用手册的各项规定进行标准化的实施、指导语是否统一正确、测验的时限是否一致、评分是否合理，都会影响测验的效度。如果以上条件不标准化，就会使测验效度降低。对于效标效度，测验与效标二者实施时间间隔越长，测验与效标越容易受到很多机遇因素的影响，因此所求的相关必然很低。此外，测验情境，如场地的布置、材料的准备、测验场所的噪声和其他干扰因素等也会影响到测验的效度。

2. 被试的影响因素

被试在测验时的兴趣、动机、情绪、态度和身心状况、健康状态以及是否充分合作与尽力而为等，都会影响被试在测验情境中的反应，因而影响测验结果的效度。被试的反应定式也会降低测验的效度。

（三）样本团体的性质

测验的效度和样本团体的特点具有很大的关系。与信度系数一样，如果其他条件相同，样本团体越同质、分数分布范围越小，测验效度就越低；样本团体越异质、分数分布范围越大，测验效度就越高。其中有几种情况会影响样本团体的异质性。

一是只以选拔上的被试为样本团体参加效度研究，降低了测验的效度。例如，研究一个选拔测验的效度，所能研究的团体样本往往是那些已经初试合格留用的被试，分析他们的测验成绩与效标相关，而大量没有被录取的被试不可能或很少作为研究对象，这样无形中缩小了样本的个别差异，使预测效度降低。

二是选拔标准太高，样本团体的同质性增加，降低了测验的效度。例如，我国高考的录取率很低，如果用大学入学后的学习成绩作为高考成绩的效标，会得到相当低的预测效度，其中的主要原因就是低的录取率降低了样本团体的异质性。

（四）效标的性质

效标效度是以测验分数与效标测量的相关系数来表示的，因此效标的性质如何，在评价测验的效度时是值得考虑的。

其一，效标与测验分数之间的关系是否线性关系是很重要的一个因素。皮尔逊积差相关系数的前提是假设两个变量的关系是线性的分布。在大多数情况下，该假设可以成立。如果测验分数与效标之间的关系是非线性的，皮尔逊积差相关系数会低估相关的大小。

其二，效标测量本身的可靠性如何亦是值得考虑的一个问题。

效标测量的可靠性就是效标测量的信度。如果效标测量的信度不可靠，它与测验分数之间的关系也无可靠性而言。

第四节 常模

常模是能够将原始分数转化为导出分数的具体规则。不同的测验采用的常模类型有很大差异。

一 基本概念

（一）原始分数和导出分数

原始分数就是将被试者的反应与标准答案相比较而获得的测验分数。比如我们做了 EPQ，按照心理测验的计分方法，如套版计分，得到四个分数：$E=20$，$P=8$，$N=12$，$L=7$，这些就是原始分数。显然，它们是从测验中直接获得的。

原始分数本身没有多大意义，比如上面提到的 $E=20$，是什么意思？我们知道 E 表示艾森克人格问卷（EPQ）中的内、外向分量表，但是 20 究竟说明什么？它表示内向还是外向？这时我们必须有一个参照标准才行。那么，在心理测验中，这种标准是由原始分数构成的分布转换而来的分数，叫导出分数。

导出分数具有一定的参照点和单位，实际上是一个有意义的测验量表，与原始分数等值，可以进行比较。从原始分数转换为导出分数时，既要根据原始分数的分布特点，又要按照现代数理统计方法的基本原理，才能转换出有意义、等单位、带参照点的导出分数。

（二）常模与常模团体

常模是解释心理测验分数的基础，是一种供比较的标准量数，由标准化样本测试结果计算而来，通常是某一标准化样本的平均数和标准差，是一群人测验分数的分布情形。这一群人到底指"哪一群"很重要。因为一个人做完测验后，它的分数要经过常模比较后才具有意义。例如，一个人答 100 题数学题，对了 70 题，那么他的成绩是属于优良、普通还是不及格，就看与谁比较了，与小学生还是大学生比，其结果、意义截然不同。

计算常模的标准化样本，就是常模团体。常模团体是由具有某种共同特征的人所组成的一个群体，或者是该群体的一个样本。任何一个测验都有许多可能的常模团体。由于个人的相对等级随着用作比较的常模团体的不同而有很大的变化，因此，在制定常模时，首先要确定常模团体，在对常模参考分数作解释时，也必须考虑常模团体的组成。

对测验的使用者来说，要考虑的问题是，现有的常模团体哪一个最合适。因为标准化测验通常提供许多原始分数与各种常模团体的比较转换表，被试的分数必须与合适的常模比较。而且有时，能够适合的常模团体不止一个。例如在进行人员安置时，同一个测验分数就可与各种不同工种的常模进行比较。

然而，无论是测验编制者还是测验使用者，主要关心的还是常模团体的成员。成就测验和能力倾向测验，适当的常模团体包括目前和潜在的竞争者；比较广泛的能力与性格测验，常模团体通常也包括同样年龄或同样教育水平的被试。在某些情况下，人的许多方面如性别、年龄、年级或教育水平、职业、社会经济地位、种族等都可以作为定义常模团体的标准。

二 常模的类型

（一）发展常模

人的许多心理特质如智力、技能等，是随着时间以有规律的方式发展的，所以可将个人的成绩与各种发展水平的人的平均表现相比较。根据这种平均表现所制成的量表就是发展常模，也称年龄量表。在此量表中，个人的分数指出他的行为在按正常途径发展方面处于什么样的发展水平。

1. 发展顺序量表

最直观的发展常模是发展顺序量表，因为它告诉人们多大的儿童具备什么能力或行为就表明其发育正常,相应能力或行为早于某年龄出现,说明发育超前,否则即为发育滞后。这种常模对儿童家长来说最易于理解,并可以监察儿童的生长发育情况。

2. 智力年龄

智力年龄是年龄量表上度量智力的单位。求智力年龄的方法很简单,只要将儿童在测验上的分数与各年龄组的一般儿童比较,便可给予一个年龄分数。在实际中,当然也有这样的情形,被试在某个低年龄水平的题目上失败,但通过了更高年龄水平的题目。因此在计算中先算出基础年龄,即全部题目都通过的那组题目所代表的年龄。在所有更高年龄水平上通过的题目,用月份计算,加在基础年龄上,儿童的智龄是基础年龄与在较高年龄水平的题目上获得的附加月份之和。例如在吴天敏修订的比内—西蒙量表中,每个年龄都有6个测题,答对每题则得智龄2个月。假如某儿童4岁组的题目全部通过,5岁组通过4题,6岁组通过3题,7岁组通过2题,8岁组题目都没有通过。其智力年龄为:4(岁)+4×2(月)+3×2(月)+2×2(月)=4岁+20月=5岁8个月。

另外一种使用年龄量表的方法是不把题目分到各年龄组。在这种情况下,首先根据被试在整个测验中正确反应的题数或反应时间而得一原始分数,而将标准化样本中每个年龄组的平均原始分数作为年龄常模。通过将原始分数与年龄常模对比,便可求得每个人的智力年龄。例如某个儿童的原始分数等于8岁组的平均分数,则其智力年龄就是8岁。

3. 年级当量

年级当量实际上就是年级量表,测验结果说明被试属哪一年级的水平,在教育成就测验中最常用。其通常表述方式是:某学生的数学是6年级水平,语文是4年级水平。这种表述的依据是把被试的测验得分与团体常模的比较而来的,通常是各年级常模样本的平均原始得分。如常模样本中6年级的数学平均分为35,某儿童在数学测验中也得35分,那么就说"该儿童的数学是6年级水平"。

(二)百分位常模

百分位,又称百分等级,是应用最广的表示测验分数的方法。一个测验分数的百分等级是指在常模样本中低于这个分数的人数百分比。因此,80 的百分等级表示在常模样本中有 80% 的人比这个分数要低。换句话说,百分等级指出的是个体在常模团体中所处的位置,百分等级越低,个体所处的位置就越低。

(三)标准分常模

标准分数是将原始分数与平均数的距离以标准差为单位表示出来的量表。因为它的基本单位是标准差,所以叫标准分数。常用的标准分数有:z 分数、T 分数、标准九、标准二十、标准十、离差智商(IQ)等。

百分位与标准分数的共同之处在于,它们都是将被试的分数在团体内作横向比较,而发展量表是与不同发展水平的人作纵向比较。

练习与思考

1. 心理测量的误差来源主要包括哪些?
2. 经典测量理论及其假设是什么?
3. 指出各种信度系数所对应的误差来源。
4. 如何提高心理测验的信度?
5. 什么是测验的效度?与信度的关系怎样?
6. 效度有哪些类型?它们之间有何异同?
7. 什么是常模?常模类型有哪些?

本章小结

本章着重讲述测验误差、信度、效度和常模四种常用的心理测验指标。

误差是在测量中与目的无关的因素所产生的不准确的或不一致的结果。这个定义包含两层意思：一是测量误差是由与测量目的无关的因素引起的；二是误差是不准确或不一致的测量结果。

心理测验的误差主要有两种形式。一是随机误差，由与测量目的无关的偶然因素引起的变化无规律的误差；二是系统误差，是由与测量目的有关的因素引起的恒定的有规律的误差。心理测评的准确性受到各种误差因素的影响，常见的误差因素主要来于三个方面，即测评方法内部因素、测评的实施过程因素和被测评者本身因素。一般将测量理论分为经典测量理论、概化理论和项目反应理论三大类，或称三种理论模型。

信度是指同一被试在不同时间内用同一测验（或用另一套相等的测验）重复测量，所得结果的一致程度。如果一个测验在大体相同的情况下，几次测量的分数也大体相同，便说明此测验的性能稳定；反之，几次测量的分数相差悬殊，便说明此测验的性能不稳，信度低。常见的信度类型有重测信度、复本信度、内部一致性信度和评分者信度。影响信度的因素有样本特征、测验的长度、测验的难度和测量的时间间隔等。

效度是指所测量的与所要测量的心理特点之间符合的程度，或者简单地说是指一个心理测验的准确性。效度是科学测量工具最重要的必备条件，一个测验若无效度，则无论其具有其他任何优点，一律无法发挥其真正的功能。效度分为三大类，即内容效度、构想效度和效标效度。影响效度的因素很多，凡能产生随机误差和系统误差的因素都会降低测验的效度。而测验本身的因素、测验实施中的干扰因素、样本团体的性质、效标的性质是编制测验常用的。

信度和效度的差别在于所涉及的误差不同。信度考虑的是随机误差的影响，效度还包括与测验无关但稳定的测量误差。首先，信度是效度的必要而非充分条件。其次，效度是受信度制约的。

常模是能够将原始分数转化为导出分数的具体规则。常见的常模类型有发展常模、百分位常模和标准分常模。

第二部分　编制篇

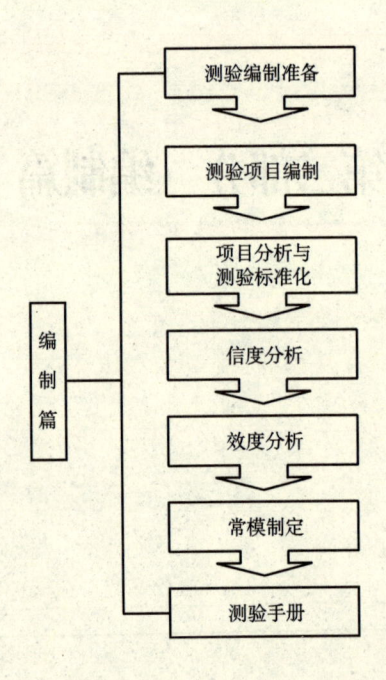

```
                    ┌─────────────────┐
                    │  测验编制准备    │
                    └────────┬────────┘
                             ▼
                    ┌─────────────────┐
                    │  测验项目编制    │
                    └────────┬────────┘
                             ▼
                    ┌─────────────────┐
                    │  项目分析与      │
                    │  测验标准化      │
                    └────────┬────────┘
┌──────┐                     ▼
│ 编   │            ┌─────────────────┐
│ 制   ├────────────┤  信度分析        │
│ 篇   │            └────────┬────────┘
└──────┘                     ▼
                    ┌─────────────────┐
                    │  效度分析        │
                    └────────┬────────┘
                             ▼
                    ┌─────────────────┐
                    │  常模制定        │
                    └────────┬────────┘
                             ▼
                    ┌─────────────────┐
                    │  测验手册        │
                    └─────────────────┘
```

第三章 测验编制准备

本章学习目标
- 熟悉测验编制的基本流程
- 掌握确定测验主题和测评维度的方法
- 能够设计测验编制方案

"工欲善其事，必先利其器。"要想编制出高质量的、适用的测验，就必须明白心理测验的编制基本原理、基本知识。

第一节 心理测验的编制程序

一 心理测验编制的基本思路

根据测验编制的出发点，心理测验编制的基本思路可以分为经验归纳法和理论演绎法两种。

1. 经验归纳法

经验归纳法，也可称这为"自下而上"法，其关键在于根据编制者先前的研究经验，采用归纳的方法提出欲测量的心理特征的结构，并以此作为编制心理测验的依据。美国心理学家编制的《明尼苏达多项人格调查表（MMPI）》和中国心理学家编制的《中国人个性量表（CPAI）》都是采用经验归纳法编制而成的。

2. 理论演绎法

理论演绎法，也可称为"自上而下"法，该方法的关键在于理论先于测验。根据测验的目标，建立或引用成熟的心理学理论，采用理论演绎的方式，界定心理特征的结构。该方法十分强调理论对于编制心理测验的指导意义。《艾森克人格问卷（EPQ）》、《大五人格测验（NEOPI）》都是理论演绎法编制心理测验的典范。

尽管两种方法的操作有很大不同，但是都需要明确界定所要测量的心理特征的内涵和外延。无论采用哪种方法，都离不开对心理特征构念的把握。因此，测验编制者不仅需要了解和掌握西方的各种心理学理论，还需要结合自己的经验分析中国人的心理特征的构念，这样才能够编制出具有中国文化特色的心理测量工具。

二 心理测验编制的一般程序

科学编制程序是测验质量的关键，因此编制者要严格按照规范程序开展编制工作。一般来说，心理测验的编制程序可以分为六个主要环节，如图3-1所示。

由图3-1可知，测验的编制由确定测验的主题开始，到撰写测验手册结束，中间包含题目编制和测验指标计划的多个步骤。其中有些环节包含更加具体的内容，比如，测试与项目分析需要计算难度和区分度；测验标准化涉及题目、实施、记分和解释的标准化；测验鉴定包括信度、效度的分析和常模的计算。

下面的章节会详细描述各环节的具体操作方法。

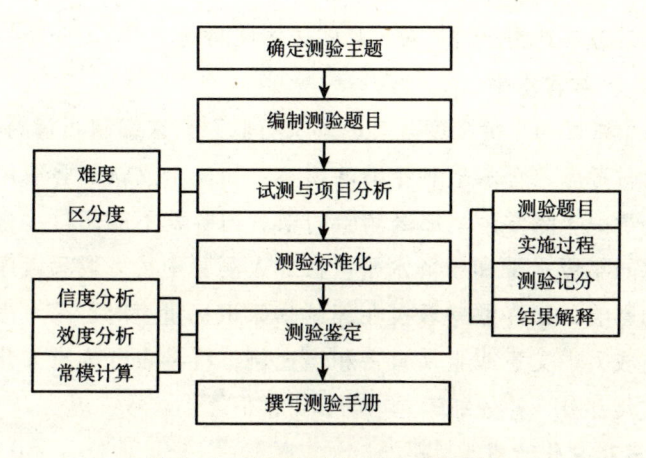

图 3-1　心理测验编制的一般程序

第二节　心理测验的主题设计

一　确定测试对象

在编制测验前首先要明确测量的对象，也就是该测验编成后要用于哪些团体。只有对受测者的年龄、受教育程度、社会经济和文化背景以及阅读水平等心中有数，编制测验时才能有的放矢。以下针对年龄、教育水平、文化背景三个重要的维度举例加以说明。

（一）年龄

一个测验的年龄范围是有明确规定的，如韦克斯勒依据年龄编制了三个测验，分别是适用于 16 岁以上的成人的 WAIS、适用于 6~16 岁学龄儿童的 WISC 和适用于 4~6 岁学前儿童的 WPPSI。这三个测验测得的是同样的智力，采用的是同样的智力结构，然而针对同样的任务所采用的测验材料是极不相同的。如在译码分测验中，WISC 中采用的是数字符号，而 WPPSI 中采用的是动物房子。这是考虑到测验材料对年龄的适用性问题。

（二）教育水平

这个维度与年龄维度既有区别又有联系。在编制儿童测验时，就要同时考虑教育水平和年龄的影响，如一个成就测验使用的对象是小学一年级学生，那么测验的项目内容就不能超过小学一年级学生的年级水平和年龄水平。在成人测验中，一般只考虑教育水平的影响，如许淑莲教授在编制临床记忆量表时，因考虑到我国目前成人中文盲或半文盲占相当比例，将量表分为有文化部分和无文化部分，并分别建立了两套正常值。

（三）文化背景

西方早期的研究发现，黑人在一般的常模参照测验中的分数平均要比白人低一个标准差。这种差异或许是由于测验编制的文化公平性引起的，或许应该归因于种族间的智力差异。不管黑人和白人之间是否真的存在智力的种族差异，但作为衡量智力程度的智力测验都必须考虑到智力测验不能在脱离文化的真空中进行，评价智力发展的程度也应站在测验实施对象的文化立场上。

在我国，由于城市和农村人口在文化生活和教育程度上尚有某些差异，故在测验编制及建立常模过程中应考虑这种影响。如龚耀先教授在修订韦氏智力测验时，将长期生活、学习或工作在县属集镇以上这些城镇的人口称为城镇人口，采用城市式；长期生活、学习或工作于农村的称为农村人口，采用农村式。

二　确定测验的目的

所编制测验无论是对被试做描述、诊断，还是选拔和预测。目的不同，编制测验时取材范围及试题的难度也不尽相同。一般地说，测验的目的可分两类：显示和预测。由此我们可分为两类测验：显示性测验和预测性测验。

（一）显示性测验

显示性测验是指测验题目和所要测量的心理特征相似的测验。

例如，成就测验就是显示性的，它反映被试具有什么能力、能完成什么任务。有些观察法、行为评估法也都是显示性测验，如要测量学生的诚实性，一种方法就是在课堂上故意设置条件，使卷子有被改变的可能或有被偷看的机会等，使学生有机会显示其是否诚实。

古德纳夫曾经在显示性测验内部又加以区分，将其分为样本测验和标记测验。题目取自一个很明确的总体的测验，即样本测验，例如测量学生的四则混合运算能力，可以从四则混合运算能力总体中选择一组题目作为样本来测试被试，从而推论他对于这一类题目可能做到什么程度。题目取自一个全开放的总体的测验，即标记测验，例如智力测验。如果被试在智力测验上得分高，而且在实际生活中确实也很聪明，那么这个测验就算是智力的比较好的标记，因为它指出了或标记了所取样总体的性质。

（二）预测性测验

预测性测验是指预测一些没被测量的行为的测验。在一般情况下我们对测验感兴趣，主要还是由于测验分数使我们能够预测一个人在不同情境下的行为。例如 GRE 中的词汇测验，并不是施测者对这些词汇有什么特殊兴趣，而是因为它能预测被试将来在大学里的学业表现。所以编制预测性测验最关心的是测验分数与预测行为之间的关系，要搞清楚哪些因素可以预测。

显示性测验和预测性测验的区分并不是绝对的，如高考，题目来自高中课本，可以说高考是样本测验，但高考成绩常用来预测大学里的学习成绩，因此又是预测测验。

三　确定测验的类型

明确测验目的后，就需要明确所编制的测验属于什么类型。从测验的功能方面看，所编测验用来测量什么心理功能，是测量能力、人格、还是特殊能力？从测验材料的性质和严谨程度看，所用的测验材料，是文字测验还是操作测验？是客观测验还是投射测验？从施测方式看，准备采用个别施测还是团体施测？

不同类型测验的编制要求有很大差异。比如，编制操作测验的难度，要大于文字测验；而编制投射测验的时间周期，要远远长于客观测验。因此，选择测验类型时，除了考虑测验目的，还要考虑编制者的实际条件。

四 确定测验的主题及其维度体系

确定测验的主题，即确定所欲测量的心理特征。如果测验是为了测量某种心理品质或特点，那么测验编制者就必须给所要测量的心理特质下定义。然后必须发现该特质所包含的维量将通过什么行为表现出来或怎样进行测量。例如创造力的测量，有人将创造力定义为发散思维的能力，即对规定的刺激产生大量的、变化的、独特的反应。根据此操作定义，创造力则应该从反应的流畅性（fluency）、灵活性（flexibility）、独创性（originality）和详尽性（elaboration）四个方面来测量。

确定测评维度体系是测验编制的关键问题，通常采用两种方法。一是根据某一种心理学理论建构测评维度，如在编制智力测验时，可以从斯皮尔曼的二因素理论、瑟斯顿的群因素理论、吉尔福特的三维结构等理论中选择一种。二是根据实际需求来确定测评维度，这类测验要素结构的确立并不是依据心理学中关于某一心理特质的理论，而是根据实际工作（如选拔、诊断）的需要来确立测评要素。两者各有所长，实际编制测验过程通常结合使用。目前，测验维度的确定还没有固定的模式，了解如下原则对确定测评维度会有所帮助。

（一）内涵分明的原则

每一个测评维度都必须有明确的定义，使用内涵明确的词语来表示，维度之间应该是相对独立，以免产生模棱两可或含混不清的理解而造成测评内容与测评结果的不一致。例如，人际合作往往是借助沟通来完成的，但合作与沟通常常是作为两个维度出现的，应界定清楚。合作更主要是指愿意与他人共同完成工作、能与他人分享信息和资源，而沟通更强调接收和表述信息的能力。

（二）可操作性原则

设计出来的测评维度应该适于运用客观性的测评方法进行测评的。每个测评维度都必须有一个明确的可操作化的定义，称为操作定义。所谓可操作性，就是指测评维度能够通过测评中的一些具体行为有效地测量。例如，一个人的情绪是否稳定，做事是否严谨，是喜欢墨守成规还是喜欢新的挑战，这些都是通过测评手段可以测评出来的，因此，这样的维度就是可操作化的。而有些维度比较空泛，不具有可操作性，如一个人的主人翁意识，这样的维度就需要再进一步操作化。

（三）针对性的原则

测评维度体系是针对特定的测评目的而设置的。对不同的测评目的而言，需要测评的关键要素是有所不同的，因此测评的维度体系也是因不同的测评目的而各异的。例如，考查一个具有从事文秘工作意向的求职者在未来的工作中是否会成功应从哪些维度出发，对一个工程技术人员的潜能进行评价应着重考虑哪些维度，等等。

练习与思考

大学生就业压力测验的主题设计

● 测验对象：大学生

● 测验目的：伴随着我国社会主义市场经济的迅速发展及高等教育规模的急剧膨胀，高校毕业生就业呈现更复杂的形势，我们提出了对当代大学生就业压力的研究，制作测量量表，对大学生进行就业压力的测量，探索大学生本身存在的问题与现状，并在此基础上对问题诊断。

- 测验类型：人格测验、文字测验、客观测验、团体测验。
- 主题：就业压力是指在大学生面临就业情境的外在威胁超过了自身的处理能力时，产生的心理、生理反应。
- 维度体系设计：竞争体验、就业情绪困扰、生理反应和行为表现四个维度。竞争体验是指在当前激烈的竞争环境中大学生对于竞争状况的认识，以及个人能力的评估。认清了自身的竞争能力必然带来情绪上的困扰，即就业情绪困扰。这些情绪体验必然要高于正常的水准，从而造成各种不良情绪积累，在生理上必定会反映出来，造成身体不适，出现各种生理问题。就业压力在行为上必定也会造成一定的影响，可能有积极的影响但也可能有消极的影响，比如大学生会积极提升自身的竞争能力，进行职业规划，但也可能出现一些负面的行为。

1. 该测验的主题采用了哪种设计思路？
2. 该测验的主题设计最主要的问题是什么？

本章小结

本章是心理测量应用环节的首要环节：编制准备工作。

根据测验编制的出发点，心理测验编制的基本思路可以分为经验归纳法和理论演绎法两种。心理测验的编制程序可以分为六个主要环节：确定测验主题、编制测验题目、试测与项目分析、测验标准化、测验鉴定、撰写测验手册。

心理测验的主题设计有这样的四个过程：确定测试对象、确定测验的目的、确定测验的类型、确定测验的主题及其维度体系。

第四章 测验项目编制

本章学习目标
- 掌握测验项目编制的方法
- 掌握测验项目编排和组织的方法

第一节 测验项目的编制

测验项目即试题，项目的编制涉及项目编制计划、素材的来源、题型选择、表达方式等方面的问题。

一 测验项目编制计划

编制测验犹如建筑房屋，必须事先设计周详的蓝图，编制计划实际上是对测验的总体设计。编制计划通常是一张双向细目表，指出测验所包含的内容和要测定的各种技能，以及对每一个内容、技能的相对重视程度。具体说，就是指出题目的种类和各类题目的数量及权重。

双向细目表是一种考查目标（能力）和考查内容之间的关联

表，具有三个要素：考查目标、考查内容以及考查目标与考查内容的比例。表中所列的各种能力水平的依据，一般是美国教育学家布鲁姆关于教学认知目标所分的六个层次，即识记、理解、应用、分析、综合和评价。这六个层次是相互区别而又相互联系的递进的关系。如表 4-1 所示。

表 4-1 物理实验操作考试双向细目表

	操作认知	观察能力	动手能力	推理能力	设计能力	数据处理能力	合 计
仪器识别		2					2
仪器使用			2				2
仪器选择	1	1					2
仪器组装			1		1		2
实验步骤				2			2
数据读取				2			2
故障排除	1		1	1			3
数据处理						3	3
误差分析				2			2
合 计	2	3	4	5	3	3	20

根据表 4-1，实验课教师就能够设计相应的题目，而且对考试内容和每个内容部分的分值作规定，以保证不同教师题目编制的相对等值。由此可见，双向细目表是项目编制工作的依据，体现了测验目的。

测验项目编制计划有两个主要用途：(1) 在编题阶段，测验计划指出应该写多少和写哪些种类的题目，题目编好后可将题目的实际分布情况与测验计划对照，以确定测验题目是否恰当地代表了所要测量的领域，核对重要方面的内容是否有遗漏；(2) 在计分时可按表中百分比确定每类题目的分数。

二 搜集有关资料

测验项目计划编好后，就要搜集有关资料作为命题取材的依据，一个测验的好坏和测验材料的选择适当与否有密切关系。题目的来源可分为三个方面。

（一）已出版的标准测验

最简单、最直接的方法是从已经出版的各种标准测验中选择合适的题目。比如编制 MMPI 的简本，就是从 MMPI 完整测验中精选出 168 个题目编成简本；又如敌意量表，也是从 MMPI 中挑选出与敌意相关的项目构成的；如果是成就测验，题目可来于所测量的学科的材料，如课本、参考书、讲义和课题讨论等素材。

（二）理论和专家的经验

理论和专家经验有时也可以作为题目的来源之一，比如要编制态度量表，那么理论上不少对态度的类型、性质维度、定义等的描述就可以转换成题目，或用具体的例子。

（三）临床观察和记录

临床的观察也可以作为题目的来源，各种观察量表或检核表很多都是来于观察到的行为表现，对于人格测验而言，其题目就是临床上描述人格的术语或词汇。比如 MMPI 的题目就是从病历记录中筛选出来的。

考虑测题的来源要注意以下两个问题：（1）资料来源要尽可能丰富。资料搜集越齐全，命题工作便越顺利，这样测验内容便不致有所偏颇，而且能提高行为样本的代表性。如编制人格测验，搜集的资料应包括人格的主要理论、用于描述人格的术语、临床观察的资料，以及其他人格调查表的题目等。（2）材料应该有普遍性。所选择的材料对测验对象要尽可能公平，即受测者都有相等的学习机会，不要以某些被试所熟悉的题目施测于一些没有学习过这类内容的被试。如在编制智力或能力测验时，要尽量避免特殊知识经验和文化背景差异的影响。

三 选择测验项目的形式

在大多数情况下，任何题目都可以有几种表现形式，关键是如何根据各种题目形式的比较和编题的原则选择"最优的"形式。是纸笔测验还是操作测验，是只要被试认出正确答案，还是需要被试自己作出正确回答。这是测验编制者必须确定的。

为此，在选择题目形式时，需要考虑以下几点。

（一）测验的目的和材料的性质

如果要考查被试对概念和原理的记忆，适于使用简答题；要考查对事物的辨别和判断，适于使用选择题；而要考查综合运用知识的能力，则适于使用论文题。

（二）接受测验的团体的特点

如对幼儿宜用口头测验，对于文盲或识字不多的人不宜采用要求读和写的项目，而对有言语缺陷的人（如聋哑、口吃）则要尽量采用操作项目。

（三）各种实际因素

譬如，当被试人数过多，测验时间和经费又有限时，宜用选择题进行团体纸笔测验；而人数少，时间充裕，又有某些实验仪器和设备时，则可用操作测验。

廖世承和陈鹤琴几十年前曾提出以下几条选择测验形式的原则：使被试容易明了测验做法、在做题时不会弄错、做法简明、省时、记分省时省力、经济。

四 测验项目的编写

（一）题目编写的原则

对测量工具题目进行编写要遵从某些一般原则，这些原则可以归纳为内容、语言、理解与社会敏感性四个方面。

1. 内容

在内容方面首先是要求题目的内容符合测验的目的，避免贪多而乱出题目；其次，内容取样要有代表性，符合测验计划的内容，比例适当；再次，题目间内容相互独立，互不牵连，切忌一个题目的答案影响对另一个题目的回答。

2. 语言

使用准确的当代语言，避免使用生僻的字句或词汇；语句要简明扼要，既排除与答案无关的因素，又不要遗漏答题所依据的必要条件；最好是一句话说明一个概念，不要使用两个或两个以上的观念，意义必须明确，不得暧昧或含糊，尽量少使用双重否定句。

3. 理解

题目应有确切的答案，除创造力测验和人格测验外不应具有引起争议的可能；题目的内容不要超出受测团体的知识水平和理解能力；题目的格式要不被人误解。

4. 社会敏感性

在人格和态度等测量中，有时会不可避免地涉及一些敏感性问题，如性关系、性观念及自杀等问题。这些问题的回答是很容易获得规范性答案的，如果被试的答案有违规范，便会担心得不到社会赞许，甚至引起麻烦。所以在编制测题时，应尽量避开社会敏感性问题，如不应使用涉及社会禁忌或个人隐私的题目。

（二）测验项目的题型选择及编制要领

根据对被试的不同要求，心理测验的题型可以分为两大类：提供型题目和选择型题目。提供型题目要求被试给出正确答案，如论文题、简答题、填充题等；选择型题目要求被试在有限的几个答案中选择正确的答案，如选择题、是非题等。对心理测验编制，主要采用选择型题目，接下来对常见选择题型的编制要领进行论述。

选择型题目是心理测验中最常用的题型，由题干和选项两部分构成。题干就是呈现一个问题的情境，一般由直接问句或不完全的陈述句构成。选项就是问题的多种可供选择的答案。根据选项设计的复杂程度，心理测验中的选择题有以下两种情况。

1. 选项设计复杂

这种情况是指不同的项目有各自对应的选项，且常常是包含一个正确答案和若干（一般是1~5个）错误答案。这些错误的答案叫"诱答"，目的是迷惑那些无法确定答案的被试。该类题型的关键是合理设计"诱答"选项，也主要是通过"诱答"选项的设计控制难度。

这种题型适用于文字、数字或图形等不同性质的测验材料，既能测量复杂的学习结果，又能测量简单的学习成果，还可以考查记忆、分析、鉴别推理、理解和应用知识的能力。以下是几种常见的变式。

（1）简单计算。

例：已知小张的心理年龄是8岁4个月，实际年龄是9岁，其智商是多少？

（A）85　　（B）90　　（C）92　　（D）92.6

（2）类比推理。

例：人和空气就好比鱼和_____。

（A）小鱼　　（B）水　　（C）草　　（D）鱼食

（3）类别选择。

例：艾森克是著名的_____心理学家。

（A）发展　　（B）工业　　（C）管理　　（D）人格

（4）异类选择。

例：与其他人不属于同一学派的心理学家是_____。

（A）阿德勒　　　　　　（B）弗洛伊德

（C）荣格　　　　　　　（D）罗杰斯

（5）因果条件。

例：如果测验的真方差增加，但误差方差不变，那么结果是_____。

（A）测验信度增加　　　　（B）测验信度下降

（C）测验总方差减小　　（D）测验的信度和总方差不变

（6）最好理由。

例：偷东西的人应该受惩罚，因为_____。

（A）惩罚可以使他不敢再犯

（B）偷窃为法律所不容

（C）偷东西的人不是好人

（D）偷窃扰乱社会治安

这种选择题型，既要编好题干，也要编好选项，以下几点必须注意。

一是题干所提的问题必须明确，尽量使用简单而且明晰的词语。做到题干意义完整，即使被试不看选择亦能完全理解。不要在题干中夹有选项，或者掺有不切题的内容。

二是选项切忌冗长，要简明扼要。如果选项中共同用到的词语删掉，放到题干中去，可使题意更明确，同时减少被试看题时间。

三是每题只给一个正确答案，其他属诱答。若是找最合适的答案，则应用这样的问句"下列答案中哪个最合适"，以免引起困惑。

四是各选项长度应相等，尽量不要有长有短。同时，选项与题干的联系要非常密切，诱答也必须一致，以免被试很容易就排除了诱答项目。

五是避免题干用词与选项用词一致，否则成了选择答案的线索。正确答案有修饰用语或用正规的词语，而诱答选项均没有，也会给被试提供线索，应避免。"绝不"、"从来"、"所有"、"唯一"、"绝对"等词，不适用于选项中。

六是选项最好用同一形式，如同是人名、日期、物理现象等，长度最好相等。选项的排列最好随机，除非本身有逻辑顺序。

2. 选项设计简单

这种情况是该类测验所有项目的选项完全相同，不用针对每个项目编制选项。是非题就是典型的这种情况，或者是指出一个论点要被试判断是否正确，或者是从是非两个答案作出选择，因此可以把是非题看做两个备选答案的选择题。选项只有两个"是"和"否"，所有是非题的选项是统一的。

例：①你常常会主动地去做一些有意义的习题吗？　　是□　否□
　　②你常常主动给朋友写信或打电话吗？　　　　　是□　否□

此外，还有程度选择题型，比如选项是"经常"、"偶尔"、"很少"、"从不"的测验项目，选项设计是统一的，只需要调整题干表述，来变换题目，比第一种情况相对简单。

例：①头痛　　1. 没有　2. 很轻　3. 中等　4. 偏重　5. 严重
　　②神经过敏，心中不踏实　　1. 没有　2. 很轻　3. 中等　4. 偏重　5. 严重

这种选择题型主要是题干的编制，应注意以下问题。

（1）每道题只能包含一个概念，避免两个或两个以上的概念出现在同一个题目中，造成被试无法判断的情况。

（2）是非题尽量避免否定的叙述，尤其是要避免用双重否定的叙述。因为否定的叙述常会被人误认为肯定的叙述，将"不"字忽略，双重否定尤其容易使人困惑，不如直接采用肯定的叙述为佳。

（3）内容应以有意义的概念、事实或基本原则为基础，不要在叙述中出现琐碎的细节或无关的话语。

（4）是非题如果测试能力，正确答案"是"与"非"数目应基本相等，且要随机排列。"是"、"非"题目的编写在长度和复杂性上应尽量保持一致。

五　测验项目的审核

在这个过程中，编制者和有关方面专家要对题目反复审查修订，改正意义不明确的词语，取消一些重复的和不合用的题目。然后将初步满意的题目汇集起来组成一个预备测验。

审核试题要注意以下几个问题。

（1）题目的范围应与测验计划所列的内容技能双向细目表一致，即材料内容以及所测量的认知技能上的比率与计划相符，必要时须加以适当调整。

（2）题目的数量要比最后所需的数目多1倍至几倍，以备筛选和编制备份。

（3）题目的难度必须符合测验目的的需要。

（4）题目的说明必须清楚明白。

对测题的审核除考虑题目本身的性质，还应考虑各类题目的适当比例，再看看每一被选中的题目是否叙述清楚，是否提供了额外线索。另外，要检查测题是否适合施测对象，施测条件、题目的难度和区分度以及题目是否相互独立，有没有重叠。

第二节 测验的编排

一 测验项目的编排原则

测验项目编制出来后，必须根据测验的目的与性质，并考虑被试作答时的心理反应方式，加以合理安排。当然，测验多种多样，编排也会因人因测验而异，但以下几点当是测验编排的一般原则。

（一）测题的难度排列逐步上升

在测验开头应该有一两个十分容易的题目，以使受测者熟悉作答程序，解除紧张情绪，建立信心，进入测验状态。对试题的总的编排原则要由易到难，这样可以避免受测者在难题上耽搁时间太多，而影响对后面问题的解答。在测验最后可有少数难度较大的题目，以测出受测者的最高水平。

（二）尽可能将相同类型、测量相同因素项目组合在一起

这样使每一类型的试题仅需作一次答题说明，也使被试可用相同的反应方式来回答，同时可以简化计分工作和对测验结果的

统计分析。但是，对于人格测验，应尽量避免将测量同一特质的题目编排在一起，防止被试猜测出题目所要测查的因素。

（三）考虑各种测题类型本身的特点

如在是非题或选择题中必须避免将选择相同选项的测题安排在一起，以免引起被试的定式反应；在匹配题和重组题中，所有的选项必须安排在同一张纸上；此外，论文题的题目最好与答案纸在同一张纸上，并留有足够的答题空间。

二 测验项目的编排方法

根据各测验维度测验项目呈现规律的差异，测验项目的编排主要有以下两种方式。

（一）并列直进式

这种方式是将整个测验按试题材料的性质归为若干分测验，在同一分测验的试题则依其难度由易到难排列。如韦克斯勒的成人、儿童和幼儿三个智力量表就是并列直进式。

（二）混合螺旋式

这种方式是先将各类试题依难度分成若干不同的层次，再将不同性质的试题予以组合，作交叉式的排列，其难度则渐次升进，如比内—西蒙智力量表。此种排列的优点是，被试对各类试题顺序作答，从而维持作答的兴趣。

测验的编排还可以按题目类型、题目的性质或难度等标准来进行。但是，一些研究证明编排方式对测验得分的影响不大，因此心理测验的编制者不必对测验编排关心过多，关键是要编写好的测题及能反映理论上的构思。

三 测验项目编排的注意事项

（1）同时实施多个能力测验和多个人格测验时，一般将它们交替地进行安排。可以先实施一个人格测验，再实施一个能力测验，然后再实施一个人格测验，再接下去实施一个能力测验。

（2）一般来说，最先呈现给被测评者的测评方法应该是较为简单的或比较容易引起其兴趣的。如果一开始就呈现给被测评者一个复杂的或枯燥的测验，那么他在进行后续的测评时，情绪和动机就会受到影响。

（3）当测评方法中包含有时间限制的测评方法或需要多名被测评者同时参与的测评方法时，一般来说，先进行这样的测评。

练习与思考

大学生就业压力测验项目编制

第一部分　竞争体验

1. 你在自己的班级中比较有竞争优势？

    A. 非常同意　B. 基本同意　C. 不同意　D. 非常不同意

2. 与条件和你差不多的人相比，你能作出比他们更好的成绩吗？

    A. 非常同意　B. 基本同意　C. 不同意　D. 非常不同意

3. 如果有人想要超过你，你觉得他们会不择手段吗？

    A. 非常同意　B. 基本同意　C. 不同意　D. 非常不同意

4. 如果条件和你差不多的人作出了一些成绩，你会不服气，自己也想尝试作出成绩吗？

    A. 非常同意　B. 基本同意　C. 不同意　D. 非常不同意

第二部分　就业情绪困扰

5. 你会感到莫名的心烦吗？

    A. 经常　　B. 有时　　C. 很少　　D. 从不

6. 你是否在1点以后才能睡着？

    A. 经常　　B. 有时　　C. 很少　　D. 从不

7. 你很少主动找人谈心，经常自己独吞苦恼？

    A. 非常符合　B. 基本符合　C. 不符合　D. 非常不符合

8. 你是否为自己的前途而担忧？

    A. 经常　　B. 有时　　C. 很少　　D. 从不

第三部分　生理反应

9. 临近毕业,你是否感到头痛?

　　A. 经常　　　B. 有时　　　C. 很少　　　D. 从不

10. 你的睡眠情况不好,无法安然入睡。

　　A. 经常　　　B. 有时　　　C. 很少　　　D. 从不

11. 你的胃会不舒服。

　　A. 经常　　　B. 有时　　　C. 很少　　　D. 从不

12. 你会因为就业的原因而心情不安,无法静坐下来。

　　A. 经常　　　B. 有时　　　C. 很少　　　D. 从不

第四部分　行为表现

13. 你会用吸烟来排解你的不良情绪。

　　A. 经常　　　B. 有时　　　C. 很少　　　D. 从不

14. 你最近因为关注就业方面的信息而寝食难安。

　　A. 非常同意　B. 基本同意　C. 不同意　D. 完全不同意

15. 你会因为心情抑郁而喝酒来麻醉自己。

　　A. 经常　　　B. 有时　　　C. 很少　　　D. 从不

16 你会因为心情烦躁而想骂人,或者摔东西吗?

　　A. 经常　　　B. 有时　　　C. 很少　　　D. 从不

1. 试分析该测验的项目编制方法和编排方法。
2. 该测验项目编制的主要问题有哪些?

本章小结

本章主要讲述测验项目的编制和测验的编制。

　　测验项目即试题,项目的编制涉及项目编制计划、素材的来源、题型选择、表达方式等方面的问题。其中:编制计划是对测验的总体设计;项目素材来自理论和专家的经验以及临床观察和记录三个方面;测验项目的编写一般遵从内容、语言、理解与社会敏感性四个原则。

测验的编排也会因人、因测验而异,通常会注意:测题的难度排列逐步上升,尽可能将相同类型、测量相同因素项目组合在一起,考虑各种测题类型本身的特点,测验项目的编排主要有并列直进式和混合螺旋式两种方式。

第五章　项目分析与测验标准化

本章学习目标
- 了解测验预试的基本过程
- 掌握使用难度分析评价项目质量的方法和标准
- 掌握使用区分度分析评价项目质量的方法和标准
- 掌握测验标准化的方法

第一节　测验预试与项目分析

初次审核的项目虽然在内容和形式上符合要求，但是否具有适当的难度与鉴别作用，必须通过实践来检验，也即要通过预测进行项目分析，为进一步筛选题目和为编排测验提供客观依据。

一　测验预试

预测的目的在于获得被试对题目如何反应的资料，它既能提供哪些题目意义不清，容易引起误解等质量方面的信息，又能提供关于题目好坏的数量指标，而且通过预测还可以发现一些原来想不到的情况，如测验时限多长合适，在施测过程中还有哪些条件需要进一步控制等。

（一）试测的步骤

1. 预备测试题

测试题编排完成并不意味着这项测量工具的编制就此完成。前面对题目的选取只是依靠编写者的主观经验，题目的效果如何还需要进行定量的客观分析。这时的测试题还只能叫做预备测试题，还需要获取被试对这些题目的反应的材料，为进一步筛选题目和为编排测量工具提供客观依据。

2. 预测试

必须将预备测试题对一定规模的小样本被试进行施测，获得数据以进行校验、修订。这一过程称为测试题的预测试。

（二）注意事项

对测试题的预测试应注意以下问题。

(1) 预测试对象必须和将来正式测试的对象相似。

(2) 预测试的实施过程与情境应力求与将来正式测量工具实施时的情境相似。

(3) 预测试的时限可稍宽些，最好使每个被试都能将题目答完，以便搜集充分的反应资料，使统计分析的结果更为可靠。

(4) 在预测试过程中，应将被试的各种反应情况随时加以记录。如记录在不同时限内一般被试所完成的题目数、题意不清之处、被试的态度等，以便在修改测验时作为参考。

预测试完成后，可以根据预测结果进行题目分析，对每个题目的具体分析称为项目分析，主要是指根据题目的难度、区分度、备选答案的合适度等数量指标来对题目进行分析。

二 项目难度的计算及应用

难度，顾名思义，是指项目的难易程度。在能力测验中通常需要一个反映难度水平的指标，在非能力测验（如人格测验）中，类似的指标是"通俗性",即取自相同总体的样本中,能在答案方向上回答该题的人数。难度分析只是针对能力和学习成绩测验而言的,人格测验通常不进行难度的计算。

(一)根据题型选择难度计算方法

1. 二分法计分的测验项目

心理测验的项目大多为选择题,通过计 1 分,不通过计 0 分。对这类题目可直接用公式(5-1)计算难度。

$$P = \frac{R}{N} \quad (5-1)$$

式中:P——代表项目的难度;

N——全体被试人数;

R——答对或通过该项目的人数。

以通过率表示难度时,通过人数越多,即 P 值越大,难度越低;P 值越小,难度越高。因为 P 值大小与难度高低成反比,所以也有人将其称作易度。还有人将被试未通过每个项目的人数百分比作为难度的指标。

当被试人数较多时,可根据测验总成绩将被试分成三组:分数最高的 27% 被试为高分组(P_H),分数最低的 27% 被试为低分组(P_L),中间 46% 的被试为中间组。分别计算高分组和低分组的通过率,以两组通过率的平均值作为每一题的难度。其公式为:

$$P = \frac{P_H + P_L}{2} \quad (5-2)$$

式中:P——难度;

P_H 和 P_L——高分组和低分组通过率。

例:在 100 名的被试团体中,选为高分组和低分组的被试各有 27 人,其中高分组有 15 人答对某一题,低分组 10 人答对同一题,则这一题的难度为:

$$P_H = \frac{15}{27} = 0.56 \qquad P_L = \frac{10}{27} = 0.37$$

$$P = \frac{P_H + P_L}{2} = \frac{0.56 + 0.37}{2} = 0.47$$

因为选择题允许猜测，所以，通过率可能因概率作用而变大。备选答案的数目越少，概率的作用越大，越不能真正反映测验的难度。为了平衡概率对难度的影响，吉尔福特提出了一个 P 值的校正公式：

$$CP = \frac{KP - 1}{K - 1} \qquad (5-3)$$

式中：CP——校正后的通过率；

P——实际得到的通过率；

K——备选答案的数目。

当题目的备选答案数目不同，而又要比较它们的难度时，使用校正的通过率是比较合理的。

例：某选择题计算出来的通过率为 0.75，若该题有 5 个备选答案，则校正后的通过率为：

$$CP = \frac{5 \times 0.75 - 1}{5 - 1} = 0.69$$

用同样方法可算出当有 4 个备选答案时，$CP = 0.67$；有 3 个备选答案时，$CP = 0.63$；有 2 个备选答案时，$CP = 0.54$。从这些数值可见，校正后的通过率数值小于原来的数值，选项越多，变化幅度越小。其原因是，校正公式就是从原来的通过率中减去猜对的概率，选项越多，猜对的概率就越小。

需要注意的是，只有单项选择题的猜测概率应用公式（3-5）进行校正，多项选择题的猜测概率很小，不适用此公式。

2. 非二分计分的测验项目

非二分计分的测验项目是指存在多于两种可能得分的题目，

通常没有明确的"对"与"错",而按照回答的准确程度计分。这类题目通常采用下面的公式计算难度。

$$P = \frac{\overline{X}}{X_{max}} \qquad (5-4)$$

式中:$\overline{X}$——全体被试在该题上的平均成绩;

X_{max}——该题的满分。

例:某一能力测验题的满分为 25 分,全体被试在该题上的平均分数为 15 分,则该题的难度为:

$$P = \frac{15}{25} = 0.6$$

(二) 利用 excel 软件计算项目难度

项目分析时,我们通常会将被试对每个题目的得分情况录入电子表格,利用计算机统计每个测验项目的难度指标,下面举例来说明操作步骤。

第一步:整理数据,录入被试每道题目的得分,格式如表 5 – 1 所示。

表 5 – 1 项目分析数据样例

被试	题1	题2	题3	题4	题5	题6	题7	题8
1	0	0	0	0	0	0	2	6
2	1	0	0	0	1	1	1	3
3	1	1	1	0	0	0	2	4
4	0	0	0	0	0	0	2	6
5	1	0	0	0	1	1	1	3
6	1	1	1	0	1	1	2	4
7	1	1	1	1	0	0	3	6
8	1	0	0	0	1	1	3	3
9	1	1	1	1	1	0	3	5

续表 5-1

被试	题1	题2	题3	题4	题5	题6	题7	题8
10	1	1	1	0	1	1	0	6
11	1	1	0	1	1	1	2	8
12	0	1	0	0	1	1	2	7
13	1	1	1	1	1	0	4	9
14	1	1	1	0	0	0	2	4
15	0	0	0	0	0	0	2	6
16	1	0	1	0	1	1	1	3
17	1	1	1	0	1	1	2	4
18	1	0	0	0	1	1	1	3
19	1	1	1	0	1	1	2	4
20	1	1	1	1	0	0	3	6

第二步：根据项目计分类型选择对应的公式计算项目难度。已知本例中前六题是四选一的选择题，第七题是满分为 5 分的主观题，第八题是满分为 10 分的主观题。因此，前六题属于二分计分的项目，应该选择公式 (5-1)，并利用公式 (5-3) 进行校正；后两题属于非二分计分的项目，应该选择公式 (5-4)。计算结果如表 5-2 所示。

表 5-2　难度计算结果

指标	题1	题2	题3	题4	题5	题6	题7	题8
R	16	12	10	6	13	11	—	—
$\bar{X}$	—	—	—	—	—	—	2	5
P	0.80	0.60	0.50	0.30	0.65	0.55	0.40	0.50
CP	0.73	0.47	0.33	0.07	0.53	0.40	—	—

（三）确定项目的难度标准

进行难度分析的主要目的是为了筛选项目，项目的难度多高合适，取决于测验的目的、性质以及项目的形式。

大多数的标准测验，都希望能准确测量个体的差异。如果在某题上，被试全答对或全答错，那么该题无法提供个别差异的信息，也不会影响测验分数的分布，因此对测验的信度和效度没有多大的作用。P 值越接近于 0 或接近于 1，越无法区分被试间能力的差异。相反，P 值越接近于 0.50，区别力越高。

为了使测验具有更大的区别力，应选择难度在 0.50 左右的试题比较合适。但是在实际工作中并非如此简单。如果难度都是 0.50，则试题间的相关将有偏高趋势。举一个极端例子，假如某测验各试题间的相关均为 1.00，项目难度均为 0.50，那么有可能使 50% 的被试答对所有的题目得满分，另外 50% 的被试无法通过任何试题，而全部得 0 分。一般认为，试题的难度指数在 0.3 ~ 0.7 比较合适，整份试卷的平均难度指数最好掌握在 0.5 左右，高于 0.7 和低于 0.3 的试题不能太多。

当测验用于选拔或诊断时，应该比较多地选择难度值接近录取率的项目。例如测验是要辨别或选择少数最优秀的被试，测验就应该有相当高的难度，P 值应该较小。如果录取率为 20%，那么题目难度最好确定为 20%，使得恰好 20% 的优秀被试通过；假如测验是要诊断或筛选出少数较差的被试，则题目 P 值应该高，使得只有少数被试不能通过。

对于选择题来说，P 值一般应大于概率水平。P 值等于概率，说明题目可能过难或题意不清，被试凭猜测作答；P 值小于概率无意义，说明题目质量有问题。

三　项目区分度的计算及应用

区分度，也叫鉴别力，是指测验项目对被试的心理特性的区分能力，是反映测验项目区分应试者能力水平高低的指标。如果一个项目，实际水平高的被试能顺利通过，而实际水平低的被试不能通过，那么我们就可以认为该项目有较高的区分度。项目的区分度高，可以有效拉开不同水平应试者分数的距离，使高水平者得高分，低水平者得低分，而区分度低反映不出不同应试者的水平差异。

项目区分度是评价项目质量和筛选项目的主要指标，也是影响测验效度的重要因素。项目区分度低即意味着项目不能测出被试的实际水平，显然这类项目不能达到测验的目的，必然会影响测验的效度。

（一）项目区分度的计算方法

1. 计算鉴别指数

鉴别指数是区分度分析的一种简便方法，是通过比较测验总分得分高和得分低的两组被试在项目上通过率的差别，反映项目区分程度的指标。一般情况下，根据测验分数把被试从高到低进行排列，取高分端的27%被试作为高分组，取低分端的27%被试作为低分组，其余46%的被试可以不作分析。人数较少的情况下，可以将50%划分为高组，50%划分为低分组。

当高分组和低分组确定之后，首先分别计算高分组与低分组在该项目上的通过率，然后就可以按公式（5-5）来计算鉴别指数：

$$D = P_H - P_L \qquad (5-5)$$

式中：D——区分度；

P_H——高分组在该项目上的通过率；

P_L——低分组在该项目上的通过率。

鉴别指数的取值范围为 -1 ~ +1。鉴别指数越高，项目的区分度就越强。

例：高分组在某一试题上的通过率为 0.63，低分组的通过率为 0.21，则其 $D = 0.42$；如果高分组全部通过某一项目，而低分组没有一个通过，则 $D = 1.00$。相反，如果低分组全部通过，而高分组中没有人通过，则 $D = -1.00$；如果两组的通过率相等，则 $D = 0$。

以高分组与低分组的得分率的差为区分度的指标,其理由是高分组若在该测验上的得分率高于低分组,则 $D>0$,D 越大,说明该项目区分两种不同水平的程度越高。若 $D<0$,则反映高水平组在该项目上的得分率反而低于低水平组,说明项目有问题。因此 D 可以反映项目得分与测验总分之间的关系,将它作为区分度的指标是合理的。

2. 计算相关系数

区分度最常用的方法是相关系数,即以某一项目分数与效标成绩或测验总分的相关作为该项目区分度的指标。相关越高,表明项目越具有区分的功能。

针对 0、1 记分测验项目可以采用点二列相关法进行计算。其计算公式:

$$r_{pb} = \frac{\overline{X}_p - \overline{X}_q}{S_t} \sqrt{pq} \tag{5-6}$$

式中:r_{pb}——点二列相关系数;

$\overline{X}_p$——与二分变量通过组相对应的连续变量的平均数;

$\overline{X}_q$——与二分变量未通过组相对应的连续变量的平均数;

S_t——连续变量的标准差;

p——通过组人数与总人数之比;

q——未通过组人数与总人数之比。

例:假设 10 名学生某次测验的总分及在一个选择题上的得分,如表 5-3 所示,请用点二列相关估计该题的区分度。

表 5-3　10 名学生的测验结果

学　生	1	2	3	4	5	6	7	8	9	10
总　分	70	70	60	30	55	40	60	75	90	100
选择题	1	0	0	0	1	0	0	1	0	1

根据表 5-3 的数据,我们可以求出:

$$\overline{X}_p = (70+55+75+100)/4 = 75$$

$$\overline{X}_q = (70+60+30+40+60+90)/6 = 58.3$$

$$p = 4/10 = 0.4$$

$$q = 1 - p = 1 - 0.4 = 0.6$$

$$S_t = \sqrt{\frac{\sum(X-\overline{X})^2}{N}} = \sqrt{\frac{\sum X_i^2}{N} - (\frac{\sum X_i}{N})^2} = 20$$

将上述数值代入公式（5-6）得到：

$$r_{pb} = \frac{75 - 58.3}{20} \times \sqrt{0.4 \times 0.6} = 0.41$$

（二）利用 excel 软件计算鉴别指数

我们利用计算难度的样例数据说明鉴别指数的计算过程。

第一步：整理数据，计算被试的测验总分，划分高分组和低分组，如表 5-4 所示。

表 5-4 鉴别指数计算的数据整理

被试	题1	题2	题3	题4	题5	题6	题7	题8	总分	分组
13	1	1	1	1	1	0	4	9	18	高分组
11	1	1	0	1	1	1	2	8	15	高分组
7	1	1	1	1	0	0	3	6	13	高分组
9	1	1	1	1	1	0	3	5	13	高分组
20	1	1	1	1	0	0	3	6	13	高分组
12	0	1	0	0	1	1	2	7	12	高分组
6	1	1	1	0	1	1	2	4	11	高分组
10	1	1	1	0	1	1	0	6	11	高分组
17	1	1	1	0	1	1	2	4	11	高分组
19	1	1	1	0	1	1	2	4	11	高分组
8	1	0	0	1	1	1	3	3	10	低分组

续表 5 – 4

被 试	题1	题2	题3	题4	题5	题6	题7	题8	总 分	分 组
3	1	1	1	0	0	0	2	4	9	低分组
14	1	1	1	0	0	0	2	4	9	低分组
1	0	0	0	0	0	0	2	6	8	低分组
4	0	0	0	0	0	0	2	6	8	低分组
15	0	0	0	0	0	0	2	6	8	低分组
2	1	0	0	0	1	1	1	3	7	低分组
5	1	0	0	0	1	1	1	3	7	低分组
16	1	0	0	0	1	1	1	3	7	低分组
18	1	0	0	0	1	1	1	3	7	低分组

第二步：分别算出每个项目高分组和低分组的通过率，利用公式（5-5）计算鉴别指数 D，结果如表 5-5 所示。

表 5 – 5 鉴别指数的计算结果

指标	题1	题2	题3	题4	题5	题6	题7	题8
$R_H(\overline{X}_H)$	9	10	8	5	8	6	2.3	5.9
$R_L(\overline{X}_L)$	7	2	2	1	5	5	1.7	4.1
P_H	0.9	1	0.8	0.5	0.8	0.6	0.46	0.59
P_L	0.7	0.2	0.2	0.1	0.5	0.5	0.34	0.41
D	0.2	0.8	0.6	0.4	0.3	0.1	0.12	0.18

（三）区分度标准的确定

1. 鉴别指数（D）的划分标准

对于某个项目来说，D 值为多少比较合适呢？美国测验专家伊贝尔（L. Ebel, 1967）根据长期的经验提出用鉴别指数评价项目性能的标准，如表 5 - 6 所示。

表 5 - 6 项目鉴别指数与评价标准

鉴别指数（D）	项目评价
0.40 以上	很好
0.30 ~ 0.39	良好，修改后会更佳
0.20 ~ 0.29	尚可，但需修改
0.19 以下	差，必须淘汰

按此标准，上例中八道题中只有第 2、3、4 题的质量很好；第 5 题质量良好，修改后会更佳；第 1 题属于尚可的范畴而第 6、7、8 题属于差，必须淘汰的层次。为我们选择测验的项目提供了重要依据。

2. 相关系数的划分标准

相关系数的划分标准比较复杂，一般有两种判断方法：一种是沿用统计学的标准，即 0.3 以下为弱相关，项目质量差；0.3 ~ 0.7 为中等相关，项目质量良好；0.7 以上为强相关，项目质量很好。另一种方法是检验相关系数的显著性，以相关系数达到显著性水平为判断项目质量的标准。比如，上例中 r_{pb} = 0.41，以第一种方式判断，属于中度相关，项目质量良好；采用第二种方式，通过 $n = 10, df = 10 - 2 = 8$,查表 $P < 0.05$ 的临界值为 0.632，由于 r_{pb} = 0.41 < r = 0.632，因此本选择题的区分度没有达到显著水平，说明该题目的区分度不高，题目需要修改或淘汰。

（四）区分度与难度的关系

项目的区分度与难度直接相关，通常来说，中等难度的试题区分度较大，即接近 0.5 难度水平的项目的区分度比处于难度水平两端的项目的区分度要高。

以鉴别指数（D）为例，假如样本中通过某一项目的人数比率为 1.00 或 0，说明高分组与低分组在通过率上不存在差异，则 D 为 0；假如项目的通过率为 0.50，则可能是高分组的所有人都通过了，而低分组无人通过，这样 D 的最大值可能达到 1.00。用同样方法可指出不同难度的项目可能的最大 D 值，见表 5-7。

表 5-7　D 的最大值与项目难度的关系

项目通过率	D 的最大值	项目通过率	D 的最大值
1.00	0	0.40	0.80
0.90	0.20	0.30	0.60
0.80	0.40	0.20	0.40
0.70	0.60	0.10	0.20
0.60	0.80	0	0
0.50	1.00	—	—

为了使整个测验项目的潜在区分度最大，似乎应该使每个项目的难度处于 0.50 水平，但事实并非如此简单。如果每一个项目的难度均处于 0.50，由于项目难度相同，有可能大多趋向于有关的内容或技能，结果造成项目同质性提高。在极端的情况下，有可能 50% 的被试全部通过各项目得满分，另外 50% 的被试全部为 0 分，形成 U 形分布，这样反而降低总分的区分能力。事实上，如果测验的所有项目都是中等难度，只有项目的内在相关为 0 时，整个测验才能产生常态分布。考虑到一般测验项目之间具有某种程度的相关，难度的分布广一些、梯度多一些，是合乎需要的。

此外，难度和区分度都是相对的，是针对一定团体而言的，绝对的难度和区分度是不存在的。一般来说，较难的项目对高水平的被试区分度高，较易的项目对水平低的被试区分度高，中等难度的项目对中等水平的被试区分度高。这与中等难度的项目区分度最高的说法并不矛盾，因为对被试总体较难或较易的项目，对水平高或水平低的被试便成了中等难度。因为人的大多数心理特性呈常态分布，所以项目难度的分布也以常态分布为好，即特别难与特别易的项目少些，接近中等难度的项目多些，而所有项目的平均难度为 0.50。这样不仅能保证多数项目具有较高的区分度，而且可以保证整个测验对被试具有较高的区分能力。

四　选项分析

在采用选择形式的测验中，每一个项目通常只有一个正确答案，其他选项都是诱答。因此通过计算被试选择所有诱答的频率，以对测验的每个项目的所有选项进行分析就称为选项分析。一个好的测验题目应该具有两个特点：一是知道答案的人总能选择正确的选项；二是不知道答案的人应该随机选择诱答选项，即选择每个错误反应的频率应该是一样的。诱答分析能使我们了解项目选项编制的合理性。

诱答分析主要包括两个方面：一是计算每个诱答选项被高分组和低分组被试作为正确答案而选择的次数或百分比。显然，一个较好的选择题，高分组被试应该比低分组被试较少选择诱答选项，如果高分组被试选择诱答选项的次数或百分比与低分组相等甚至更高，则题目应该修改。二是计算选择每个诱答选项的人数，其公式为：

$$\text{选择每个诱答的人数} = \frac{\text{选择错误选项的人数}}{\text{诱答数目}} \quad (5-7)$$

当选择某个诱答选项的人数明显超出预期人数时，应降低这一选项的欺骗性，或增加其他诱答选项的欺骗性，否则会降低测验的信度和效度，甚至影响测验的难度。

下面我们用一个例子来说明选项分析的过程。在某次职业能力测验中，10 名被试的测验总成绩和 4 道选择题的作答结果如

表5-8所示。

表5-8 选项分析的样例数据

被试	总成绩	题目1	题目2	题目3	题目4
1	80	C	A	B	D
2	90	A	A	A	B
3	78	D	A	B	B
4	70	B	B	B	D
5	77	A	A	B	C
6	81	B	A	B	C
7	50	B	C	C	A
8	55	A	B	C	A
9	58	D	C	B	B
10	65	D	D	B	A
11	80	B	B	A	A
12	90	B	D	D	A
13	78	B	C	B	B
14	60	B	C	A	A
15	77	C	A	A	B
16	77	C	A	B	B
17	81	B	B	A	A
18	50	B	D	D	A
19	55	B	C	B	B
20	58	B	C	A	A
21	65	C	A	A	B
22	80	C	B	D	B
23	78	D	B	B	B
24	60	B	A	B	A
25	70	D	D	A	A
26	77	C	B	D	A
27	81	C	A	B	A
28	46	A	A	A	A
29	78	A	B	A	B
30	68	B	A	A	B

根据总成绩划分高分组和低分组,并整理不同组织的选择人

数,结果如表 5-9 所示。

表 5-9 选项分析的数据整理

题 号	组 别	选答人数 A	B	C	D	正确答案	选择每个诱答的人数
题目1	高分组	3	5	5	2	D	8
	低分组	2	8	2	3		
题目2	高分组	8	5	1	1	A	6
	低分组	4	3	5	3		
题目3	高分组	5	8	0	2	B	5
	低分组	5	6	2	2		
题目4	高分组	3	9	2	1	A	6
	低分组	10	4	0	1		

可以根据表 5-9 的数据结果,分析 4 个项目的选项设置,并提供修改建议。题目 1 低分组答对的人数多于高分组,且正确答案选项人数最少,说明该题的正确答案（选项 D）的设置有问题；题目 2 高分组答对的人数高于低分组,正确答案没有问题,各诱答选项的人数与预期人员相当,说明该题的选项设置较好；题目 3 的诱答选项 A 的人数明显高于预期人数,应该降低选项 A 的欺骗性；题目 4 低分组答对的人数明显多于高分组,正确答案的设置有问题,诱答选项 B 的人数明显高于预期人数,应该降低该选项的欺骗性。

五 项目特征曲线

项目特征曲线（Item Characteristic Curve,简称 ICC）是项目特征函数（Item Characteristic Function,ICF）或项目反应函数（Item Response Function,IRF）的图解形式,它反映了被试对某一测验项目的正确反应概率与该项目所对应的能力或特质的水平之间的一种函数关系。这一方法不仅适用于项目分析,也适用于某些测验量表的编制。

第一，项目特征曲线可图解测验的鉴别力。在图 5-1 中，项目 A 鉴别力最低，因为各种能力水平的被试在这个项目上都有几乎相同比例的人通过；项目 B 的通过率随数学能力缓慢增长，说明具有一定的鉴别能力；项目 C 的通过率在数学能力的低分端很低，在数学能力的高分端很高，说明这个项目能将不同水平的被试作出有效区分。可见，项目鉴别力的高低主要在于其曲线的倾斜度，曲线坡度越陡，鉴别能力越好，预测的误差越小。当坡度为 90 度时，区分度为 1；当坡度为 0 度时，区分度也为 0。项目 D 的通过率与数学能力水平呈负相关，这是个特殊情况，说明题目出得有问题或定错了答案。

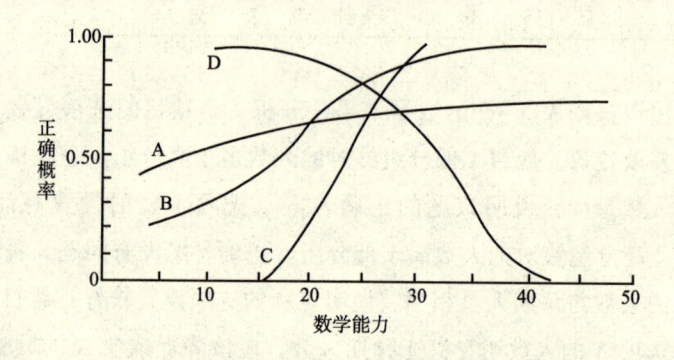

图 5-1　区分度不同的四个项目的特征曲线

第二，项目特征曲线也可以图解项目难度。图 5-2 是三个鉴别力相似，但难度不同的项目特征曲线。项目 A 最容易，B 中等难度，C 最难。对难度高的项目，项目特征曲线在图的右侧（总测验分）开始上升，也就是说对大多数被试来说，正确回答难度高的项目的概率是低的；对难度低的项目，项目特征曲线从图形左侧就开始上升，这显示正确回答难度低的项目的概率对大多数被试来说都是高的。

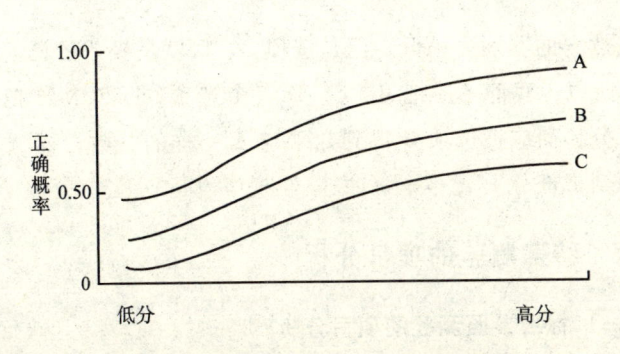

图 5-2 难度不同三个项目的特征曲线

第三，项目特征曲线还可以图解选择题的诱答反应。对于传统的项目分析来说，对一个项目的回答或者正确，或者错误，并不管到底是选择了哪一个诱答才导致错误的。然而，通过对项目的每个诱答作其项目特征曲线，我们可以获得从传统项目分析中不能得到的有用信息。图 5-3 是某个测验项目的所有选项的项目特征曲线。选项 A 是正确答案，它显示了正的鉴别力。在诱答反应中，选项 C 因与选项 A 基本平行，同样显示了一定程度的正鉴别力；诱答 D 选择的人数极少，因此没有什么鉴别力；诱答 B 显示了负的鉴别力。

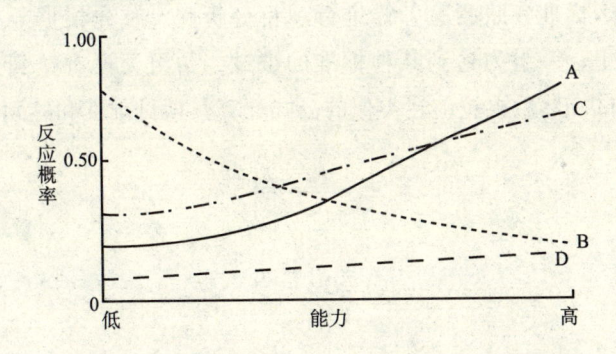

图 5-3 选择题中某个项目每个选项的特征曲线

从图 5-3 我们可以看出，选项 C 几乎是与选项 A 同样好的选项，虽然它的鉴别力稍低。但是选项 B、D 就是极差的诱答，尤其是 B。所以，我们不应把 B、C、D 三个选项同等对待，把它们都记为 0 分，而应把选项 C 得到几乎与 A 一样的分数，而选项 B 则只能得到最低分。

六　特殊测验的项目分析

（一）标准参照测验的项目分析

常模参照测验的目的是对被试的心理特性进行比较与分析，而标准参照测验的目的是检验被试是否达到某一水平，因而项目分析方法也有所差异。

在标准参照测验中，只要研究者和测验编制者认为是最重要的项目，不管其通过率和鉴别力如何，都可以包含在测验中。标准参照测验的项目难度取决于学习内容的难度，学习内容是高难度的，项目也应很难；学习内容若极为简单，项目也应很简单。这样才能区分出高学习成就者与低学习成就者，才能了解被试是否学会了这些内容。在鉴别力分析时也是这样，有些项目可能被试全部通过，即鉴别力为零，但是它能帮助我们了解被试已达到了掌握程度，因此是较好的标准参照测验题。

那么标准参照测验怎样进行项目分析呢？首先根据效标成绩进行分组：一组为达到某种标准的被试，一组为没有达到某种标准的被试。然后再按前述类似的公式计算其项目难度和鉴别度：

$$P = \frac{R_H + R_L}{N_H + N_L} \quad (5-8)$$

$$D = \frac{R_H}{N_H} - \frac{R_L}{N_L} \quad (5-9)$$

式中：P——标准参照测验的难度指标；

D——标准参照测验的鉴别指数；

R_H——达标组通过该题的人数；

R_L ——未达标组通过该题的人数；

N_H ——达标组的总人数；

N_L ——未达标组的总人数。

还有的研究者运用教育效果敏感指数来进行分析：

$$S = \frac{R_A - R_B}{N} \quad\quad (5-10)$$

式中：R_A ——学习过某种课程的被试答对该题的人数；

R_B ——未学习过某种课程的被试答对该题的人数；

N ——总人数。

同样的指标还可以用于相同的被试，用以表示学习前后的差别。这样，R_A 为学习前答对该题的人数，R_B 为学习后答对该题的人数。S 值越大，表明试题对教学效果越为明显。

（二）速度测验的项目分析

前面介绍的项目分析方法对于速度测验都是不合适的。因为速度测验项目较为容易，只要认真作答，多数人都能通过，只是由于项目多、时限短，很少人能完成全部项目。因此，从速度测验得到的项目分析指标，与其说反映项目的难度和区分度，不如说反映项目在测验中的位置。

就难度来说，速度测验往往是前半部分的项目通过率高，后半部分的项目通过率低，其较后一部分的题目，不管怎样容易，能够完成或通过的被试毕竟只有少数，因此用通过率表示难度，只会得出后面题目难度很高的错误结论。

就区分度来说，速度测验前面的项目几乎人人都能通过，因此鉴别力很低。对于测验后面的项目则分为两种情况：其一，如果接近或完成较后部分项目的被试大多是能力强的被试，那么后面项目的鉴别力要大于前面部分项目的鉴别力；其二，如果接近或完成较后部分项目的被试大多是只求快而猜测的被试，那么后面项目的鉴别力甚至要小于前面部分项目的鉴别力。

由此看来，在速度测验中，不管项目本身性质如何，只要出现在测验前面，便有较低的难度和区分度，而出现在测验后面，一般有较高的难度和区分度。

为了避免上述困难，有的研究者在分析每个项目时，只对被试已完成的项目进行分析。例如，全体被试有 100 人，试题有 40 道，其中答完 38 题的被试有 20 人，正确回答 16 人，则其难度指标为 0.80（16/20）。这种方法并没有完全避免上述问题，因为只用部分被试样本分析，可靠性降低，而且也不能与前面部分的试题进行比较。

还有的研究者试图以延长回答的时间来分析项目的难度和区分度。如果速度本身对测验所要测量的能力并不十分重要，这种办法是可行的；但如果测验目标中包含速度成分，那么这种难度和区分度指标就没有意义了。故从速度测验得到的项目分析资料，必须谨慎对待。

第二节 测验标准化

一套好的题目未必就是一个好的测验。对于测验的基本要求是准确、可靠。一切测量要想得到准确、可靠的结果，都必须依赖于对无关因素的控制。在心理测量中，无关因素的控制主要是通过使测验情境对所有人都相似来完成的。为了减少误差，就要控制无关因素对测验目的的影响，这种控制过程，称为标准化。

一 什么是测验标准化

测验的标准化是测验编制的一个重要环节，它是在测验实施之前，对测验的内容、测验实施的情境、测验的时间、主试、测验指导语及评分等作出明确的统一的标准，以保证测验的全过程都能按照这一标准严格进行。测验标准化通常包括测验项目的标准化、测验实施的标准化、测验计分的标准化和测验分数结果解释的标准化四个方面。

二 测验项目的标准化

测验项目的标准化是测验标准化的首要步骤，是指对所有被试施以同样的测验内容。测验内容在一张试卷量表上全部显示出来，包括同样的被试指导语、同样的答题要求和同样的测题。测验内容的印刷要统一、工整、没有错误和遗漏。如果测验的内容不同，所得的结果便无法比较。

为了实现测验项目的标准化，项目编制时要经历编制、预试、修改、再预试、再修改等多个循环往复的过程。通常说来，经过预试和项目分析，挑选出质量符合要求的测题，但由于预试的被试仅仅是被试总体的一个样本，难免受抽样误差的影响，因此还要进行第二次试测。也就是从被试总体中独立地抽取另一被试样本，施测后分析测题的难度和区分度，比较同一测题两次分析的结果是否一致，不一致的测题还需作进一步的分析和修改。这称为测验质量的复核或交叉效度检验。

三 测验实施的标准化

尽管对所有的受测者使用了相同的题目，但如果在施测时各行其是，所得的分数也不能进行比较。为了使测验条件相同，必须让测验的实施过程有统一要求。测验实施过程的标准化是指测验实施中一切作用于被试的外界条件都应该相同，包括主试、指导语、测验的时限、外部环境等。

（一）指导语

给受测者的指导语属于测验刺激的一部分，通常包括对测验目的说明和受测者应该如何作答的指示（包括如何选择反应、记录反应以及时限等）。对于纸笔测验来说，这些指示一般印在测验的开始部分，也可以印在另外一张纸上。要求简单明确，不引起误解。如果题目形式对被试是生疏的，还应该有一些例题。

指导语会直接影响受测者的作答态度与方法。有人以不同的指导语对几组被试实施同一个能力测验，结果表明，将该测验说成"智力测验"的一组，成绩最高；将之说成"日常测验"的一组，成绩最低。

为了保证测验情境的一致，还要有对主试者的指导语，主要是对测验细节作进一步解释，以及其他一些有关事项，包括测验房间场地的安排（照明、桌椅、隔音、温度等）、测验材料的分发（如何计时、计分）、对被试的各种提问如何回答，以及在测验中途发生意外情况（如停电、有人迟到、生病、作弊等）应该如何处理。由于主试者的一言一行，甚至表情动作都会对受测者产生影响，因此主试者一定要严格遵守施测指导，不要任意发挥和解释。总的要求是，无论什么人、在什么时候、什么地点使用同一测验，都必须做同样的事、说同样的话。对主试者的指导语与测验是分开的。

（二）时限

确定测验的时限，要考虑施测条件和实际情况的限制（如一节课时间的长度），以及被试的特点（如对儿童、老人、病人施测时间不宜过长），不过更重要的是考虑测量目标的要求。

对于人格测验来说，反应速度是不重要的，可不必规定严格的时限，但是在测量能力和学习成绩时，速度是需要考虑的一个重要因素。依据速度在活动中所起的作用，可以把测验分成速度测验和难度测验。纯速度测验时间应当严格限制，使被试中没有人能在规定时间内做完全部题目。纯难度测验只考查被试解决难题的水平而不考虑完成时间。实际上，大多数能力和学习成绩测验介于上述二者之间，既考查反应的速度也考查解决难题的能力。通常所用的时限是使大约90%的受训者能在规定时间内完成全部测验，如果题目由易到难排列，应使大多数人在规定时间内完成他会答的问题。

确定时限一般采用尝试法，即通过预测来决定。假设根据第一次试测的经验,我们估计大部分被试可以在 25 分钟内做完;在第二次试测时,可以先叫被试用黑铅笔做 20 分钟,然后换成红铅笔,再过 5 分钟换成蓝铅笔,这样便可了解被试在规定时间内完成题目的数量。另一种方法是在施测现场挂一只钟,每个被试做完后即将时间写在试卷末尾。试卷收齐之后再根据被试完成情况规定合适的时限。

四 测验计分的标准化

标准化的第三个要素是测验的计分体系,包括每个测验项目的计分标准化以及分数的合成规则两个方面。

(一) 测验项目计分标准化

测验项目计分标准化的核心是计分的客观性。客观性意味着在两个或两个以上的受过训练的评分者之间有一致性。只有当评分是客观的时候才能够把分数的差异完全归诸受测者的差异。因为选择题的评分较为客观,有人将选择题组成的测验叫客观性测验。客观性测验都有唯一的正确答案,即标准答案。无论是人工评分还是计算机评分,评分误差都是很少发生的。然而,自由反应的题目(如问答题、论文题等)需要依靠评分者进行评定,很难取得完全一致,容易出现评分误差。因此,项目计分标准化主要是针对主观题型而言的。

对主观试题,评分也要尽量做到客观。由于不存在唯一的正确答案,在测试前就应想象出所有被试可能作出的反应,然后将所有答案依其水平和层次的不同划分等级,每一等级内包括属于一定范围的答案。评分时先将答案归入某一等级范围之内,再根据其等级给予相应的评分。为使计分尽可能客观,需要注意以下三点。

(1) 对反应的及时的和清楚的记录。特别是对口试和操作测验,此点尤为重要,必要时可以录音和录像。

(2) 要有一张标准答案或正确反应的表格,即计分键。选择题测验的计分包括一系列正确的答案和容许的变化；论文题的计分键包含各种可能答案的要点；人格测验不可能有明确而统一的答案；计分键上指明的是具有或缺少某种人格特征者的典型反应。

（3）将受测者的反应和计分键比较，对反应进行分类。对于选择题来说，这个程序是很容易的，但是当评分者的判断可能是一个起作用的因素时（如问答题、论文题），就需要对评分规则作详细的说明，评分时将每一个人的反应和评分说明书上所提供的样例相比较，然后按最接近的答案样例给分。

（二）测验分数的合成规则

使用测验时，我们常常需要将几个分数组合起来以获得一个分数或作出总的预测，这就是测验分数的合成。分数合成可以在以下三个层次上进行。

第一个层次是项目的组合。每个测验都包含许多独立的项目，除非测验使用者对个别项目具有特殊兴趣，否则总要把各个项目分数组合起来。不同的项目可以组成量表或分测验，从而得到量表分或分测验分。当然，所有项目也可以合成一个测验总分。

第二个层次是分测验或量表的组合。有些测验是由几个分测验或量表组成的，每个分测验或量表都有自己的分数，这些分数可以组合起来得到一个合成分数。但有时分量表得分可以单独使用而不必合成，比如职业兴趣测验的分量表得分就不需要合成。

第三个层次是测验或预测源的组合。在实际作决定时，常常将几个测验或预测源同时使用。如就业指导中心对申请者实施12个测验，用来预测在各种职业上的成功；国家公务员考试需要对笔试、面试、体检等方面的情况全面考虑，这实际上也是采用了几个不同的预测源。

由于测量目的和所用资料不同，测验分数的合成也有很大差异。下面介绍两种常用分数合成方法。

1. 单位加权

单位加权是最简单分数合成的方法，它是将各个变量（题目、分测验或测验）的得分直接相加而得到一个合成分数，即：

$$X_c = X_1 + X_2 + \cdots + X_n \quad (5-11)$$

这里 X_c 为合成分数；X_1，$\cdots$，X_n 为各个变量。

这种方法看起来好像将所有变量作了等量加权，而实际上是对每个变量作了与它的标准差成比例的加权，也即将变异量最大的题目或测验作了最重的加权。这意味着变异较大的变量将在作预测和作决定时起较大的作用。

2. 等量加权

要想对各个变量作等量加权，可将所有分数转换成标准分数（Z 分数），然后再把它们加以组合：

$$Zc = Z_1 + Z_2 + \cdots + Z_n \quad (5-12)$$

这里的 Z_c 为合成的标准分数；Z_1，$\cdots$，Z_n 为各个变量的标准分数。

等量加权比较麻烦，只在特殊情况下（如各变量对预测效标具有同等重要性或各变量离散度相差较大时）使用。在通常情况下，各个变量对预测效标的作用是不同的，因此需要根据各个变量与效标之间的经验关系来作差异加权。

五 测验分数解释的标准化

一个标准化测验，不但内容、施测和评分要标准化，对分数的解释也必须标准化，如果同一个分数可作出不同的推论，测量便失去了客观性。

测验分数解释的标准化是指对测验分数高低优劣的判断要以一定的标准为依据。没有判断标准时，对测验的解释往往是主观的和任意的。多数测验用常模作解释分数的依据。常模是指被试团体中测验分数的平均水平,与常模相比,就能判断出被试分数在团体中的相对位置。在标准参照性测验中,对测验分数进行解释的依据不是常模,而是事先规定的某种标准,如掌握百分比、合格分数线等。这一标准是一种绝对的标准,与常模不同,它只与测题难度或要求高低有关,而与其他被试的水平无关。

例如,某学生成绩单上写着物理:75分。仅仅知道这个分数,我们很难断定他学得如何,因为没有一个比较的标准。如果将他的考试成绩与全年级同学的物理平均成绩80分比较,就可以说该生学习成绩不好,因为他的成绩低于平均分;如果将他的成绩与及格线(即60分)相比较,就可以说他学习成绩不错,因为他的成绩超过了及格线。由此可见,同一个考试分数,出现了两种截然相反的解释。前者是常模参照解释,后者是标准参照的解释。因此,统一测验分数的解释方法至关重要。

练习与思考

1. 某次职业能力测验中,10名同学的测验总成绩和4道选择题的作答结果如下表。

被试	1	2	3	4	5	6	7	8	9	10	正确答案
总成绩	80	90	78	70	77	81	50	55	69	65	
题目1	C	A	D	B	A	B	B	A	D	D	D
题目2	A	A	A	B	A	A	C	B	C	D	A
题目3	B	A	B	B	B	B	C	C	B	B	B
题目4	D	B	B	B	C	C	A	A	B	A	A

试计算:
(1) 每个题目的难度,并进行校正。
(2) 每个题目的鉴别指数D。

(3) 结合选项分析对题目的质量进行评定。

2. 下表中 1~4 题是二级计分题，5、6 题是多级计分题，满分值分别为 5 分和 10 分，试根据表中样本数据，并相关法计算各题的区分度，并据此评价题目质量。

被 试	题1	题2	题3	题4	题5	题6	总 分
1	0	0	0	0	2	6	8
2	1	0	0	0	1	3	5
3	1	1	1	0	2	4	9
4	1	1	1	1	3	6	13
5	1	0	0	1	3	3	8
6	1	1	1	1	3	5	12
7	1	1	1	0	0	6	9
8	1	1	0	1	2	8	13
9	0	1	0	0	2	7	10
10	1	1	1	1	4	9	17

3. 某人编制一份测验，对一组被试进行试测，并按测验总分找出高分组（27%）和低分组（27%）。下面是某测验两个题目的试测结果统计。试根据表中数据计算和评价这两个题目的难度和区分度。

		答 对	答 错	未 答	难 度	区分度
第3题	高分组	20	5	0		
	低分组	5	20	0		
第7题	高分组	8	11	6		
	低分组	6	12	7		

4. 下表是 10 名被试在四项能力测验上的得分，试利用单位加权和等量加权进行分数合成，并分析其结果差异。

被　试	常　识	文字关系	空间推理	数字递加
1	15	18	18	29
2	26	15	17	22
3	17	19	16	28
4	12	16	15	37
5	30	15	15	20
6	15	17	12	36
7	18	16	13	33
8	16	14	15	35
9	22	13	17	28
10	20	13	15	32

本章小结

本章主要内容是项目分析和测验标准化。

初次审核的项目虽然在内容和形式上符合要求，但是否具有适当的难度与鉴别作用，必须通过实践来检验，也即要通过预测进行项目分析。这个过程需要进行测验预试、项目难度的计算及应用、项目区分度的计算及应用、选项分析、项目特征曲线、特殊测验的项目分析。

测验的标准化是测验编制的一个重要环节。它是在测验实施之前，对测验的内容、测验实施的情境、测验的时间、主试、测验指导语及评分等作出明确的统一的标准，以保证测验的全过程都能按照这一标准严格进行。测验标准化通常包括测验内容的标准化、测验实施的标准化、测验计分的标准化和测验结果解释的标准化四个方面。

第六章 信度分析

本章学习目标
- 掌握各种信度系数的计算方法
- 掌握利用信度系数鉴别测验的方法

第一节 信度系数的计算

测验标准化完成之后，首先需要计算信度系数以检验测验结果的稳定性。信度系数是用相关系数来表示，主要利用积差相关进行计算。因此，我们首先简要介绍积差相关的知识，然后分别讨论各种信度系数的计算方法。

一 积差相关

积差相关，又称积矩相关，是英国统计学家皮尔逊于20世纪初提出的一种计算相关的方法，因而也称皮尔逊相关，是求直线相关的基本方法。积差相关的计算，同样以两变量与各自平均值的离差为基础，通过两个离差相乘来反映两变量之间相关程度。

研究两个变量之间的相关情况时,积差相关是应用最普遍、最基本的一种相关分析方法,尤其适合对两个连续变量之间的相关情况进行定量分析。

对于两个连续的变量(比率变量或等距变量),例如父辈的身高变量和子辈的身高变量之间有什么连带关系;学生的体重与身高变量之间有什么连带关系;不同学科成绩之间有什么样的相互关联;人的智力发展水平同学业成就之间相关程度如何等,通过观测研究,可以用积差相关分析的方法,定量地描述两个变量之间的相关强度与方向。

积差相关系数用 r 表示,设两个变量 X 和 Y,其 n 个观测点的成对数据可以记为 (X_1, Y_1),(X_2, Y_2),…,(X_n, Y_n)。基于这些成对的观测数据,我们可以利用公式(6-1)计算相关系数:

$$r = \frac{\sum(X-\bar{X})(Y-\bar{Y})}{NS_X S_Y} = \frac{\sum XY/N - \bar{X}\bar{Y}}{S_X S_Y} \qquad (6-1)$$

式中:X、Y——同一观测点的两个数值;
 　　　$\bar{X}$、$\bar{Y}$——两个变量的平均数;
 　　　S_X、S_Y——两个变量的标准差;
 　　　N——观测点数量。

如果直接利用原始分数进行计算,可以利用公式(6-2):

$$r = \frac{N\sum XY - \sum X \sum Y}{\sqrt{N\sum X^2 - (\sum X)^2} \cdot \sqrt{N\sum Y^2 - (\sum Y)^2}} \qquad (6-2)$$

式中:X、Y——同一观测点的两个数值;
 　　　N——观测点数量。

相关系数的值介于 -1 与 $+1$ 之间,即 $-1 \leqslant r \leqslant +1$。其性质如下:

- 当 $r > 0$ 时,表示两变量正相关;$r < 0$ 时,两变量为负相关。
- 当 $|r| = 1$ 时,表示两变量为完全线性相关,即为函数

关系。
- 当 $r=0$ 时，表示两变量间无线性相关关系。
- 当 $0<|r|<1$ 时，表示两变量存在一定程度的线性相关。且 $|r|$ 越接近1，两变量间线性关系越密切；$|r|$ 越接近于0，表示两变量的线性相关越弱。

一般来讲，相关程度可按三级划分：$|r|\leqslant 0.3$ 为弱相关；$0.3<|r|\leqslant 0.7$ 为中度相关；$0.7<|r|$ 为强相关。

二 重测信度和复本信度的计算

（一）数据要求

1. 重测信度计算的数据要求

重测信度是指用同一测验，在不同时间对同一群体施测两次，这两次测量分数的相关系数。计算重测信度的具体数据要求如下。

（1）确定的被试群体，一般不少于30人。

（2）用完全相同的测验先后进行两次施测，一般间隔时间为1周至6个月。

（3）整理每个被试两次测验的维度得分或总分。

2. 复本信度计算的数据要求

复本信度是指以两个等值的测验（即复本），对同一群体进行施测，然后求得应试者在这两个测验上得分的相关系数。计算重测信度的具体数据要求如下。

（1）确定的被试群体，一般不少于30人。

（2）两个等值的测验对被试群体进行一次施测。为避免测验顺序的影响，应采用ABBA的方式进行施测。

（3）整理每个被试两个等值测验的维度分数或总分。

（二）计算方法

两种信度都是计算积差相关系数，可以直接利用积差相关公式计算，也可以利用统计软件进行计算。下面我们用一个例子进行详细说明。

为了计算某能力测验的信度系数，对 30 名被试进行重测数据和复本数据的收集，整理后的结果如表 6-1 所示。

表 6-1 重测和复本数据的整理结果

被 试	初测得分	重测得分	复本得分	被 试	初测得分	重测得分	复本得分
1	21	21	20	16	21	20	20
2	20	17	18	17	17	17	17
3	20	20	20	18	25	25	23
4	19	19	19	19	16	20	20
5	24	23	22	20	19	19	19
6	16	21	20	21	19	19	19
7	13	13	13	22	18	18	18
8	16	14	15	23	20	19	19
9	23	22	22	24	14	13	14
10	18	18	19	25	15	13	15
11	21	19	19	26	22	22	21
12	21	18	19	27	21	22	20
13	18	17	18	28	18	20	20
14	18	18	18	29	25	25	24
15	17	17	18	30	20	20	19

1. 公式计算

第一步：整理数据。

根据积差相关系数的计算公式（6-2），整理数据如表 6-2 所示。

第二步：计算信度系数。

表 6-2 根据计算公式整理数据结果

被试	初测得分 (X)	重测得分 (X_1)	复本得分 (X_2)	X^2	X_1^2	X_2^2	XX_1	XX_2
1	21	21	20	441	441	400	441	420
2	20	17	18	400	289	324	340	360
3	20	20	20	400	400	400	400	400
4	19	19	19	361	361	361	361	361
5	24	23	22	576	529	484	552	528
6	16	21	20	256	441	400	336	320
7	13	13	13	169	169	169	169	169
8	16	14	15	256	196	225	224	240
9	23	22	22	529	484	484	506	506
10	18	18	19	324	324	361	324	342
11	21	19	19	441	361	361	399	399
12	21	18	19	441	324	361	378	399
13	18	17	18	324	289	324	306	324
14	18	18	18	324	324	324	324	324
15	17	17	18	289	289	324	289	306
16	21	20	20	441	400	400	420	420
17	17	17	17	289	289	289	289	289
18	25	25	23	625	625	529	625	575
19	16	20	20	256	400	400	320	320
20	19	19	19	361	361	361	361	361
21	19	19	19	361	361	361	361	361
22	18	18	18	324	324	324	324	324
23	20	19	19	400	361	361	380	380
24	14	13	14	196	169	196	182	196
25	15	13	15	225	169	225	195	225
26	22	22	21	484	484	441	484	462
27	21	22	20	441	484	400	462	420
28	18	20	20	324	400	400	360	360
29	25	25	24	625	625	576	625	600
30	20	20	19	400	400	361	400	380
Σ	575	569	568	11283	11073	10926	11137	11071

重测信度

$$r = \frac{N\sum XX_1 - \sum X \sum X_1}{\sqrt{N\sum X^2 - (\sum X)^2} \cdot \sqrt{N\sum X_1^2 - (\sum X_1)^2}}$$

$$= \frac{30 \times 11137 - 575 \times 569}{\sqrt{30 \times 11283 - 575^2} \times \sqrt{30 \times 11073 - 569^2}}$$

$$= \frac{6935}{\sqrt{7865} \times \sqrt{8429}} = 0.85$$

复本信度

$$r = \frac{N\sum XX_2 - \sum X \sum X_2}{\sqrt{N\sum X^2 - (\sum X)^2} \cdot \sqrt{N\sum X_2^2 - (\sum X_2)^2}}$$

$$= \frac{30 \times 11071 - 575 \times 568}{\sqrt{30 \times 11283 - 575^2} \times \sqrt{30 \times 10926 - 568^2}}$$

$$= \frac{5530}{\sqrt{7865} \times \sqrt{5156}} = 0.87$$

该测验的重测信度为 0.85，复本信度为 0.87，测验的信度系数达到了进行个体诊断的标准。

2. 利用 excel 软件进行计算

第一步：在【工具】菜单选择【数据分析】。如图 6-1 所示。

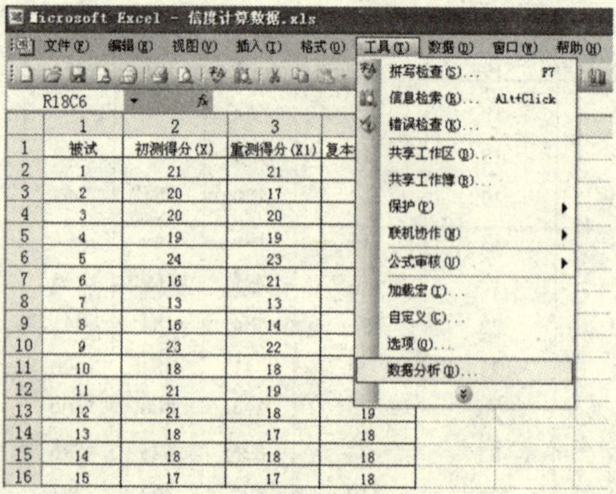

图 6-1 excel 的数据分析功能

如果所有 excel 软件的【工具】菜单中没有【数据分析】选项，需要在【工具】菜单进行【加载宏】操作，选择"分析工具库"。如图 6-2 所示。

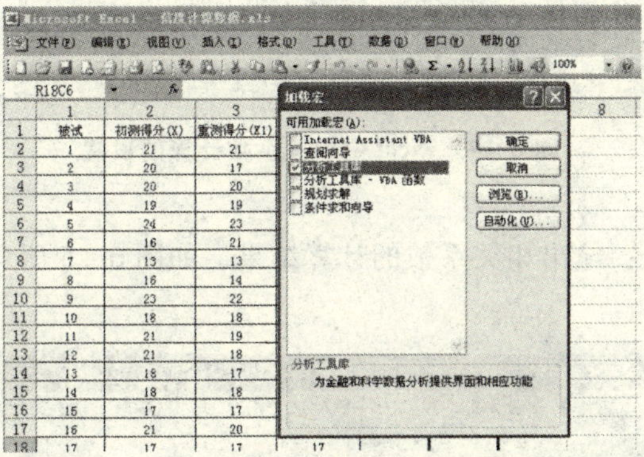

图 6-2　excel 中加载"数据分析"功能

第二步：选择【数据分析】的"相关系数"计算。如图 6-3 所示。

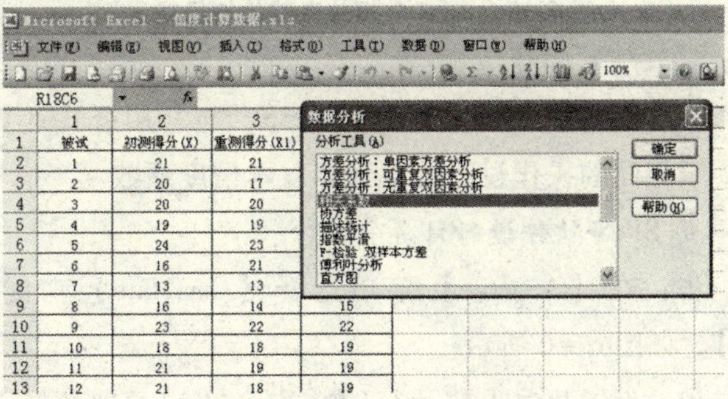

图 6-3　excel 中的相关系数计算功能

第三步：设置"相关系数"的"输入区域"。如图 6-4 所示。

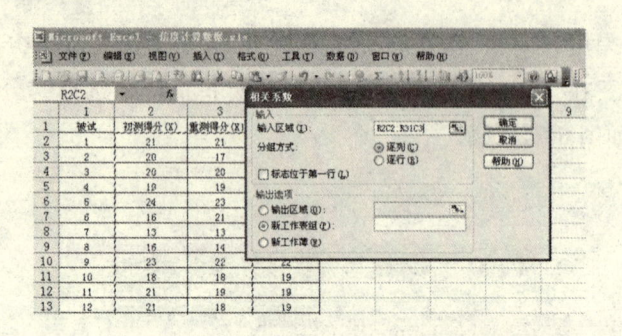

图 6-4　excel 中相关系数计算的设置

第四步：输出相关系数的计算结果，如图 6-5 所示。

图 6-5　excel 中相关系数的结果输出

因此，测验的重测信度系数为 0.85，与利用公式计算的结果相同。按照相同的操作过程可以计算复本信度系数。

3. 利用 SPSS 软件进行计算

第一步：在【Analyze】菜单选择【Correlate】功能的【Bivarate…】。如图 6-6 所示。

第二步：设置相关系数计算的【Variables】，即选择需要计算相关系数的两个变量，如图 6-7 所示。我们选择"初测"和"重测"两个变量用于计算重测信度；如果计算复本信度，就需要选择"初测"和"复本"两个变量。

图 6-6　SPSS 软件中相关系数的功能选择

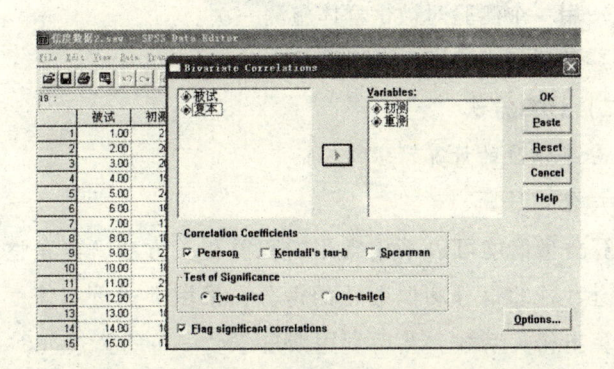

图 6-7　SPSS 软件设置计算相关系数的变量

第三步：查看相关系数的计算结果，如图 6-8 所示。

相关系数

		初测	重测
初测	皮尔逊相关	1	0.852**
	Sig. (2-tailed)	.	0.000
	N	30	30
重测	皮尔逊相关	0.852**	1
	Sig. (2-tailed)	0.000	.
	N	30	30

** 相关系数的显著性水平为0.01。

图 6-8　SPSS 软件中相关系数的计算结果

由此可见，SPSS 软件计算的重测信度为 0.852，与利用公式和 excel 软件计算的结果完全相同。

三 分半信度和同质性信度的计算

(一) 数据要求

分半信度是通过将测验题目分成两半，得到每个被试两半测验的得分，然后计算这两半测验之间的相关系数，并通过校正获得分半信度系数。同质性信度是考查测验内部各题目的得分具有多大程度的一致性。两者对数据的要求有一定的共同性，具体为：

(1) 有一定数量被试群体，一般不少于30人。
(2) 用一个测验对被试群体施测一次。
(3) 整理每个被试在各道题目上的得分。

(二) 计算方法

1. 分半信度的计算

(1) 公式计算

计算分半信度可以采用常用的积差相关方法，首先整理出每个被试奇数题的得分和偶数题的得分，采用上述重测信度的三种方法计算出相关系数。然后利用斯皮尔曼—布朗公式 (6-3) 进行系数修正，即得到分半信度系数。

$$r_{xx} = \frac{2r_{hh}}{1+r_{hh}} \qquad (6-3)$$

式中：r_{xx}——测验在原长度时的信度估计值；

r_{hh}——两半分数的相关系数。

之所以需要进行修正，是因为计算出来的相关系数实际上只是半个测验的相关系数，而再测信度和复本信度都是根据所有题目分数求得的。在其他条件相同的情况下，测验越长，信度越高。因而分半法经常会低估信度，必须修正，借以估计整个测验的信度。

例：某测验分为两半后求得的相关系数为 0.524，那么测验在原长度时的信度估计值为：

$$r_{xx} = \frac{2 \times 0.542}{1 + 0.542} = 0.70$$

(2) 利用 SPSS 软件计算。

利用 SPSS 统计软件可以直接计算校正后的分半信度，下面以一个包含 10 个题目的测验为例来介绍操作步骤。

第一步：在【Analyze】菜单选择【Scale】功能的【Reliablity Analysis…】。如图 6-9 所示。

图 6-9　SPSS 软件的信度分析功能

第二步：将要分析的测验项目选入【Items】栏，同时，将【Model】设置为【Split-half】。如图 6-10 所示。

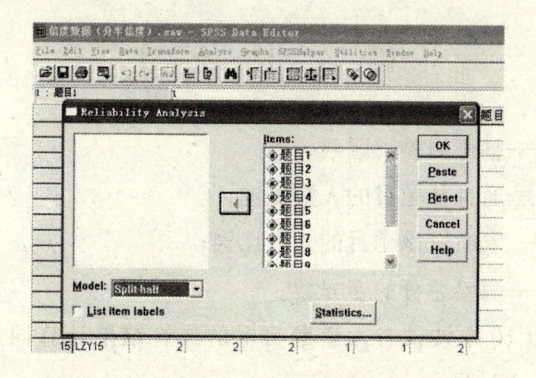

图 6-10　SPSS 软件分半信度的计算功能

第三步：查看相关系数的计算结果，如图 6-11 所示。

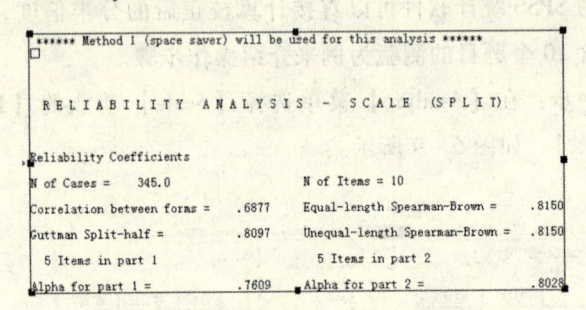

```
Reliability
****** Method 1 (space saver) will be used for this analysis ******

     RELIABILITY  ANALYSIS  -  SCALE  (SPLIT)

Reliability Coefficients
N of Cases =    345.0              N of Items = 10
Correlation between forms =    .6877    Equal-length Spearman-Brown =    .8150
Guttman Split-half =           .8097    Unequal-length Spearman-Brown =  .8150
    5 Items in part 1              5 Items in part 2
Alpha for part 1 =             .7609    Alpha for part 2 =              .8028
```

图 6-11　SPSS 软件分半信度的计算结果

由结果可以看出，该测验经斯皮尔曼—布朗公式校正后的分半信度为 0.815，校正前为 0.6877。

2. 同质性信度的计算

（1）公式计算。

当测验题目为二级计分时，即每个题目只有两种得分可能性，常见的是 0、1 计分，通常采用库德—理查逊公式（6-4）计算同质性信度。

$$r_{KR20} = \frac{K}{K-1}\left(1 - \frac{\sum p_i q_i}{S_x^2}\right) \qquad (6-4)$$

式中：K——整个测验的题数；

　　　p_i——通过某题目的人数比例；

　　　q_i——未通过该题目的人数比例；

　　　S_x^2——测验总分的变异数。

下面以 10 个被试有六道题目上的作答结果计算同质性信度，数据如表 6-3 所示。

表 6-3　10 名被试的作答结果

被试	题目 1	2	3	4	5	6	总 分
1	1	0	0	0	0	0	1
2	0	0	0	1	0	0	1
3	1	0	1	0	0	0	2
4	1	1	0	0	1	0	3
5	1	0	0	1	0	0	2
6	1	1	1	0	1	1	5
7	1	1	1	1	0	1	5
8	1	1	0	1	1	0	4
9	0	1	1	0	0	1	3
10	1	1	1	1	1	1	6
总和	8	6	5	5	4	4	
p	0.8	0.6	0.5	0.5	0.4	0.4	
q	0.2	0.4	0.5	0.5	0.6	0.6	$S_x^2 = 2.76$
pq	0.16	0.24	0.25	0.25	0.24	0.24	

将表中数据代入公式 (6-4):

$$r_{KR_{20}} = \frac{K}{K-1}\left(1 - \frac{\sum p_i q_i}{S_x^2}\right)$$

$$= \frac{6}{6-1} \times \left(\frac{0.16 + 0.24 + 0.25 + 0.25 + 0.24 + 0.24}{2.76}\right) = 0.60$$

当测验题目为多级计分时,即每个题目有两种以上得分的可能性,例如,多项选择人格测验、态度量表等,通常采用克伦巴赫 α 系数来表示同质性信度。其计算公式为:

$$\alpha = \frac{K}{K-1}\left(1 - \frac{\sum S_i^2}{S_x^2}\right) \tag{6-5}$$

式中:S_i^2——某一题目分数的变异数,其他字母的意义与 $K-R_{20}$ 公式相同。

例:某态度量表共 5 题,被试在各题上得分的方差分别为 0.80、0.81、0.79、0.78、0.82,测验总分的方差为 15.00,则测

验的 α 系数为：

$$\alpha = \frac{5}{5-1}\left(1 - \frac{0.80 + 0.81 + 0.79 + 0.78 + 0.82}{15}\right) = 0.92$$

(2) 利用 SPSS 软件计算。

利用 SPSS 统计软件可以直接计算 α 系数，下面还以上述计算分半信度的 SPSS 数据为例来介绍计算 α 系数的操作步骤。

第一步：与分半信度相同，在【Analyze】菜单选择【Scale】功能的【Reliablity Analysis…】。

第二步：将要分析的测验项目选入【Items】栏，同时，将【Model】设置为【Alpha】。如图 6-12 所示。

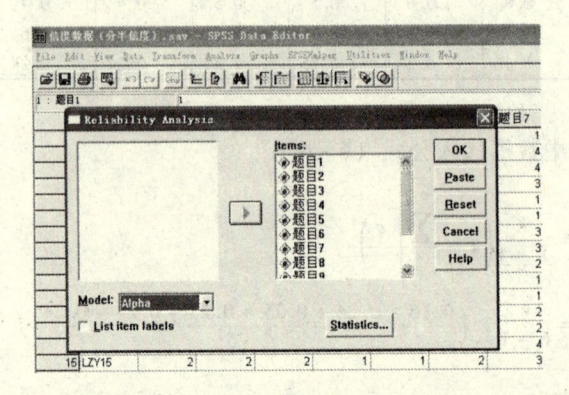

图 6-12 SPSS 软件 α 系数的计算功能

第三步：查看相关系数的计算结果，如图 6-13 所示。

图 6-13 SPSS 软件 α 系数的计算结果

由结果可以看出,该测验的 α 系数是 0.8651。

四 评分者信度的计算

(一) 数据要求

对主观评分的题目,需要计算评分者信度,它代表不同评分者对同样对象进行评定时的一致性。通常的做法是,随机抽取若干份答卷,由两个或多个独立的评分者打分,整理每个评分者对各被试的评定成绩。

(二) 计算方法

如果两个评分,可以用积差相关方法或斯皮尔曼等级相关方法计算相关系数;如果评分者在三人以上,而且又采用等级计分时,就需要用肯德尔和谐系数来求评分者信度。公式为:

$$W = \frac{\sum R_i^2 - \frac{(\sum R_i)^2}{N}}{\frac{1}{12}K^2(N^3 - N)} \quad (6-6)$$

式中:K——评分者人数;

N——被评的对象人数或答卷数;

R_i——每一对象被评等级的总和。

下面以 4 名评分者对 6 份答卷进行评分的结果计算肯德尔和谐系数,评定整理的数据如表 6-4 所示。

表 6-4 评分者一致性计算数据

评分者	答卷编号					
	一	二	三	四	五	六
甲	4	3	1	2	5	6
乙	5	3	2	1	4	6
丙	4	1	2	3	5	6
丁	6	4	1	2	3	5
R_i	19	11	6	8	17	23

可求得：

$$\sum R_i = 19 + 11 + 6 + 8 + 17 + 23 = 84$$

$$\sum R_i^2 = 19^2 + 11^2 + 6^2 + 8^2 + 17^2 + 23^2 = 1400$$

$$W = \frac{1400 - \frac{84^2}{6}}{\frac{1}{12} \times 4^2 \times (6^3 - 6)} = 0.80$$

该测验的评分者信度为 0.80。

下面将本节讨论的几种信度类型及其特点总结列于表 6-5 和表 6-6 中，以供参考。

表 6-5 信度估计方法及其与测验复本和施测次数的关系

所需施测次数	所需复本的数目	
	一	二
一	分半信度同质性信度评分者信度	复本信度（连续施测）
二	重测信度	复本信度（间隔施测）

资料来源：Anastasi & Urbina, 1998。

表 6-6 各种信度系数相应误差方差的来源

信度系数类型	误差方差来源
重测信度	时间取样
复本信度（连续施测）	内容取样
复本信度（间隔施测）	时间和内容取样
分半信度	内容取样
同质性信度	内容的异质性
评分者信度	评分者之间差异

资料来源：Anastasi & Urbina, 1998。

其实，估计信度的方法远不止上面介绍的几种，实际上有多少误差的来源，便有多少估计信度的方法。所以，在考查测验的信度时，应根据情况采用不同的信度指标，原则上一个测验哪种误差大，便应该用哪种误差估计。有时一个测验需要有几种信度系数，这样我们就能把总分数的变异数分成不同的分支。

五　特殊测验的信度分析

（一）标准参照测验的信度

在心理测验特别是教育测验领域，近年来的一个新趋势是发展标准参照测验，这些测验不是把被试的成绩与其他人比较，以寻求个别差异，而是把测验结果与一个既定的标准（即效标）相比较，看被试对某种知识和技能的掌握程度，所以又叫掌握测验。

使用标准参照测验，通常也希望测量结果有理想的一致性和可靠性，这与常模参照测验是相同的。但遗憾的是，上述各种信度估计方法，都是以相关系数来表示的，因而不适用于标准参照测验。在标准参照测验中，如果一个团体的大部分人都达到了某一水平，那么分数的变异就会很小，在这种情况下，即便一个具有高度的稳定性和内部一致性的测验，其信度系数也可能很低，甚至为零。这说明用传统的方法来估计标准参照测验的信度是不合适的。

虽然有许多学者对标准参照测验的信度统计方法进行研究，但到目前尚未见到令人满意的答案。以下几种方法可以适合于某些材料，因而提供在此，以作参考。

第一种方法是按不同的训练程度或数量将被试区分为几组，采用传统的复本法和分半法进行信度估计。这些分数可以在教学或训练过程的不同阶段获得，例如训练前测验、训练后测验或不同训练阶段的测验。

第二种方法是对同一组被试施测两个等值的测验，计算在同一掌握水平上通过该测验的人数百分比的差别，差别越小，信度越高。

第三种方法适合于二分法计分的测验题目。例如，要通过标准参照测验选拔被试进入下一阶段的训练,可以先试测一种标准的标准参照测验,训练一段时间后再用另一标准的标准参照测验进行第二次测验,分析两次测验结果就可以发现在两次测验中具有相同决策(通过或不通过)被试的人数比率,从而确定测验结果是否有较高的一致性。

(二) 速度测验的信度

在编制测验和解释分数时,速度测验和难度测验是有很大不同的。一个纯粹的速度测验,是指被试在测验上的得分完全依赖于反应的速度。这种测验题目的难度都很低,即所有的被试都有能力答对,但由于回答时间的严格限制,使得没有人能够答完所有的题目。相反的,一个纯粹的难度测验,反应时间非常充裕,每个被试都可能对所有题目作答,但题目难度是逐渐增加的,而且包括部分没有人能解决的题目,所以无人获得满分。

对于速度测验来说,前面所讲的只测一次得到的信度估计方法都不适用。如分半信度、同质性信度等。因为速度测验的题目没有难度,除了在很少几个题目上由于马虎而造成的失误外,通常奇数和偶数题目上的得分的相关系数接近+1.00,这当然是对信度的高估。而同质性信度是要在被试完成所有题目的条件下才能估计,速度测验设计时就是不让被试答完所有题目,否则就反映不出被试反应速度的差别。显然同质性信度也不适用于速度测验。

对于速度测验,不存在评分者信度,也无法计算同质性信度,而重测信度和复本信度均可按传统的方法求得,只有分半信度不能按传统方法估计。要估计速度测验的分半信度,不能按题目的奇偶项来划分两半测验,而应按测验时间划分相等的两部分,再求出两部分测验间的相关,才是分半信度。

具体实施时是把测验题目分成数量相等的两部分,将奇数题和偶数题分别印在两份卷子上,以总测验的一半时间作为时限分别对被试施测,然后计算两部分得分之间的相关系数。这个方法相当于连续施测两个等值型测验,但每一部分的长度只是整个测验的一半,而被试的分数却是根据整个测验来计算的,因此求得的信度也需要用斯皮尔曼—布朗公式校正。

如果无法独立地施测测验的两部分,一种替代的方法是把整个时限分为四等份,并求出在每个时限内的分数。如整个测验规定一小时的时限,主试则每隔15分钟发出一个预定的信号,让被试在听到信号时在所做的题目上画一个记号。测验完成后,把被试在第一、四段时间里得到的分数相加,第二、三段时间里得到的分数也相加,然后计算这两半的相关,并用斯皮尔曼—布朗公式校正,这也是分半信度的一种估计方法。

第二节 信度系数的应用

信度系数是鉴定测验结果可靠性的指标,既可以用信度系数评估测验编制的质量,也可以利用信度系数解释个人测验结果的误差。

一 评价测验编制的质量

(一)信度系数的意义

信度系数可以解释为总的方差中有多少比例是由真实分数的方差决定的,也就是测验的总变异中真分数造成的变异所占的比例。例如,当信度系数为0.80时,可以说实得分数中有80%的变异是真分数造成的,仅20%是来自测验的误差。在极端的情况下,如有$r_{xx}=1.00$,那么表示完全没有测量误差,所有的变异均来自真实分数;若有$r_{xx}=0$,则所有的变异和差别都反映的是测量误差。应该注意的是,信度系数的分布0.00~1.00的正数范围,代表了从缺乏信度到完全可信的所有状况。

我们可以利用不同信度反应的误差来源,来推测真分数变异所占的比例。假设对100个应聘者以两个月的时间间隔先后施测一个创造力测验的 A/B 两个复本,所得的等值性与稳定性系数为 0.70,根据被试对每个复本的反应计算出分半信度为 0.80(先计算每个复本的分半相关系数,将二者平均后再用斯皮尔曼—布朗公式校正)。同时,让另一个评分者随机抽取 50 份卷子另外评分,得到评分者信度为 0.92。然后,就可以对这三种方法所产生的误差变异进行分析,如表 6-7 和表 6-8 所示。

表 6-7 某假定测验的误差计算

信度类型	误差变异量	误差变异来源
复本信度(间隔施测)	1-0.70=0.30	时间与内容取样
分半信度	1-0.80=0.20	内容取样
上述二者差异	0.30-0.20=0.10	时间取样
评分者信度	1-0.92=0.08	评分者差异
误差变异总和	0.20+0.10+0.08=0.38	
真实变异	1-0.38=0.62	

表 6-8 某假定测验的误差分析

真分数变异	误差变异		
时间上的稳定性,复本之间的一致性,评分者之间的一致性	内容取样误差	时间取样误差	评分者间差异
62%	20%	10%	8%

(二)信度系数的标准

一个测验究竟信度多高才合适,才让人满意呢?当然,最理想的情况是信度为 1,但实际上是办不到的。根据多年的研究结果,一般的能力测验和成就测验的信度系数都在 0.90 以上,有的可以达到 0.95;而人格测验、兴趣、态度、价值观等测验的信度一般为 0.80~0.85 或更高些。

一般原则是:当 $r_{xx} < 0.70$ 时,测验不仅不能用于对个人作出

评价或预测，并且不能作团体比较；当 $0.70 \leqslant r_{xx} < 0.85$ 时，可用于团体比较；当 $r_{xx} \geqslant 0.85$ 时，才能用来鉴别或预测个人成绩或作为。另一原则是：新编的测验信度应高于原有的同类测验或相似测验。

(三) 提高信度系数的方法

当测验信度没有达到所要求的标准时，可以通过增加测验的长度，提高测验的信度系数。一般来说，在一个测验中增加同质的题目，可以使信度提高。因为测验越长，测验的测题取样或内容取样越有代表性，被试的猜测因素影响也越小。但是，增加测验长度的效果应遵循报酬递减率原则，测验过长是得不偿失的，有时反而会引起被试的疲劳和反感而降低可靠性。

假如我们希望用增长测验的方式提高测验的信度以达到某种理想值，可以通过斯皮尔曼—布朗公式的导出公式计算最少应增加的题数。

$$K = \frac{r_{kk}(1 - r_{xx})}{r_{xx}(1 - r_{kk})} \tag{6-7}$$

式中：K——改变后的长度与原长度之比；

r_{xx}——原测验的信度；

r_{kk}——测验长度是原来的 K 倍时的信度估计。

例：一个包括 40 个题目的测验信度为 0.80，欲将信度提高到 0.90，问至少需要增加多少题目？

$$K = \frac{0.90(1 - 0.80)}{0.80(1 - 0.90)} = 2.5$$

即要取得 0.90 的信度，测验长度应为原来的 2.5 倍，也就是需增加 60 个题目。

二 解释个人测验分数的误差

可以利用信度系数计算测量的标准误，公式为

$$S_E = S_X \sqrt{1 - r_{xx}} \quad (6-8)$$

其中：S_E——测量的标准误；

S_X——测验分数的标准差；

r_{xx}——测验的信度系数。

从公式（6-8）中可以看出，测量的标准误与信度之间存在此消彼长的关系：信度越高，标准误越小；信度越低，标准误越大。

计算测验标准误有两个作用：其一是利用测验标准误估计被试真实分数的范围；其二是了解再次施测时实得分数的范围。得分区间可以利用公式进行计算，公式为

$$X - 1.96 S_E < S_T < X + 1.96 S_E \quad (6-9)$$

这说明，被试的真分数大约有 95% 的可能性落在所得分数 $\pm 1.96 S_E$ 的范围内，只有 5% 的可能性落在此范围之外。这实际上也表明了再次施测时实得分数改变的可能范围。

根据公式（6-8）和公式（6-9），只要知道了测验分数的标准差和信度系数，就可以求出该测验的标准误，并进一步根据个人所得测验分数估计该被试真分数的可能范围。

假设在一个智力测验中，某个被试的 IQ 为 100，这是否反映了他的真实水平？如果再测一次他的分数将改变多少？已知该智力测验的标准差为 15，信度系数为 0.84，则其 IQ 的测量标准误和可能范围分别为：

测验标准误 $S_E = 15 \sqrt{1 - 0.84} = 6.0$

该被试的 IQ 范围：$100 \pm 1.96 \times 6 = 100 \pm 11.8 \approx 88 \sim 112$

因此，我们可以说该被试的真实 IQ 有 95% 的可能性落在 88 与 112 之间；若再测一次，他的智商低于 88、高于 112 的可能性不超过 5%。

再如，已知 WISC-R 的标准差为 15，信度系数为 0.95，对一名 12 岁的儿童实施该测验后，IQ 为 110，那么他的真实分数在 95% 的可靠度要求下，变动范围是多大？

第一步：计算测量标准误

$$S_E = S_X \sqrt{1 - r_{xx}} = 15 \sqrt{1 - 0.95} = 3.35$$

第二步：计算分数范围

$$X = 110$$
$$110 - 1.96 \times 3.35 < X_T < 110 + 1.96 \times 3.35$$
$$103.4 < X_T < 116.6$$

该被试的真实 IQ 有 95% 的可能性落在 103.6 与 116.6 之间；若再测一次，他的智商低于 103.6、高于 116.6 的可能性不超过 5%。

练习与思考

1. 利用下表数据计算测验的重测信度和复本信度，并利用重测信度计算测验分数得 43 分的被试，再次施测时实得分数的范围。

被试	初测得分	重测得分	复本得分	被试	初测得分	重测得分	复本得分
1	42	42	40	11	42	38	38
2	40	34	36	12	42	36	38
3	40	40	40	13	36	34	36
4	38	38	38	14	36	36	36
5	48	46	44	15	34	34	36
6	32	42	40	16	42	40	40
7	26	26	26	17	34	36	34
8	32	28	30	18	50	50	46
9	46	45	44	19	32	40	40
10	36	36	38	20	38	38	38

2. 利用下表数据计算测验的分半信度和同质性信度，并利用分半信度计算如果要使测验信度系数达到 0.85，需要增加多少题目？

被试	题目1	题目2	题目3	题目4	题目5	题目6	题目7	题目8	题目9	题目10
1	1	4	1	1	1	1	1	1	1	1
2	4	4	3	3	4	4	4	2	4	1
3	4	4	4	4	3	1	1	1	1	4
4	1	3	3	3	2	1	1	1	2	1
5	4	3	1	4	1	1	1	1	4	1
6	3	3	2	3	2	2	3	1	3	1
7	4	4	4	4	3	4	4	1	4	2
8	3	2	2	2	3	1	3	2	3	2
9	2	1	2	2	2	1	1	1	2	0
10	1	4	1	1	4	1	1	1	4	3
11	2	2	4	2	2	4	1	1	1	4
12	2	4	2	2	2	2	1	1	1	0
13	2	4	2	3	2	2	2	2	3	2
14	4	4	4	4	1	4	1	1	4	1
15	2	4	2	1	2	1	1	1	1	1
16	1	4	1	1	1	1	1	1	4	1
17	2	4	3	4	2	2	1	1	4	3
18	2	4	3	2	3	3	3	2	3	2
19	3	4	2	3	2	3	2	2	2	2
20	3	3	2	3	3	3	1	2	2	2
21	1	4	1	1	3	1	1	1	3	1
22	4	4	3	3	2	2	2	1	4	2
23	1	4	1	1	1	1	3	1	3	1
24	2	3	2	2	1	1	2	1	2	1
25	3	4	4	3	3	4	2	2	4	3
26	2	3	2	2	2	2	1	1	1	2
27	1	1	3	1	0	1	1	1	1	2
28	2	4	3	2	2	3	2	2	3	3
29	1	2	1	2	1	3	4	1	4	1
30	3	4	4	2	4	4	1	4	3	4

3. 下面是四位教师对 5 篇作文的评分，试计算四位教师的评分者信度。

阅卷教师	5 篇作文的评分				
	1	2	3	4	5
A	40	30	43	35	45
B	38	31	43	36	44
C	37	33	43	30	41
D	39	29	45	36	42

本 章 小 结

本章主要内容是信度系数的计算和应用。

信度系数是检验测验结果稳定性的指标。信度系数是用相关系数来表示，主要利用积差相关进行计算。通常计算的信度系数有：重测信度和复本信度，分半信度和同质性信度，评分者信度，特殊测验的信度。

信度系数可以解释为总的方差中有多少比例是由真实分数的方差决定的，也就是测验的总变异中真分数造成的变异占百分之几。信度系数在应用方面可以用来评估测验编制的质量，利用不同信度反应的误差来源，来推测真分数变异所占的比例。也可以解释个人测验结果的误差。

第七章 效度分析

本章学习目标
- 掌握内容效度的评估方法
- 掌握结构效度的评估方法
- 掌握效标效度的评估方法
- 理解效标效度的应用范围

第一节 评估测验的效度

效度是表明测验结果准确性的指标,主要包括内容效度、结构效度和效标效度。三种效度从不同的角度和层面来描述测验的有效性,在本质上它们是一致的,还可以相互印证,对编制者来说都应该给予足够的重视。因此,在编制测验时,应尽可能从多角度分析测验的效度。

一 评估测验的内容效度

(一) 内容效度的资料获取

内容效度是评估测验题目准确性的核心指标,评估内容效度就是获取所编制的测验题目是否有效的证据。目前，内容效度的资料获取主要是通过向熟悉所编测验主题的心理学专家发放题目内容评估表，由专家直接评定测验题目的适合性，通常需要 10 ~ 20 名专家评估数据。

一般来说，专家要对每个题目的代表性，作出"合理"与"不合理"的判断，其判断依据是：

（1）测验维度的名称与定义内涵的吻合程度如何？
（2）测验题目与测验维度的归属关系是否合理？
（3）测验题目采用的作答形式是否合理？
（4）测验题目的内容与测验预期目标的一致性如何？
（5）测验各维度题目之间关系的协调性是否合理？

（二）评估内容效度的方法

利用专家评定法得到的数据，可以通过计算内容效度比作为内容效度的证据，计算公式

$$CVR = \frac{N_e - \frac{N}{2}}{\frac{N}{2}} \qquad (7-1)$$

式中：CVR——内容效度比；

N_e——认为某项目合理的专家人数；

N——参加评估的专家总人数。

下面我们看一个利用 CVR 指标评估测验内容效度的例子，数据如表 7-1 所示。

CVR 的值在 ±1 之间，数值越大内容效度越高。通过计算 CVR 可以看出每个题目的内容效度，也可以利用 CVR 平均值判断整个测验的内容效度。但是，在实际工作中，由于内容效度判断的有关问题涉及范围较宽，常常很难用简单的"合理"或"不合理"进行判断，因此常常难以通过上述的公式进行数量化分析，更多的是采用专家分析、集体推断的描述形式进行内容效度的检验。

表7-1 10名专家对某个新编测验的内容评估

题目	专家 1	2	3	4	5	6	7	8	9	10	N_e	CVR
1	1	0	0	0	1	1	0	0	0	0	3	-0.4
2	0	1	1	1	0	0	1	0	0	0	4	-0.2
3	1	0	1	0	0	1	0	0	0	1	4	-0.2
4	1	1	0	0	1	0	0	1	0	0	4	-0.2
5	1	0	0	1	0	0	1	0	0	0	3	-0.4
6	1	1	1	0	1	1	0	1	1	1	8	0.6
7	1	1	1	1	0	1	1	0	1	1	8	0.6
8	1	1	0	1	1	0	1	1	0	0	6	0.2
9	0	1	1	1	1	0	0	1	1	0	6	0.2
10	1	1	1	1	1	1	1	1	1	1	10	1.0
11	1	1	0	1	1	1	1	1	1	1	9	0.8
12	1	1	1	1	1	1	1	1	0	1	9	0.8
13	1	1	1	1	1	1	1	1	1	1	10	1.0
14	1	1	1	1	1	1	1	1	1	1	10	1.0
15	1	1	0	1	1	1	1	1	1	1	9	0.8
16	1	1	1	1	1	1	1	1	1	1	10	1.0
17	1	1	1	1	0	1	1	1	1	1	9	0.8
18	1	1	0	1	1	1	1	1	1	1	9	0.8
19	1	1	1	1	1	1	1	1	1	1	10	1.0
20	1	1	1	1	1	1	0	1	1	1	9	0.8

二　评估测验的构想效度

（一）构想效度的资料获取

构想效度是对测验所设定维度的真实性检验，通过分析实测被试的数据结果，计算题目与维度之间、维度与维度之间的关系，以评估所编测验是否符合所依据的心理学理论。一般说来，计算测验的构想效度，需要测试相对较多的被试（通常在 200 人以上）记录被试每个题目的得分，以便进行相应的统计分析。

(二) 评估构想效度的方法

从量化角度看，评估构想效度主要采用相关分析和因素分析两种方法。

1. 相关分析法

相关分析法是首先整理出每个测验维度（或分测验）的分数，然后计算测验维度（或分测验）之间的积差相关，最后分析维度（或分测验）概念之间真实关系与相关系数的一致性，以此检验测验的构想效度。表 7-2 是某职业人格测验构想效度的例子。

表 7-2　某职业人格测验各分测验间的相关分析

		分测验							
		自信心	创业倾向	组织管理倾向	挫折承受力	开放性	内外向	情绪稳定性	责任感
	认知风格	-0.08	-0.6	-0.68	0.18	-0.07	-0.03	0.04	-0.09
	自信心	1	0.34	0.16	0.39	0.35	0.28	0.27	0.25
	创业倾向	—	1	0.73	0	0.36	0.3	0.17	0.37
分测验	组织管理倾向	—	—	1	-0.11	0.3	0.28	0.14	0.39
	挫折承受力	—	—	—	1	0.15	0.09	0.28	0.12
	开放性	—	—	—	—	1	0.71	0.43	0.64
	内外向	—	—	—	—	—	1	0.46	0.6
	情绪稳定性	—	—	—	—	—	—	1	0.5

表 7-2 显示了九个分测验之间的相关关系。创业倾向和组织管理倾向之间具有最高的正相关，由于创业倾向可能包含数种复杂的因素，而从这一结果可知创业倾向与组织管理倾向之间具有一定的联系；创业倾向和自信心之间也具有正相关，创业倾向较

高的个体往往表现出较强的自信心,自信心和挫折承受力之间有正相关,自信心越强的个体往往具有更强的挫折耐受力,这都符合现实中的一般情况;认知风格与创业倾向和组织管理倾向之间呈现负相关,认知风格测验其实是个类型测验,低分者为注重具体细节类型,高分者为注重整体全局类型。从结果观察,组织管理倾向(不同于领导能力)因为需要细致、耐心的计划与分析,因此与注重细节类型有相关是容易理解的。责任感和组织管理倾向之间具有正相关,组织管理倾向强的个体往往具有较高的责任感;创业倾向和开放性以及责任感之间具有正相关;同时,自信心和开放性之间也有正相关。由此可见,九个分测验之间的相关关系符合测验的理论构想,从而成为该测验构想效度的证据。

2. 因素分析法

因素分析法是建立构想效度的常用方法。通过对一组测验进行因素分析,可以找到影响测验分数的共同因素,这种因素可能就是我们要测量的心理特质(构想)。如果是从众多测验中找出组成一个大构思的不同因素,此时可以把因素分析得到的几个共同因素对应的各种测验组合起来构成一个新的测验,若这些因素正是我们所期望的,与原先的理论构想一致,则说明构想效度很高。如果把因素分析法放到一个测验的内部,即我们编制测验时根据理论构想组织题目,在被试中施测,然后用因素分析法证实测验是否确实由原先假设的几个因素构成,这也是构想效度的验证方法。

因素分析法可以分为探索性因素分析和验证性因素分析,分别由不同的统计分析软件来实现,我们下面用职业人格测验因子分析的例子来说明利用 SPSS 统计软件进行因素分析的步骤,以及如何利用因素分析结果检验测验的构想效度。

第一步:在【Analyze】菜单选择【Data Reduction】功能的【Factor...】。如图 7-1 所示。

第七章 效度分析

图7-1 SPSS软件因素分析的统计功能

第二步：将要分析的变量名称选入【Variables】栏，同时，可以根据分析需求，设定界面中的功能按钮。如图7-2所示。

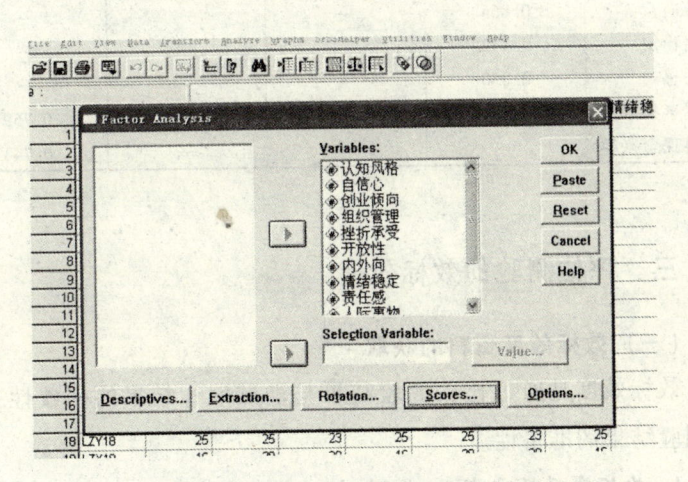

图7-2 SPSS软件中因素分析的设置

第三步：查看因素分析的结果。因素分析输出的结果较多，其中，最主要是分析解释率和因子负荷，整理后的因子分析结果如表7-3所示。

表7-3显示了九个人格分测验和两个兴趣分测验探索性因

素分析的结果,从中抽出了四个因素,总体解释率为71%。九个人格分测验被归为为三个因素,两个兴趣分测验被归入另一个因素中,可进一步确认兴趣测验和其他的人格分测验之间没有直接的关联性,也验证了测验设计的结构性,提供了该测验构想效度的证据。

表7-3 职业人格测验和职业兴趣测验因素分析结果

	因素一	因素二	因素三	因素四
认知风格	—	-0.681	—	—
自信心	—	0.882	—	—
创业倾向	—	0.874	—	—
组织管理倾向	—	—	0.779	—
挫折承受力	—	—	0.835	—
开放性	0.872	—	—	—
内外向	0.865	—	—	—
情绪稳定	0.742	—	—	—
责任感	0.850	—	—	—
人际事物兴趣	—	—	—	0.759
资料观念兴趣	—	—	—	0.743

三 评估测验的效标效度

(一)效标效度资料的获取

效标效度是通过比较测验结果与被试效标结果的一致性来判断测验结果的准备性。

1. 效标资料的要求

根据效标资料是否与测验分数同时获得,又可分为同时效度和预测效度两类。同时效度即测验所得分数可与效标同时验证,通常与心理特征的评估及诊断有关。例如,智力测验以学生当时的学业成绩为效标,由于学业成绩是现成的,因此这种效度称为同时效度。预测效度的效标资料需要一段时间才可搜集到,通常用于选拔、分组。例如，大学入学考试可用学生入学后的学习成绩作效标，因为效标资料在考试以后相隔一段时间才能获得，所以高考的效度是一种预测效度。但是必须指出的是，同时效度和预测效度意义上的差异，不是来源于时间，而是来自测验的目的。前者与用来诊断现状的测验有关，后者与预测将来结果的测验有关。

在检验一个测验的效标效度时，难点在于找到合适的效标。因此效标的选择至关重要，一个好的效标必须具备以下条件：效标必须能最有效地反映测验的目标，即效标测量本身必须有效；效标必须具有较高的信度，稳定可靠，不随时间等因素而变化；效标可以客观地加以测量，可用数据或等级来表示；效标测量的方法简单，省时省力，经济实用。

一般来讲，学业成绩、教师的评定等常用来作为智力测验的效标；有经验的精神科医生的诊断、教师或其他有关人员的评判可作为个性问卷或精神科症状评定量表的效标；特殊课程或特殊训练的成绩可作为能力倾向测验的效标。

2. 效标资料的获取方法

为了获得效标资料，通常采用问卷调查、绩效考核和跟踪调查等多种方法搜集效标的资料。

（1）问卷调查。问卷调查主要是向被试询问他们对测验有效性的感受、体验和认识。为增加其评定的有效性，问卷调查在被试答题完毕后立即进行，其弊端是被试若过于疲劳则有可能产生不能很好配合的问题，通过较好实施组织管理方式可以得到控制。

（2）绩效考核。绩效考核结果是比较好的实际效标，根据测验的主题搜集被试的年度考核资料。但值得注意的是，被试的绩效评定除受其能力因素影响外，还受其工作态度、积极性、责任心，甚至是人际关系等的影响。尽管有如此多的因素影响效绩评定结果，但组织的正式评定结果从总体上来说还是可靠的。从本研究中的数据情况来看，其结果也是比较理想的。

(3) 跟踪调查。跟踪调查是获取预测效标最为有效也是实施难度最大的方法,其具体做法是,请评定者对被试在所测评要素上的水平高低进行直接评定,这种评定是在评定者不知道测评结果的情况下进行的,为了得到比较可靠的数据,我们对许多影响因素进行了较好的控制,如评定者必须是对被试十分熟悉的人事主管,评定前对评定者进行培训,详细说明测评要素的含义、高低分的行为特征等,评定结果不与被试的利益挂钩,因此能够使他们以客观的态度进行评定。

（二）效标效度的评估方法

相关法是计算效标效度的主要方法,效标效度系数以相关系数来表示,是最常用的效度指标,它主要反映测验分数与效标测量的相关。此外,由于效标资料类型的差异,还有其他方法可以配合使用。下面我们介绍不同数据类型可以采用的效度计算方法。

1. 效标资料为连续变量

当测验成绩和效标资料都是连续变量时,以皮尔逊积差相关公式进行计算。下面我们介绍两个例子。

例1：在招聘中测试了10位应聘者的智力水平,1年后收集到他们的绩效评分,结果如表7-4所示。

表7-4 智力测验成绩与绩效水平的效标结果

被试	智力测验(X)	绩效分数(Y)	XY	X^2	Y^2
1	120	21	2520	14400	441
2	120	20	2400	14400	400
3	109	18	1962	11881	324
4	106	19	2014	11236	361
5	105	20	2100	11025	400
6	100	19	1900	10000	361
7	100	17	1700	10000	289
8	100	23	2300	10000	529
9	98	21	2058	9604	441
10	95	15	1425	9025	225
Σ	1053	193	20379	111571	3771

由表 7-4 的数据可以看到，测验成绩和效标资料都是连续变量，因此应该选择积差相关公式进行计算。

$$r_{xy} = \frac{N\sum XY - \sum X \sum Y}{\sqrt{N\sum X^2 - (\sum X)^2} \cdot \sqrt{N\sum Y^2 - (\sum Y)^2}}$$

$$= \frac{10 \times 20379 - 1053 \times 193}{\sqrt{10 \times 111571 - 1053^2} \times \sqrt{10 \times 3771 - 193^2}}$$

$$= \frac{561}{\sqrt{6901} \times \sqrt{461}} = 0.31$$

因此，智力测验和绩效分数之间的效标效度为 0.31，说明智力测验成绩与员工绩效分数之间呈正相关关系，即智力水平越高的应聘者，在工作中的表现越好，说明智力测验结果对预测绩效水平有一定的有效性。

例 2：为了检验新编制的心理健康测验的效度，收集了 30 名被试 SCL-90 心理健康评定量表的总分，结果如表 7-5 所示。

表 7-5 心理健康测验与 SCL-90 测验的数据

被试编号	心理健康测验分数	SCL-90 总分	被试编号	心理健康测验分数	SCL-90 总分
1	37	92	12	25	99
2	23	107	13	26	112
3	19	128	14	21	138
4	15	146	15	16	167
5	24	113	16	28	112
6	27	146	17	32	122
7	14	180	18	30	90
8	29	99	19	24	137
9	26	98	20	8	165
10	23	126	21	31	92
11	8	280	22	10	140

续表 7-5

被试编号	心理健康测验分数	SCL-90 总分	被试编号	心理健康测验分数	SCL-90 总分
23	36	116	27	27	125
24	27	134	28	18	154
25	34	109	29	25	177
26	26	107	30	35	93

由于 7-5 的数据类型可知，测验分数和效标分数都是连续变量，应该利用积差相关的公式进行计算，我们用 Excel 软件计算该测验的效标效度，结果如表 7-5 所示。

表 7-6 效标效度的计算结果

	列 1	列 2
列 1	1	—
列 2	-0.7248	1

由于表 7-6 可知，心理健康测验的分数与 SCL-90 总分的积差相关系数为 -0.7248，说明两个分数之间有强负相关。因为新编的心理健康测验是得分越高，被试心理素质越好，心理越健康；而 SCL-90 的总分是心理健康症状严重程度的指标，得分越高，说明心理越有问题。因此，计算出来的负相关系数，恰好说明新编测验的结果能够判断被试的心理健康程度，从而提供了新编测验准确性的证据。

2. 效标资料为二分变量

当效标资料为二分变量时，可以采用点二列相关、区分法和命中率法检验效标效度。

(1) 点二列相关。

当测验成绩是连续变量，而效标资料是二分变量时，计算效度系数可用点二列相关公式。

例：10名被试的专业考试成绩以及他们的绩效状况，结果如表7-7所示。

表7-7 专业考试成绩与绩效状况的效标数据

被试	专业考试（X）	绩效状况（Y）	被试	专业考试（X）	绩效状况（Y）
1	81	优秀	6	78	普通
2	95	优秀	7	69	普通
3	85	普通	8	90	优秀
4	84	普通	9	77	优秀
5	69	优秀	10	54	普通

由表7-7的数据可以看到，测验成绩是连续变量，效标资料是二分变量，只有"优秀"和"普通"两种情况，因此应该选择点二列相关公式进行计算。

点二列相关公式：$r_{pb} = \dfrac{\overline{X}_p - \overline{X}_q}{S_t}\sqrt{pq}$

根据表7-6的数据，需要先求出：

$$\overline{X}_p = (81 + 95 + 69 + 90 + 77)/5 = 82.4$$

$$\overline{X}_q = (85 + 84 + 78 + 69 + 54)/5 = 74$$

$$p = 5/10 = 0.5$$

$$q = 1 - p = 1 - 0.5 = 0.5$$

$$S_t = \sqrt{\dfrac{\sum(X - \overline{X})^2}{N}} = \sqrt{\dfrac{\sum X_i^2}{N} - \left(\dfrac{\sum X_i}{N}\right)^2}$$

$$= \sqrt{\dfrac{62418}{10} - \left(\dfrac{782}{10}\right)^2} = 11.25$$

将上述数值代入公式（5-6）得

$$r_{pb} = \frac{82.4 - 74}{11.25} \times \sqrt{0.5 \times 0.5} = 0.37$$

因此,专业考试成绩和绩效状况之间的效标效度为 0.37,这就说明专业成绩与绩效状况之间存在正相关关系,考试成绩越高的人,绩效表现越好,因此专业考试对预测绩效状况有一定的有效性。

(2) 区分法。

区分法是检验测验分数能否有效地区分由效标所定义的团体的一种方法,利用了差异性检验的统计学原理,通过计算两个群体平均数差异(即 t 值)的显著性来说明测验分数能否区分不同群体,从而检验测验结果的有效性。计算公式

$$t = \frac{\overline{X}_H - \overline{X}_L}{\sqrt{S_H^2/N_H - S_L^2/N_L}} \tag{7-2}$$

式中:$\overline{X}_H$ 和 $\overline{X}_L$ ——成功组与不成功组的平均测验分数;

S_H 和 S_L ——两组测验分数的标准差;

N_H 和 N_L ——两组的人数。

算出 t 值后,便可知道分数的差异是否显著。若差异显著,说明该测验能够有效地区分由效标定义的团体;否则,测验是无效的。具体计算方法请参阅相关的统计学教材,在此不再赘述。

(3) 命中率法。

命中率法是当测验用来作取舍的依据时,用其正确决定的比例作为效度指标的一种方法。使用命中率法,需要将测验分数和效标资料都分为两类。在测验分数方面是确定一个临界分数(即分数线),高于临界分数者预测其成功,低于临界分数者预测其失败。在效标资料方面是根据实际的工作或学习成绩,确定一合格标准,在标准之上者为成功,在标准之下者为失败。这样便会有四种情况:预测成功而且实际也成功、预测成功但实际上失败、预测失败而事实上成功、预测失败且实际上也失败。我们称正确

的预测（决定）为命中，不正确的预测（决定）为失误（见表 7-8）。

表 7-8 测验命中与失误的四种情况

		效标成绩	
		成功（+）	失败（-）
测验预测	成功（+）	(A) 失误	(B) 命中
	失败（-）	(C) 命中	(D) 失误

命中率的计算有两种方法，一是计算总命中率（P_{CT}），另一种是计算正命中率（P_{CP}）。

$$P_{CT} = \frac{命中}{命中+失误} = \frac{B+C}{A+B+C+D} \qquad (7-3)$$

$$P_{CP} = \frac{测验与效标皆成功人数}{测验成功人数} = \frac{B}{A+B} \qquad (7-4)$$

总命中率与正命中率一般情况下完全一致。正命中率的高低常随划分测验分数成功与失败的临界分数的高低而变化。显然，临界分数越高，正命中率也越高；反之，临界分数越低，则正命中率也越低。

（4）ϕ 相关。

此种相关适用于两个变量均为二分称名变量。若将测验总分按及格、不及格或录取、淘汰划分，效标资料也是二分变量，便可计算 ϕ 相关系数，其计算公式

$$\phi = \frac{bc-ad}{\sqrt{(a+b)(c+d)(a+c)(b+d)}} \qquad (7-5)$$

例：45 名学生按测验成绩分成高、低两组，他们的实际学习

情况如表 7-9 所示，请计算 φ 相关系数。

表 7-9 45 名学生的测验总分与实际学习情况

		实际学习情况		合 计
		普 通	优 秀	
测验成绩	高分组	13 (a)	7 (b)	20 (a+b)
	低分组	5 (c)	20 (d)	25 (c+d)
	合 计	18 (a+c)	27 (b+d)	45 (a+b+c+d)

将表中所列数据代入公式（7-5），得

$$\phi = \frac{13 \times 20 - 7 \times 5}{\sqrt{20 \times 25 \times 18 \times 17}} = 0.456$$

φ 值的显著性检验方法是先将 φ 值转换成 χ^2 值，即

$$\chi^2 = n\phi^2 \qquad (7-6)$$

求 χ^2 值后，查 $df = 1$，看 χ^2 值是否达到显著水平，如果 χ^2 值显著，φ 值也显著。上例中 $\phi = 0.456$，$\chi^2 = 45 \times 0.456^2 = 9.375$，查 $df = 1$ 的 χ^2 值的临界值，$\chi^2_{0.005} = 7.88$，所以 $\chi^2 = 9.375$ 在 0.005 水平上有显著意义，即 $\phi = 0.456$ 有非常显著的意义，说明测验成绩与实际学习情况之间有关系，从而提供了测验成绩结果有效性的证据。

3. 效标资料为多级评定变量

当效标资料为多级评定时，常用预期表法检验效标效度。预期表是一种双向表格，测验分数划分为几个组别，排在表格左边，效标的多级评定排在表的顶端。表中各数字代表某测验成绩组别的被试群体中，获得某级效标成绩评定的人数百分比。下面看一个例子，见表 7-10。

表 7 – 10 预期表举例

某测验分数	效标资料			
	低	中下	中上	高
80 以上	1	7	25	67
60~79	7	27	41	25
40~59	25	41	27	7
39 以下	67	25	7	1

从表 7 – 10 可知，效标资料是"低"、"中下"、"中上"和"高"四级评定数据，测验分数被划分为"39 以下"、"40~59"、"60~79"和"80 以上"四个组别。第 2、3、4、5 列表示每类测验成绩的被试处于"低"、"中下"、"中上"和"高"四个效标级别的人数百分比。该表格的结果主要是分析从"左下"至"右上"对角线上各百分数值的大小，该对角线上的数值越大，而其他百分数字越小，表示该测验的效标效度越高；反之，数字越分散，则效标效度越低。

此外，当测验分数为连续变量，效标为等级评定资料时，还可以利用贾斯朋（Juspen）多系列相关表示效标效度，其计算公式

$$r_s = \frac{\sum (Y_l - Y_n) \overline{X_i}}{S_t \sum \frac{(Y_l - Y_n)}{P_i}} \tag{7-7}$$

式中：r_s ——效度系数；

P_i ——每一系列的次数比率；

Y_l ——每一称名变量下限的正态曲线高度，由 P_i 查正态表给出；

Y_n ——每一称名变量上限的正态曲线高度，由 P_i 查正态表给出；

$\overline{X_i}$ ——每一称名变量对偶的连续变量的平均数；

S_t ——连续变量的标准差。

第二节 效标效度的应用

效标效度是检验测验结果准确性的核心指标,利用效度系数可以推断测验误差的范围,因此,与信度的功能类似,效标效度既可用于鉴别测验的质量,也可以通过测验分数预测个体的效标分数。

一 评估测验质量

(一) 预测的准确性

在应用和解释过程中,测验和效标的相关系数经常以修改后的方式来表示。一种表达式是 r_{xy}^2,即效度系数的平方,统计学上称这种指标为决定系数,表示测验正确预测或解释的效标的方差占总方差的比例。例如,当某测验的效度系数为 0.80 时,我们说效标分数中有 64% 的方差是测验分数的方差,即测验分数正确预测的比例是 64%,其余的 36% 是无法正确预测的比例。

另一种表达方法是估计的标准误,简写为 Sest,它是指所有具有某一测验分数的被试其效标分数(Y)分布的标准差,也即预测误差大小的估计值,是对真正分数估计的误差大小。估计的标准误计算公式

$$Sest = S_y \sqrt{1 - r_{xy}^2} \qquad (7-8)$$

式中:r_{xy}^2——效度系数的平方,即决定系数;

S_y——效标成绩的标准差。

当效标完美(即 $r_{xy}^2 = 1.00$)时,估计标准误是零,测验分数可完全代替效标;当测验效度为零,估计标准误与效标分数的分布标准差相同($Sest = S_y$),在这种情况下,测验无异于猜测。大多数情况下,预测误差介于二者之间。

估计的标准误可如同其他标准误一样解释。真正效标分数落在预测效标分数 ±1 $Sest$ 的范围内,有 68% 的可能性;落在预测效标分数 ±1.96 $Sest$ 的范围内,有 95% 的可能性;落在预测效标分数 ±2.58 $Sest$ 的范围内,有 99% 的可能性。

(二) 预测的效率

公式 (7-6) 中的 $\sqrt{1-r_{xy}^2}$ 又称作无关系数,以 K 表示之,K 值大小表明预测源分数与效标分数无关的程度。

$$K = \sqrt{1-r_{xy}^2} = Sest/S_y \qquad (7-9)$$

$(1-K)$ 可作为预测效率的指数,用 E 表示

$$E = 100(1-K) \qquad (7-10)$$

E 值大小表明使用测验比盲目猜测能减少多少误差,例如一个测验的效度系数为 0.80,那么 $Sest/S_y = \sqrt{1-0.80^2} = 0.60$,这表明预测误差仅为随机猜测所产生误差的 60%。换句话说,由于该测验的使用,使得我们在估计被试的效标分数时减少了 40% 的误差。

二 预测个体的效标分数

如果 X 与 Y 两变量呈直线相关,只要确定出二者间的回归方程,就可以从一个变量推估另一个变量。在测验工作中,人们感兴趣的是从测验分数预测效标成绩,因此最常用的是 Y 对 X 的回归方程

$$\hat{Y} = a + b_{yx}X \qquad (7-11)$$

式中:$\hat{Y}$——预测的效标分数;

a——纵轴的截距,用来纠正平均数的差异;

b_{yx}——斜率,亦即 Y 向 X 回归的系数;

X ——测验分数。

为了得到一个回归方程,必须确定 b_{yx} 和 a 这两个常数的值

$$b_{yx} = r_{xy} \times S_y/S_x \qquad (7-12)$$

$$a = \overline{Y} - b_{yx}\overline{X} \qquad (7-13)$$

这里 r_{xy} 为测验分数与效标分数的相关,即效度系数;S_y 和 S_x 分别为效标分数与测验分数的标准差;$\overline{Y}$ 和 $\overline{X}$ 分别为效标分数与测验分数的平均数。

将公式转化为更直接的计算方法,可为:

$$\hat{Y} = r_{xy}\frac{S_y}{S_x}(X - \overline{X}) + \overline{Y} \qquad (7-14)$$

例:某被试在一个能力倾向测验上得52分,又知这组被试在测验上的平均成绩为50,标准差为10;在效标上的平均成绩为2.4,标准差为0.80,测验的效标效度为0.60,则该被试可能的效标成绩为

$$\hat{Y} = 0.60 \times \frac{0.8}{10}(52 - 50) + 2.4 = 2.496$$

回归方程可以从所给的一组资料求得,然后把它应用到与导出该方程式相似的个人。这样,我们知道了一个人的测验分数,将其代入回归方程式,就可以对他的效标分数作出估计。

练习与思考

1. 有研究者欲编制一套测量4种相互独立的个性因素量表,每种个性因素编制了15~20个题目组成一套问卷。随机选择了一组被试进行试测,经过统计得到下面各个因素测验得分之间的相关系数。试根据表中的相关系数,分析和评价该测验的效度,并

指出评价的是何种效度。

	因素 A	因素 B	因素 C	因素 D
因素 A	1.00	—	—	—
因素 B	0.02	1.00	—	—
因素 C	0.15	0.25	1.00	—
因素 D	0.13	0.13	0.80	1.00

2. 下面是某学期 30 名学生学习适应性测验结果和期末学业总评成绩，试计算：

（1）学习适应性测验的效标效度；

（2）计算估计的标准误和预测效指数；

（3）计算回归方程，并利用回归方程估计学习适应性测验 50 分的测试者期末总评成绩。

学生编号	学习适应性	期末总评	学生编号	学习适应性	期末总评	学生编号	学习适应性	期末总评
1	54	37	11	54	54	21	51	53
2	46	63	12	37	46	22	47	45
3	59	58	13	53	57	23	45	59
4	44	51	14	64	39	24	41	55
5	31	45	15	39	54	25	34	34
6	39	48	16	53	60	26	56	57
7	50	55	17	56	56	27	41	50
8	40	54	18	38	49	28	40	44
9	47	56	19	41	52	29	40	46
10	45	39	20	29	27	30	35	50

3. 下表数据是一组被试某心理疾病自评测验的得分及其在心理疾病临床诊断中的结果。试根据表中数据选择适当的效度统计方法，分析该心理自评测验的效度，指出用的是何种统计方法。

被试	A	B	C	D	E	F	G	H	I	J
心理健康自评测验	10	3	25	5	8	9	22	18	20	3
临 床	正常	正常	患者	正常	正常	正常	患者	正常	患者	正常

本 章 小 结

本章主要内容是效度评估方法及效标效度的应用。

效度是表明测验结果准确性的指标,主要包括内容效度、结构效度和效标效度。三种效度从不同的角度和层面来描述测验的有效性,在本质上它们是一致的,还可以相互印证。其中内容效度是评估测验题目准确性的核心指标,计算方法是专家评定法。构想效度是对测验所设定维度的真实性检验,主要采用相关分析和因素分析两种方法。效标效度是通过比较测验结果与被试效标结果的一致性来判断测验结果的准备性,相关法是计算效标效度的主要方法。

效标效度是检验测验结果准确性的核心指标,利用效度系数可以推断测验误差的范围。与信度的功能类似,效标效度既可用于鉴别测验的质量,也可以通过测验分数预测个体的效标分数。

第八章 常模制订

本章学习目标
- 了解常模团体的条件和取样方法
- 掌握百分等级常模表的制订方法
- 掌握标准分常模表的制订方法
- 理解百分等级与标准分的关系

常模是解释测验结果的依据,是原始分数向导出分数转化的规则。制订常模首先要确定常模团体,采集常模表所需数据,然后选择导出分数的类型,运用相应的公式进行计算,最后形成常模转换表。

第一节 常模数据采集

一 确定常模团体

常模团体是由具有某种共同特征的人所组成的一个群体,或者是该群体的一个样本。它用一个标准的、规范的分数表示出来,以提供比较的基础。

任何一个测验都有许多可能的常模团体。由于个人的相对等级随着用作比较的常模团体的不同而有很大的变化，因此，在制订常模时，首先要确定常模团体，在对常模参考分数作解释时，也必须考虑常模团体的组成。

（一）确定常模团体方法

对测验编制者而言，常模的选择主要是基于对测验将要施测的总体的认识，常模团体必须能够代表该总体。这种工作包括确定一般总体、确定目标总体、确定样本。例如，研究大学生的价值观问题，其一般总体就是大学生；而目标总体是计划实施的对象，如北京各大学的大学生；而样本的选取必须根据总体的性质（性别、年龄、专业、家庭背景等），找一个有代表性的样本来代表目标总体，也代表一般总体。满足所有条件后才可称为常模样本，才真正具有代表性。

无论是测验编制者还是测验使用者，主要关心的还是常模团体的成员。成就测验和能力倾向测验，适当的常模团体包括目前和潜在的竞争者；比较广泛的能力与性格测验，常模团体通常也包括同样年龄或同样教育水平的被试。在某些情况下，人的许多方面如性别、年龄、年级或教育水平、职业、社会经济地位、种族等都可以作为定义常模团体的标准。

（二）常模团体的条件

1. 群体的构成必须明确界定

在制订常模时，必须清楚地说明所要测量的群体的性质与特征。主要考虑两个问题：一是测验适用哪些个体或群体（对象总体）；二是这些个体或群体具有哪些基本特性或条件。可以用来区分和限定群体的变量是很多的，如性别、年龄、职业、文化程度、民族、地理地域、社会经济地位等。依据不同的变量确定群体，便可得到不同的常模。

在群体内部也许有许多小团体，它们在一个测验上的作为也时常有差异。假如这种差异较为显著，就必须为每个小团体分别建立常模。例如在机械能力倾向测验上，男性通常比女性做得好些；相反，在文书能力倾向测验上，女性分数高于男性。因此在这类测验上通常分别提供男性和女性的常模。即使一个代表性常模适用于大范围群体，分别为每个小团体建立常模也是有益的。

2. 常模团体必须是所测群体的代表性样本

当所要测量的群体很小时，将所有的人逐个测量，其平均分便是该群体的最可靠的常模。但在群体较大时，因为时间和人力物力的限制，只能测量一部分人作为总体的代表，这就提出了取样是否适当的问题。若无法获得有代表性的样本，将会使常模资料产生偏差，而影响对测验分数的解释。

在实际工作中，由于从某些团体中较容易获得常模资料，因此存在着取样偏差的可能性。例如从城市搜集样本就比从农村容易，搜集18岁的大学生样本就比搜集18岁参加工作的人的样本容易。在搜集常模资料时，一般采用随机取样或分层取样的方法，有时可把两种策略结合起来使用。但是，需要注意的是常模样本的取样过程和结果必须有详细描述。

3. 样本的大小要适当

所谓"大小适当"并没有严格的规定。一般来说，取样误差与样本大小成反比，所以在其他条件相同的情况下，样本越大越好，但也要考虑具体条件（人力、物力、时间）的限制。在实际工作中，应从经济的或实用的可能性和尽量减少误差这两方面来综合考虑样本的大小。

总体数目小，只有几十个人，则需要100%的样本。如果总体数目大，相应的样本也大，一般最低不小于30个或100个。全国性常模，一般应有2000~3000人为宜。

究竟应该大到多少，可根据要求的可信程度与允许的误差范围进行推算。设 S 为标准差，n 为所抽样本数，$S_{\bar{x}}$ 为样本标准误，

则可得

$$n = \left(\frac{S}{S_x}\right)^2 \qquad (8-1)$$

公式在 $8-1$ $\frac{n}{N} < 5\%$ 时起作用（N 为总体数目）。如果 $\frac{n}{N} > 5\%$，则 n 要校正为 n'

$$n' = \frac{n}{1+\frac{n}{N}} \qquad (8-2)$$

实际上，样本大小适当的关键是样本要有代表性。从一个较小的但具有代表性的样本所获得的分数通常比来自较大的但定义模糊的团体的一组分数还要好。

4. 标准化样组是一定时空的产物

我们在一定的时间和空间中抽取的标准化样组，它只能反映当时当地的情况。随着时间的推移、地点的变更，标准化的样组就失去了标准化的意义。这样常模就不适合现时现地的状况，必须定期修订。在选择合适常模时，注意选择较为新近的常模。

二　选取常模样本的方法

取样即从目标人群中选择有代表性的样本。从统计学角度看，取样的方法有随机抽样和非随机抽样两种。前者是根据随机原则进行，而后者没有随机性。所谓随机原则，就是从总体中取样时，所取个案不是人为主观决定的，每个个案被抽取的机会均等。

具体地说，有下列几种抽样方法。

1. 简单随机抽样

按照随机表顺序选择被试构成样本，或者将抽样范围内的每个人或者每个抽样单位编号，再随机选择，可以避免由于标记、姓名、性别或其他社会赞许性偏见而造成抽样误差。在简单随机抽样中，每个人或抽样单位都有相同的机会作为常模中的一部分。比如，彩票中奖号码就是采用简单随机抽样的方法。

采用简单随机抽样选取常模样本时，主要有以下几种方法：

（1）抽签。这是最原始的方法，将每个编号单独写在纸条上，按照所需数量逐个抽出纸条，纸条上的编号即为样本。

（2）使用 Excel 软件的【RANDBETWEEN】函数功能。比如从 300 人的群体中，选取 20 人作为样本，就打开一个 Excel 空白表，选中一个单元格后选择【RANDBETWEEN】函数，将其参数设置为 [= RANDBETWEEN（1，300）]，连续复制 20 个单元格，即可得到 1~300 中的 20 个随机号码，这些号码入选样本的编号。

（3）如果没有抽样单位的编号是非连续性的数值，比如使用身份证号码，这时，需要将编号录入 Excel 表格，使用【工具】菜单下【数据分析】中的【抽样】功能，设置"输入区域"和"样本数"后，点"确定"按钮即可获得所需要数量的样本编号。

2. 系统抽样

有时在总体数目为 N 的情况下，若要选择 K 分之一的被试作为样本，则可以在抽样范围内选择每个第 K 个人来构成样本。例如 K 为 2，则样本为总体的一半；若 K 是 20，则样本为总体的 5%。K 为组距：$K = N/n$，若要抽取 121 名学生中的 40 人作为样本调查，则 $K = 121/40 = 3$，可分 40 段，每段取一人。

一般系统化样本中，第一个第 K 个人从哪里数起是随机的，如抽 1/2 的人为样本，从第 5 个人数起，则第二个第 K 个人就是第 7 个人，再就是第 9 个人，第 11 个人，第 13 个人……系统抽样要求目标总体无序可排，也无等级结构存在。如果发现排列有某种内部循环规律存在，就不能如此进行了。比如像军队那样，每 8 人为一班，若抽取 1/8 的人为样本，而且从部队花名册的第一人数起，那么被抽的全都是班长，因为班长在每班人的第一个，这样的样本没有代表性，即在此用系统抽样法抽样是不合适的。

3. 分组抽样

有时总体数目较大，无法进行编号，而且群体又有多样性，这时可以先将群体进行分组，再在组内进行随机取样。例如，在全国取样，可以先按行政区域划分组，再在组内依照一定的性质进行归类，然后从各类中按随机抽取样本，就是分组抽样。

4. 分层抽样

在确定常模时，最常用的是分层抽样方法。它是先将目标总体按某种变量（如年龄）分成若干层次，再从各层次中随机抽取若干被试，最后把各层的被试组合成常模样本。

分层抽样能够避免简单随机抽样中样本集中于某种特性或缺少某种特性的现象。它使各层次差异显著，同层次保持一致，增加了样本的代表性。使用分层抽样方法获得的常模在解释测验分数时更为有效。

分层抽样还可以分为两种方法：分层比例抽样和分层非比例抽样。

1. 分层比例抽样

如果各层抽样的个案数 n_i 是根据各层的个案数 N_i 占总体数目 N 的比例决定的，则

$$n_i = \frac{N_i}{N} \cdot n \qquad (8-3)$$

其中：n_i——第 i 层该抽取的人数，比例就是 N_i/N；

N_i——第 i 层的人数；

N——目标总体数目；

n——样本容量；

2. 分层非比例抽样

当各层次的差异很大时，就不宜用比例抽样。因为有些层次的重要性大于其他层次，这时应该采用非比例抽样方法。这种方

法的目的在于减低各层的标准差,使总体平均数的估计较为准确。其分层非比例抽样的公式

$$n_i = n \cdot \frac{N_i \cdot S_i}{\sum(N_i S_i)} \quad (8-4)$$

式中:n_i——各层应抽取的个案数;

n——样本个案数;

N_i——各层个案数;

S_i——各层调查单位的标准差。

在常模取样中,还有一种不太常见的取样方法叫题目取样(item sampling)。在题目取样时,先对目标总体随机抽样,再让从中挑选出来的被试回答不同的题目,这样可在有限的时间内对大量的被试样本实施较多的测验题目,并在一个广泛的范围内确定代表性样本常模。应用洛德(F. M. Lord, 1962)题目取样模型进行的研究标明,此法虽然比较经济,但其常模与传统方法选择的被试所得常模非常类似。

不管采用哪种取样方法,其目的是为了实现在所要测量的心理特性上,样本中各种水平的个体所占的比例,应与对象总体中各种水平的个体所占的比例相同或相近。样本测验分数的统计结果(如平均数、标准差等)比较稳定,与总体的实际水平比较接近,抽样误差较小。

在确定了合适的样本后,我们就可以采用测验规定的标准化程序对样本进行施测,采集相应的测验分数,以便进行常模计算。

第二节 常模计算

常模是解释测验分数的标准,常模计算就是从常模团体的数据中找到原始分数转化为导出分数的规则。百分等级常模和标

准分常模是两种常用方法，本节将详细说明两种常模的计算过程。

一 百分等级常模的计算

百分等级是应用最广的表示测验分数的方法。一个测验分数的百分等级是指在常模样本中低于这个分数的人数的百分比。换句话说，百分等级指出的是个体在常模团体中所处的位置，百分等级越低，个体所处的位置就越低。如果一个被试测验分数的百分等级是 85，表示低于该被试分数的被试占测验对象总体的 85%，高于该被试分数的人数占 15%。

（一）未分组资料的百分等级计算

当常模团体的原始数据未进行分组，可以利用如下公式计算百分位数常模。

$$PR_x = \frac{cf_L + 0.5f_i}{N} \times 100 \qquad (8-5)$$

其中：PR_x——原始分 x 对应的百分等级；

cf_L——低于 x 的分数出现次数；

f_i——分数 x 的出现次数；

N——参加和完成测验的总人数。

例：在某次测验中，参加和完成测验的被试有 250 人，得 67 分的有 50 人，低于 67 分的有 150 人，那么 67 分的百分等级是多少？

$$PR_x = \frac{cf_L + 0.5f_i}{N} \times 100 = \frac{150 + 0.5 \times 50}{250} \times 100 = 70$$

因此，67 分的百分等级为 70，即在参加测验的被试群体中，70% 的被试得分低于 67 分。

利用公式（8-5）将所有可能的原始分数都计算出百分等级就成为百分等级常模，整个计算过程如下。

第一步：根据标准化样组的测验原始分，编制次数分布表。首先按照从小到大的顺序，统计和列出各原始分数出现的频次，然后计算并列出原始分的向上累积次数。如表 8-1 所示。

表 8-1　某学习能力测验的原始分统计表

原始分	次　数	累计次数	原始分	次　数	累计次数
18	1	1	40	15	133
19	1	2	41	16	149
20	1	3	42	9	158
22	1	4	43	15	173
23	0	4	44	12	185
24	1	5	45	18	203
25	1	6	46	17	220
26	3	9	47	9	229
27	5	14	48	10	239
28	6	20	49	7	246
29	4	24	50	11	257
30	7	31	51	7	264
31	5	36	52	12	276
32	5	41	53	7	283
33	12	53	54	4	287
34	10	63	55	4	291
35	11	74	56	2	293
36	12	86	57	3	296
37	10	96	58	2	298
38	9	105	59	1	299
39	13	118	60	1	300

第二步：根据上述统计结果，计算各原始分的百分等级。在量表编制实践中，百分等级通常采用整数形式，最高等级为99，

最低为1。所以对计算结果取整时,一般将 $PR \geq 99.5$ 的取整数99,将 $PR < 0.5$ 的取整数1,其他 PR 计算结果按四舍五入方法取整数。如表8-2所示。

表8-2 某学习能力测验的百分等级计算

原始分	次数	累计次数	累积比例	百分等级计算	百分等级	原始分	次数	累计次数	累积比例	百分等级计算	百分等级
18	1	1	0.00	0.17	1	40	15	133	0.42	41.83	42
19	1	2	0.01	0.50	1	41	16	149	0.47	47.00	47
20	1	3	0.01	0.83	1	42	9	158	0.51	51.17	51
22	1	4	0.01	1.17	1	43	15	173	0.55	55.17	55
23	0	4	0.01	1.17	1	44	12	185	0.60	59.67	60
24	1	5	0.02	1.50	2	45	18	203	0.65	64.67	65
25	1	6	0.02	1.83	2	46	17	220	0.71	70.50	71
26	3	9	0.03	2.50	3	47	9	229	0.75	74.83	75
27	5	14	0.04	3.83	4	48	10	239	0.78	78.00	78
28	6	20	0.06	5.67	6	49	7	246	0.81	80.83	81
29	4	24	0.07	7.33	7	50	11	257	0.84	83.83	84
30	7	31	0.09	9.17	9	51	7	264	0.87	86.83	87
31	5	36	0.11	11.17	11	52	12	276	0.90	90.00	90
32	5	41	0.13	12.83	13	53	7	283	0.93	93.17	93
33	12	53	0.16	15.67	16	54	4	287	0.95	95.00	95
34	10	63	0.19	19.33	19	55	4	291	0.96	96.33	96
35	11	74	0.23	22.83	23	56	2	293	0.97	97.33	97
36	12	86	0.27	26.67	27	57	3	296	0.98	98.17	98
37	10	96	0.30	30.33	30	58	2	298	0.99	99.00	99
38	9	105	0.34	33.50	34	59	1	299	1.00	99.50	99
39	13	118	0.37	37.17	37	60	1	300	1.00	99.83	99

第三步：用表格列出各原始分及对应的百分等级。如表 8 - 3 所示。

表 8 - 3　某学习能力测验的百分等级常模

原 始 分	百分等级	原 始 分	百分等级	原 始 分	百分等级
≤23	1	35	23	47	75
24	2	36	27	48	78
25	2	37	30	49	81
26	3	38	34	50	84
27	4	39	37	51	87
28	6	40	42	52	90
29	7	41	47	53	93
30	9	42	51	54	95
31	11	43	55	55	96
32	13	44	60	56	97
33	16	45	65	57	98
34	19	46	71	≥58	99

（二）分组资料的百分等级求法

当常模团体已经进行了分组，计算百分等级的公式

$$PR_x = \frac{100}{N}\left[\frac{(X-L)f_P}{h} + C_f\right] \qquad (8-6)$$

其中：PR_x——原始分 x 对应的百分等级；

　　　X——任意原始分数；

　　　L——该原始分数所在组的精确下限；

　　　f_P——该分数所在组的频数；

　　　C_f——指 L 以下的累计频数；

　　　h——分组后的组距。

接下来计算一个分组资料的常模。常模团体得分的分组资料如表 8 - 4 所示。

表 8-4 某学习能力测验原始数据的分组汇总表

组　别	25以下	26~32	33~39	40~46	47~53	54以上
频　次	6	35	77	102	63	17
频　率	0.02	0.12	0.26	0.34	0.21	0.06

由等距划分组别的原理可推知，第一组的下限为最小原始分，数值为19；最后一组的上限为最大原始分，数值为60。可以利用公式（8-6），分别计算每个原始分数所对应的百分等级。结果如表 8-5 所示。

表 8-5 分组资料的百分等级计算表

原始分	L	f_p	C_F	h	PR计算	百分等级	原始分	L	f_p	C_F	h	PR计算	百分等级
19	19	6	0	7	0.0	1	36	33	77	41	7	24.7	25
20	19	6	0	7	0.3	1	37	33	77	41	7	28.3	28
21	19	6	0	7	0.6	1	38	33	77	41	7	32.0	32
22	19	6	0	7	0.9	1	39	33	77	41	7	35.7	36
23	19	6	0	7	1.1	1	40	40	102	118	7	39.3	39
24	19	6	0	7	1.4	1	41	40	102	118	7	44.2	44
25	19	6	0	7	1.7	2	42	40	102	118	7	49.0	49
26	26	35	6	7	2.0	2	43	40	102	118	7	53.9	54
27	26	35	6	7	3.7	4	44	40	102	118	7	58.8	59
28	26	35	6	7	5.3	5	45	40	102	118	7	63.6	64
29	26	35	6	7	7.0	7	46	40	102	118	7	68.5	69
30	26	35	6	7	8.7	9	47	47	63	220	7	73.3	73
31	26	35	6	7	10.3	10	48	47	63	220	7	76.3	76
32	26	35	6	7	12.0	12	49	47	63	220	7	79.3	79
33	33	77	41	7	13.7	14	50	47	63	220	7	82.3	82
34	33	77	41	7	17.3	17	51	47	63	220	7	85.3	85
35	33	77	41	7	21.0	21	52	47	63	220	7	88.3	88

续表 8-5

原始分	L	f_p	C_F	h	PR计算	百分等级	原始分	L	f_p	C_F	h	PR计算	百分等级
53	47	63	220	7	91.3	91	57	54	17	283	7	96.8	97
54	54	17	283	7	94.3	94	58	54	17	283	7	97.6	98
55	54	17	283	7	95.1	95	59	54	17	283	7	98.4	98
56	54	17	283	7	96.0	96	60	54	17	283	7	99.2	99

用表格列出各原始分及对应的百分等级,如表 8-6 所示。

表 8-6 分组资料的百分等级常模

原始分	百分等级	原始分	百分等级	原始分	百分等级
24 以下	1	38	32	52	88
25	2	39	36	53	91
6	2	40	39	54	94
27	4	41	44	55	95
28	5	42	49	56	96
29	7	43	54	57	97
30	9	44	59	58	98
31	10	45	64	59	98
32	12	46	69	60	99
33	14	47	73	56	96
34	17	48	76	57	97
35	21	49	79	58	98
36	25	50	82	59	98
37	28	51	85	60	99

二 标准分常模的计算

标准分数是将原始分数与平均数的距离以标准差为单位表示

出来的量表。因为它的基本单位是标准差,所以叫标准分数。由于原始数据分布的差异,标准分数可以分为线性转换和非线性转换。当原始数据的分布形态为正态分布时,采用线性转换的方法;当原始数据的分布形态为非正态分布时,采用非线性转换方法。因此,我们在介绍两种转换方法之前,先介绍如何判断数据是否属于正态分布。

(一)判断数据分布形态

1. 正态分布与非正态分布

根据统计学理论,数据的分布形态可以分为正态分布和偏态分布。正态分布也叫常态分布,是连续随机变量概率分布的一种,自然界、人类社会、心理和教育中大量现象均按正态形式分布,例如能力的高低、学生成绩的好坏等都属于正态分布。正态分布是完全对称的钟形曲线,如图 8 – 1 所示。

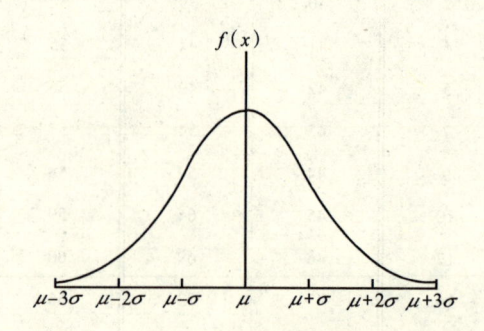

图 8 – 1 正态分布图

图中的横坐标是被试测验分数的数值,纵坐标是每个分数出现的频次。测验的分数多集中于平均数附近,平均数加减 3 个标准差之间的人数占总体的 99.7%,且可以根据测验分数与平均数的差距推断百分等级。正态分布的数据可以利用线性转换方法得到常模数据。

偏态分布是左右不完全对称的分布形态,又可分为正偏态分布和负偏态分布两种类型,如图 8-2 所示。如果频数分布的高峰向左偏移,长尾向右侧延伸称为正偏态分布,也称右偏态分布(甲图);同样的,如果频数分布的高峰向右偏移,长尾向左延伸则称为负偏态分布,也称左偏态分布(乙图)。

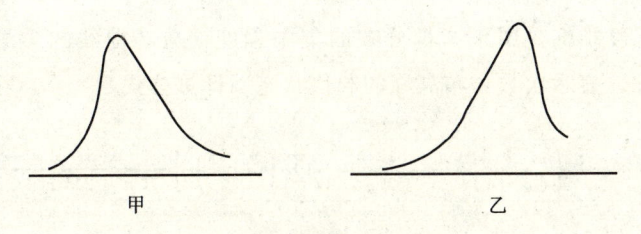

图 8-2 偏态分布图

偏态分布的数据分布形态比正态分布更加复杂,很难利用分布曲线计算测验分值对应的百分等级,非正态分布的常模计算需要利用非线性的转换方式。

2. 数据分布形态的鉴别方法

心理测验的数据分布形态通常采用经验鉴别和数据鉴别两种方式。经验鉴别是根据专家经验进行的鉴别,比如研究发现,智能、学绩测验的分数属于正态分布,而人格测验分数多属于正偏态分布。能够判断数据分布形态鉴别指标包括偏度指标和峰度指标。

偏度指标是对分布偏斜方向及程度的度量,反映以平均值为中心的分布的不对称程度。计算公式

$$SKEW = \frac{n}{(n-1)(n-2)} \sum \left(\frac{x_i - \bar{x}}{s} \right)^3 \qquad (8-7)$$

其中:$SKEW$——偏度系数;
n——被试人数;
x_i——每个被试的测验分数;

$\bar{x}$——被试测验分数的均值；

s——被试测验分数的标准差。

当偏度系数等于 0 时，测验分数为对称分布；当偏度系数小于 0 时，测验分数为负偏态分布；当偏度系数大于 0 时，测验分数为正偏态分布。

峰度指标是用来衡量分布的集中程度或分布曲线的尖峭程度的指标，表示次数分布高峰的起伏状态。计算公式

$$KURT = \left\{ \frac{n(n+1)}{(n-1)(n-2)(n-3)} \sum \left(\frac{x_i - \bar{x}}{s} \right)^4 \right\} - \frac{3(n-1)^2}{(n-2)(n-3)}$$

(8-8)

其中：$KURT$——偏度系数；

n——被试人数；

x_i——每个被试的测验分数；

$\bar{x}$——被试测验分数的均值；

s——被试测验分数的标准差。

如果峰度系数等于零，说明分布为标准峰态（即正态）；如果峰度系数大于零，说明分布呈尖峰状态；如果峰度系数小于零，说明分布呈扁平形态。

两个指标的公式利用手工计算非常复杂，我们通常用 Excel 软件进行计算。SKEW 函数可以直接计算数据的偏度指标，KURT 函数可以直接计算数据峰度指标。除了计算上述两个指标外，为判断数据分布是否属于正态分布，有时还需要绘制数据分布的直方图进行观察判断。

（二）标准分的线性转换

在确定了测验分数符合正态分布后，就可以标准分数的线性转换。z 分数为最典型的线性转换的标准分数，其公式

$$z = \frac{X - \bar{X}}{SD}$$

(8-9)

其中：X——任一原始分数；

$\overline{X}$——样本平均数；

SD——样本标准差。

由此可见，z 分数可以用来表示某一分数与平均数之差是标准差的几倍。

由于 z 分数单位较大，标准分数常常出现负数和小数点，影响标准分数的使用。统计学家以 z 分数为基础提出更多的标准分数，其中常见的标准分数有 T 分数、离差智商、标准二十、CEEB 分数等。

T 分数最早由麦克尔于 1939 年提出，含有纪念推孟和桑代克二氏之意。不过当时只用于 12 岁儿童的团体，是根据某一特殊常模团体而不是在一般意义上定义的。现在的 T 分数表示平均数为 50、标准差为 10 的标准分转换系统。其计算公式

$$T = 50 + 10z = 50 + \frac{10(X - \overline{X})}{SD} \qquad (8-10)$$

离差智商是一种以年龄组为样本计算而得的标准分数，为使其与传统的比率智商基本一致，韦克斯勒将离差智商的平均数定为 100，标准差定为 15。其计算公式

$$IQ = 100 + 15z = 100 + \frac{15(X - \overline{X})}{SD} \qquad (8-11)$$

标准二十是韦氏系列智力测验分量表的标准分数转化系统，平均数为 10、标准差为 3。其计算公式

$$标准二十 = 10 + 3z = 10 + \frac{3(X - \overline{X})}{SD} \qquad (8-12)$$

CEEB 分数是美国大学入学考试成绩的标准分数转化系统，我们也在尝试将该系统应用于高考成绩，它的平均数为 500、标准差为 100。其计算公式

$$\text{CEEB} = 500 + 100z = 500 + \frac{100(X - \overline{X})}{SD} \qquad (8-13)$$

下面我们就以实例说明标准分线性转换获得常模表的步骤。下面是 30 名被试的作答结果,如表 8-7 所示。

表 8-7 30 名被试的测验原始分数

被试编号	性别（1 男，2 女）	维度 1	维度 2	维度 3	维度 4	总　分
1	1	24	38	29	35	126
2	1	23	36	33	29	121
3	1	22	32	29	29	112
4	2	19	31	26	29	105
5	2	22	36	30	31	119
6	2	23	29	28	27	107
7	2	24	34	34	29	121
8	1	23	27	24	26	100
9	2	25	27	24	28	104
10	2	24	26	25	27	102
11	2	24	34	34	31	123
12	2	25	36	34	32	127
13	1	25	35	27	32	119
14	1	26	36	32	30	124
15	2	25	35	30	27	117
16	1	26	36	29	30	121
17	1	19	30	21	25	95
18	1	26	38	29	29	122
19	2	22	37	27	30	116
20	1	21	35	30	30	116
21	1	24	32	24	27	107
22	2	27	35	33	27	122
23	2	22	34	24	31	111

续表 8-7

被试编号	性别 （1 男，2 女）	维度 1	维度 2	维度 3	维度 4	总 分
24	2	18	33	22	28	101
25	1	25	36	23	30	114
26	1	25	31	31	27	114
27	2	30	36	37	34	137
28	2	23	34	30	26	113
29	1	27	38	37	32	134
30	1	28	38	34	28	128

首先按照性别将数据分开，然后分别计算维度和总分的平均数和标准差。结果如表 8-8 所示。

表 8-8 测验结果的平均数和标准差

		维度 1	维度 2	维度 3	维度 4	总 分
男	平均数	24.3	34.5	28.8	29.3	116.9
	标准差	2.37	3.38	4.41	2.55	10.41
女	平均数	23.5	33.1	29.2	29.1	115.0
	标准差	2.92	3.38	4.52	2.29	10.24
总 体	平均数	23.9	33.8	29.0	29.2	115.9
	标准差	2.64	3.39	4.39	2.38	10.19

确定所用的标准分数类型，选择相应的计算公式，利用表 8-8 的结果，为每个可能出现的原始分数，计算相应的标准分数，即成为标准分常模转换表。已知该测验每个维度的可能最低分为 20，可能最高分为 40；测验总分的可能最低分为 80，最高分为 160。下面分别选择 z 分数和 T 分数进行标准分转换，常模转换表如表 8-9 至表 8-12 所示。

表8-9 测验四个维度的z分数常模转换表

原始分	男 维度1	男 维度2	男 维度3	男 维度4	女 维度1	女 维度2	女 维度3	女 维度4
20	-1.81	-4.29	-2.00	-3.65	-1.20	-3.88	-2.04	-3.97
21	-1.39	-3.99	-1.77	-3.25	-0.86	-3.58	-1.81	-3.54
22	-0.97	-3.70	-1.54	-2.86	-0.51	-3.28	-1.59	-3.10
23	-0.55	-3.40	-1.32	-2.47	-0.17	-2.99	-1.37	-2.66
24	-0.13	-3.11	-1.09	-2.08	0.17	-2.69	-1.15	-2.23
25	0.30	-2.81	-0.86	-1.69	0.51	-2.40	-0.93	-1.79
26	0.72	-2.51	-0.63	-1.29	0.86	-2.10	-0.71	-1.35
27	1.14	-2.22	-0.41	-0.90	1.20	-1.80	-0.49	-0.92
28	1.56	-1.92	-0.18	-0.51	1.54	-1.51	-0.27	-0.48
29	1.98	-1.63	0.05	-0.12	1.88	-1.21	-0.04	-0.04
30	2.41	-1.33	0.27	0.27	2.23	-0.92	0.18	0.39
31	2.83	-1.04	0.50	0.67	2.57	-0.62	0.40	0.83
32	3.25	-0.74	0.73	1.06	2.91	-0.33	0.62	1.27
33	3.67	-0.44	0.95	1.45	3.25	-0.03	0.84	1.70
34	4.09	-0.15	1.18	1.84	3.60	0.27	1.06	2.14
35	4.51	0.15	1.41	2.24	3.94	0.56	1.28	2.58
36	4.94	0.44	1.63	2.63	4.28	0.86	1.50	3.01
37	5.36	0.74	1.86	3.02	4.62	1.15	1.73	3.45
38	5.78	1.04	2.09	3.41	4.97	1.45	1.95	3.89
39	6.20	1.33	2.31	3.80	5.31	1.75	2.17	4.32
40	6.62	1.63	2.54	4.20	5.65	2.04	2.39	4.76

表8-10 测验总分的z分数常模转换表

原始分	男	女	原始分	男	女	原始分	男	女	原始分	男	女
80	-3.54	-3.42	83	-3.26	-3.13	86	-2.97	-2.83	89	-2.68	-2.54
81	-3.45	-3.32	84	-3.16	-3.03	87	-2.87	-2.73	90	-2.58	-2.44
82	-3.35	-3.22	85	-3.06	-2.93	88	-2.78	-2.64	91	-2.49	-2.34

续表 8-10

原始分	男	女	原始分	男	女	原始分	男	女	原始分	男	女
92	-2.39	-2.25	110	-0.66	-0.49	128	1.07	1.27	146	2.80	3.03
93	-2.30	-2.15	111	-0.57	-0.39	129	1.16	1.37	147	2.89	3.13
94	-2.20	-2.05	112	-0.47	-0.29	130	1.26	1.46	148	2.99	3.22
95	-2.10	-1.95	113	-0.37	-0.20	131	1.35	1.56	149	3.08	3.32
96	-2.01	-1.86	114	-0.28	-0.10	132	1.45	1.66	150	3.18	3.42
97	-1.91	-1.76	115	-0.18	0.00	133	1.55	1.76	151	3.28	3.52
98	-1.82	-1.66	116	-0.09	0.10	134	1.64	1.86	152	3.37	3.61
99	-1.72	-1.56	117	0.01	0.20	135	1.74	1.95	153	3.47	3.71
100	-1.62	-1.46	118	0.11	0.29	136	1.83	2.05	154	3.56	3.81
101	-1.53	-1.37	119	0.20	0.39	137	1.93	2.15	155	3.66	3.91
102	-1.43	-1.27	120	0.30	0.49	138	2.03	2.25	156	3.76	4.00
103	-1.34	-1.17	121	0.39	0.59	139	2.12	2.34	157	3.85	4.10
104	-1.24	-1.07	122	0.49	0.68	140	2.22	2.44	158	3.95	4.20
105	-1.14	-0.98	123	0.59	0.78	141	2.32	2.54	159	4.04	4.30
106	-1.05	-0.88	124	0.68	0.88	142	2.41	2.64	160	4.14	4.39
107	-0.95	-0.78	125	0.78	0.98	143	2.51	2.73			
108	-0.85	-0.68	126	0.87	1.07	144	2.60	2.83			
109	-0.76	-0.59	127	0.97	1.17	145	2.70	2.93			

表 8-11 测验四个维度的 T 分数常模转换表

原始分	男				女			
	维度1	维度2	维度3	维度4	维度1	维度2	维度3	维度4
20	31.9	7.1	30.0	13.5	38.0	11.2	29.6	10.3
21	36.1	10.1	32.3	17.5	41.4	14.2	31.9	14.6
22	40.3	13.0	34.6	21.4	44.9	17.2	34.1	19.0
23	44.5	16.0	36.8	25.3	48.3	20.1	36.3	23.4
24	48.7	18.9	39.1	29.2	51.7	23.1	38.5	27.7
25	53.0	21.9	41.4	33.1	55.1	26.0	40.7	32.1

续表 8-11

原始分	男				女			
	维度1	维度2	维度3	维度4	维度1	维度2	维度3	维度4
26	57.2	24.9	43.7	37.1	58.6	29.0	42.9	36.5
27	61.4	27.8	45.9	41.0	62.0	32.0	45.1	40.8
28	65.6	30.8	48.2	44.9	65.4	34.9	47.3	45.2
29	69.8	33.7	50.5	48.8	68.8	37.9	49.6	49.6
30	74.1	36.7	52.7	52.7	72.3	40.8	51.8	53.9
31	78.3	39.6	55.0	56.7	75.7	43.8	54.0	58.3
32	82.5	42.6	57.3	60.6	79.1	46.7	56.2	62.7
33	86.7	45.6	59.5	64.5	82.5	49.7	58.4	67.0
34	90.9	48.5	61.8	68.4	86.0	52.7	60.6	71.4
35	95.1	51.5	64.1	72.4	89.4	55.6	62.8	75.8
36	99.4	54.4	66.3	76.3	92.8	58.6	65.0	80.1
37	103.6	57.4	68.6	80.2	96.2	61.5	67.3	84.5
38	107.8	60.4	70.9	84.1	99.7	64.5	69.5	88.9
39	112.0	63.3	73.1	88.0	103.1	67.5	71.7	93.2
40	116.2	66.3	75.4	92.0	106.5	70.4	73.9	97.6

表 8-12 测验总分的 T 分数常模转换表

原始分	男	女	原始分	男	女	原始分	男	女	原始分	男	女
80	15	16	89	23	25	98	32	33	107	40	42
81	16	17	90	24	26	99	33	34	108	41	43
82	16	18	91	25	27	100	34	35	109	42	44
83	17	19	92	26	28	101	35	36	110	43	45
84	18	20	93	27	29	102	36	37	111	44	46
85	19	21	94	28	29	103	37	38	112	45	47
86	20	22	95	29	30	104	38	39	113	46	48
87	21	23	96	30	31	105	39	40	114	47	49
88	22	24	97	31	32	106	40	41	115	48	50

续表 8-12

原始分	男	女	原始分	男	女	原始分	男	女	原始分	男	女
116	49	51	128	61	63	140	72	74	152	84	86
117	50	52	129	62	64	141	73	75	153	85	87
118	51	53	130	63	65	142	74	76	154	86	88
119	52	54	131	64	66	143	75	77	155	87	89
120	53	55	132	65	67	144	76	78	156	88	90
121	54	56	133	65	68	145	77	79	157	89	91
122	55	57	134	66	69	146	78	80	158	89	92
123	56	58	135	67	70	147	79	81	159	90	93
124	57	59	136	68	71	148	80	82	160	91	94
125	58	60	137	69	71	149	81	83			
126	59	61	138	70	72	150	82	84			
127	60	62	139	71	73	151	83	85			

通过上述的例子可知，标准分数是以标准差为单位来衡量某一分数与平均数之间的离差情况，给出了一组数据中各数值的相对位置，也因此反映了个体分数的优劣程度。计算过程是对变量数值进行标准化处理的过程，并没有改变该组数据分布的形状。

（三）标准分的非线性转换

当原始分数不是常态分布时，也可以使之常态化，这一转换过程就是非线性的。常态化过程主要是将原始分数转化为百分等级，再将百分等级转化为常态分布上相应的离均值，并可以表示为任何平均数和标准差。

标准分的非线性转换过程是：首先对每个原始分数值计算累积百分比；然后利用正态分布面积表（见附录1），查表得到百分比对应的 z 分数。正态分布表的面积是以小数表示的，查表时应该将百分比转换成小数。此外，根据正态分布表的规则，当面积的数值大于 0.5 时，查表直接查到 z 值；当面积数值小于 0.5 时，应该用 1 减去该数值查表，在查到的 z 值前面加负号。表 8-13 是标准分非线性转换的例子。

表 8-13 ××测验分数的非线性转换

原始分数	次 数	累计次数	百分比	累积百分比	z 分数
11	2	2	1.3%	1.3%	-2.23
12	1	3	0.7%	2.0%	-2.05
13	6	9	4.0%	6.0%	-1.56
14	5	14	3.3%	9.3%	-1.32
15	12	26	8.0%	17.3%	-0.94
16	17	43	11.3%	28.6%	-0.57
17	21	64	14.0%	42.6%	-0.19
18	28	92	18.7%	61.3%	0.19
19	19	111	12.7%	74.0%	0.64
20	15	126	10.0%	84.0%	0.99
21	10	136	6.7%	90.6%	1.32
22	5	141	3.3%	94.0%	1.56
23	3	144	2.0%	96.0%	1.75
24	4	148	2.7%	98.6%	2.20
25	2	150	1.3%	100.0%	3.09
合 计	150	—	100.0%	—	

表 8-13 通过查表得到 z 分数，可以利用 T 分数的公式进行线性转换，获得 T 分数的常模转换表，如表 8-14 所示。

表 8-14 ××测验的 T 分数常模转换表

原始分数	T 分数	原始分数	T 分数	原始分数	T 分数
11	28	16	44	21	63
12	30	17	48	22	66
13	34	18	52	23	68
14	37	19	56	24	72
15	41	20	60	25	81

通过上述的例子可知,标准分的非线化转换的关键是累积百分等级。如图8-3所示,在非线性转换过程中,是将非正态分布的累积比例与转化为正态分布为累积比例,然后找到测验分数对应的标准分数,从而将原始分数的非正态分布,转换为标准分数的正态分布。

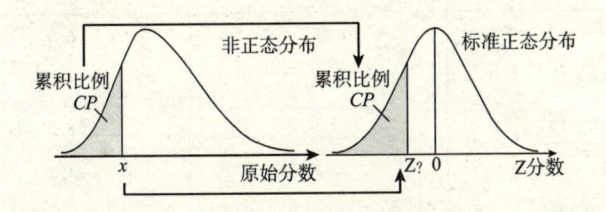

图8-3 非线性转换过程

(四) 正态标准等级转换表

等级转换表是将测验原始分划为几个等级以解释测验分数的优劣。等级划分的数量没有明确规定,在心理测验中五级、九级和十级最为常用。制作正态标准等级转换表分两个步骤:一是根据选择等级数目(5、9或10),将z分数变量以0为中心划分成几个等距组(等距区间),为每组z分数指定等级标号。二是将各组z分数所对应的原始分数进行分组,归入相应的等级,并用表格列出。

五级标准等级的划分标准如表8-15所示。

表8-15 五级标准等级划分标准

正态z分数	标准等级	总体中的百分比(%)
$z < -1.5$	1	6.7
$-1.5 \leqslant z < -0.5$	2	24.2
$-0.5 \leqslant z < 0.5$	3	38.2
$0.5 \leqslant z < 1.5$	4	24.2
$z \geqslant 1.5$	5	6.7
合计	—	100

由表 8-15 可知，五级标准等级的区间是 1 个 z 分数，即一个标准差。利用此表可将标准分数常模表转化为标准等级常模表。比如表 8-13 的数据可以转化为表 8-16。

表 8-16 ××测验分数的标准等级转换表

原始分	标准等级	总体中的百分比（%）
≤13	1	6.7
14~15	2	24.2
16~18	3	38.2
19~21	4	24.2
≥22	5	6.7
合计	—	100

九级标准等级的划分标准见表 8-17，十级标准等级的划分标准见表 8-18，其应用方法与五级标准相同。

表 8-17 九级标准等级划分标准

正态 z 分数	标准等级	总体中的百分比（%）
$z < -1.75$	1	4.0
$-1.75 \leq z < -1.25$	2	6.6
$-1.25 \leq z < -0.75$	3	12.1
$-0.75 \leq z < -0.25$	4	17.5
$-0.25 \leq z < 0.25$	5	19.6
$0.25 \leq z < 0.75$	6	17.5
$0.75 \leq z < 1.25$	7	12.1
$1.25 \leq z < 1.75$	8	6.6
$z \geq 1.75$	9	4.0
合计	—	100

表 8-18　十级标准等级划分标准

正态 z 分数	标准等级	总体中的百分比（%）
z < -2.0	1	2.3
-2.0 ≤ z < -1.5	2	4.4
-1.5 ≤ z < -1.0	3	9.2
-1.0 ≤ z < -0.5	4	15.0
-0.5 ≤ z < 0.0	5	19.1
0.0 ≤ z < 0.5	6	19.1
0.5 ≤ z < 1.0	7	15.0
1.0 ≤ z < 1.5	8	9.2
1.5 ≤ z < 2.0	9	4.4
z ≥ 2.0	10	2.3
合　计	—	100

三　标准分数与百分位的关系

图 8-4 表示了百分位与几种常用的标准分数之间的关系。从图中可以看出：1.00 的 z 分数、60 的 T 分数、600 的 CEEB 分数，在韦氏测验中 115 的离差智商和 13 的分测验量表分数，都表示原始分数在它所在的分布中是高于平均数一个标准差，对于常态化的标准分数或趋于常态分布的 z 分数来说，这相当于 84 的百分等级。以此类推，-2.00 的 z 分数、30 的 T 分数、300 的 CEEB 分数、70 的离差智商和 4 的分测验量表分数，则表示低于平均数两个标准差，即相当于 2 的百分等级。

标准分数、百分等级和标准等级之间存在明确的对应关系，因此，可以同时使用多种导出分数的方式制作常模转换表。表 8-19 就是某个测验的百分等级、z 分数、T 分数以及三种标准等级划分的对应关系。

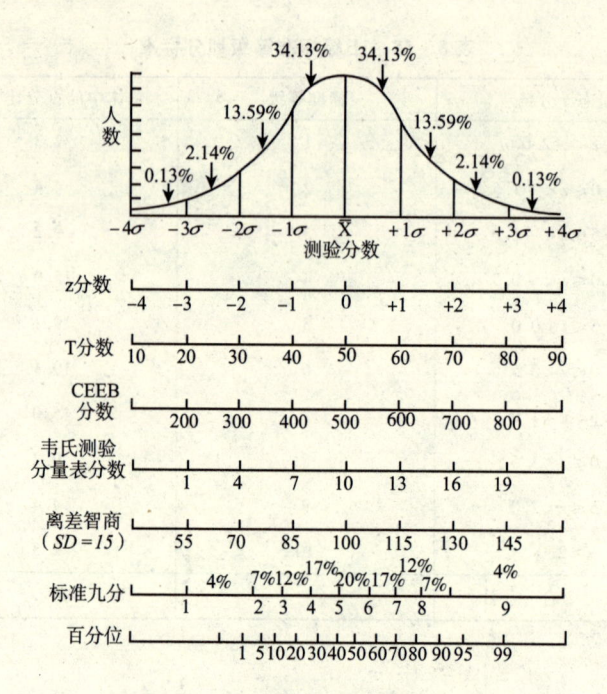

图 8-4 标准分数与百分位的关系

表 8-19 某测验的常模转换计算结果

原始分数	百分等级	z分数	T分数	五级划分	九级划分	十级划分
11	1	-2.47	25	1	1	1
12	2	-2.13	29	1	1	1
13	4	-1.75	32	1	2	2
14	8	-1.43	36	2	2	3
15	13	-1.11	39	2	3	4
16	23	-0.74	43	2	4	4
17	36	-0.37	46	3	4	5
18	52	0.05	51	3	5	6
19	67	0.46	55	3	6	6
20	79	0.81	58	4	7	7
21	87	1.14	61	4	7	8

续表 8-19

原始分数	百分等级	z 分数	T 分数	五级划分	九级划分	十级划分
22	92	1.43	64	4	8	8
23	95	1.64	66	5	8	9
24	97	1.93	69	5	9	9
25	99	2.47	75	5	9	10

常模计算的目标是编制测验原始分与导出分数转换表，以便测验的使用者能方便地转换出导出分数。分数转换表一般包括原始分、标准分数两栏，为了便于使用者能更好地解释个体分数在团体中的位置，标准分数的常模转换表通常增加一栏累积百分比。在对不熟悉标准分数的人解释测验分数时，将其转换为百分位便很容易被理解。

练习与思考

根据下面某测验常模原始分数的次数分布表，将原始分转换成量表百分等级及正态的量表 T 分数、五等级量表分、十等级量表分。

原始分	次数	累计次数	百分等级	z 分数	T 分数	五等级量表分	十等级量表分
117	1						
118	3						
119	8						
120	11						
121	14						
122	25						
123	42						
124	32						
125	44						

续表

原始分	次数	累计次数	百分等级	z分数	T分数	五等级量表分	十等级量表分
126	18						
127	26						
128	10						
129	7						
130	5						
131	1						
132	3						

本章小结

本章主要讲解常模制订的数据采集和常模计算。

常模是解释测验结果的依据，是原始分数向导出分数转化的规则。制订常模首先要确定常模团体，采集常模表所需数据，然后选择导出分数的类型，运用相应的公式进行计算，最后形成常模转换表。

常模团体是由具有某种共同特征的人所组成的一个群体，选取常模样本的方法有简单随机抽样、系统抽样、分组抽样和分层抽样。

常模计算就是从常模团体的数据中找到原始分数转化为导出分数的规则。百分等级常模和标准分常模是两种常用方法。其中百分等级常模的计算，有未分组资料的百分等级计算和分组资料的百分等级求法两种方法；标准分常模的计算，有判断数据分布形态、标准分的线性转换、标准分的非线性转换和正态标准等级转换表四种。

第九章 测验手册

本章学习目标
- 了解测验手册的内容结构
- 掌握撰写测验手册的方法

第一节 测验手册的内容结构

手册是测验使用者必备的工具。不仅要介绍测验编制的背景资料,而且要详细说明测验的施测、记分、结果呈现和解释的方法。我们将从测验编制和使用两个方面介绍测验手册的内容结构。

一 测验编制

在手册中,测验编制通常包括测验目的和作用、测验的理论构架、测验编制过程、测验内容、测验的信效度指标、测验的常模等六个方面。

1. 测验目的和作用

测评的目的是指测评所要达到的目标,这是测验使用者选择测验工具的依据。因此，编制测验手册时，首先要明确测验的目的和作用，引导使用者科学选择测验工具。比如，职业倾向测验的目的是测量职业兴趣，还是测验职业能力；兴趣是解决个人喜欢什么样的职业活动，能力是解决个人能够胜任何种职业任务。要诊断个体对职业活动的喜好，测定个人的职业兴趣就可以了；而要定位个人的职业目标，就需要确定个人胜任的职业任务。

2. 测验的理论构架

这是测验编制的理论基础，主要介绍测验采用的心理学理论，以及基于该理论确定的维度体系。理论介绍要抓住理论的核心观点，文字表述要体现专业性，内容准确简明。维度体系是理论构架的关键，也是构想效度检验的基础。不仅要详细说明基于理论选择确定了哪些维度，更要对每个维度进行操作性定义，即指出每个维度从哪些方面对被测评者进行测量和评价，明确每个维度的测评要素，这是解决测验结果的重要依据。

3. 测验编制过程

撰写测验编制过程的目的是说明测验编制的科学性，主要描述测验题目的资料来源、预测试、项目分析、信效度检验、常模制订等整体测验编制的过程。从撰写内容看，可以详细描述每项任务的具体操作过程及其完成的时间。但是，测验题目来源和被试样本的选取方法是测验编制过程的重点。

4. 测验内容

该部分是详细描述测验的题目数量、所需的测试时间以及每个维度的测试内容及题目数量。为体现测验内容的科学性，还需要列出项目分析数据结果。通常包括测验初编题目的项目分析结果、项目筛选修改结果、定稿项目难度、区分度指标等所有与测验项目有关的数据资料。

5. 测验的信效度指标

这是证明测验结果准确性的指标。信度方面，通常根据测验的性质提供几种信度指标的结果表格，并对信度系数进行适当的文字解释；效度方面的资料比较复杂，所有能证明测验准确性的资料均可列出。一般说来，结构效度和效标效度是所有新编测验的必备内容。

6. 测验的常模

常模是解释测验结果的依据，通常会在手册后附详细的常模转换表。手册正文部分通常描述常模制订的方法，包括常模团体的背景信息、常模团体的规模、常模样本的选取方法、施测时间、采用的导出分数等。

二 测验使用

测验使用部分主要是为测验的使用者提供具体的操作指导，主要包括测验的实施、测验的计分、测验结果的呈现形式、测验要求与注意事项等内容。

1. 测验的实施

这部分内容主要让使用者知道如何对个体进行施测，主要包括两项内容：一是施测过程，要讲清楚测验实施的具体步骤，比如韦氏成人智力量表先测言语、后测操作，韦氏儿童智力量表则将言语和操作交替进行，因此两个测验的准备和实施过程就有很大差异；二是测验的指导语，将测验使用者要说的话写清楚，一般用引号表述，即要求主试严格阅读指导语，不允许按照自己的理解进行解释，以保证测验实施过程的标准化。

2. 测验的计分

这部分通常包括测验的标准答案和计分体系。对能力测验和学绩测验而言，标准答案即每个项目的正确答案；而对人格测验和心理健康测验来说，标准答案是指题目与测验维度的对应关系，通常采用表格的方式进行呈现。

测验计分体系包括项目的计分规则、维度计分规则和测验总分的计分规则。项目计分规则即每个题目的计分规则，比如测验的题目是客观评分,还是主观评分;是0、1计分,还是多等级计分。如果题目的计分规则不同,则要分列出不同题目的计分规则。维度计分是将题目分数合成维度分数的规则,心理测验的维度计分通常有两种方式:一是总分,二是平均分。总分的计分规则是描述如何将维度分数合成测验总分。与维度计分相似,可以是总分,也可以是平均分,只是测验总分可以采用等量合成,也可以采用加权合成。因为不同测验的计分方式不同,这是由测验编制者基于所编测验的特性自主选择的结果,所以,编制测验手册时,一定清楚描述所编测验的计分规则,让使用者知道如何获取被测的分数。目前,由于信息技术的应用,被试通过计算机进行施测并直接得到结果,计分规则似乎失去作用,但是,编制测验软件时,需要具体的规则,只是不再提供给测验使用者而已。

3. 测验结果的呈现形式

根据实际的测评目的和需要,决定以何种方式呈现测评的结果,呈现的测验结果应有利于对结果的应用。一般说来,测验结果可以采用数字、文字、表格和剖面图四种方式。数字是直接提供测验的原始分数和(或)导出分数;文字是提供测验结果的描述文字表述,即测验结果的解释;表格是将多个维度测验分数综合在一起呈现;剖面图是直观呈现测验结果的方式,常用图形是柱形图和折线图。在既有图表又有文字的测评结果中,一般先呈现图表,再呈现文字,并且要对图表进行解释。有时,为了清楚说明测验结果的呈现方式,还需要提供一个实例进行具体分析。

4. 测验要求与注意事项

测验要求在测评的过程中,有一些严格控制条件的要求。例如,宣读指导语时应注意的事项、测评中对场地的要求和时间限制、对特殊测评对象进行测评时应注意的问题等。这些内容都要在测验手册中详细表述,以提醒测验使用者科学应用测验工具。

第二节　测验手册的撰写

测验手册是使用测评的主要参考工具，手册撰写的质量直接影响到测验的应用。本节主要从撰写建议和内容模板两个方面进行阐述，以期为测验编制者提供一定的参考。

一　手册撰写建议

为了保证测验手册的可用性，提出如下撰写建议。

1. 熟悉测验内容

对本测验的相关内容进行了解，主要包括测量目标、测量问卷、测评的理论和实证基础、各种测验所提供的信度/效度/常模等指标、测验施测时间、测评分数统计/合成/转换及处理可满足人工、机器两种转换情况，以及测验的标准化施测环境与步骤。

2. 按步骤编写手册

测评使用手册的主要内容，依次包括测评的目的和作用、测评的维度体系、测评的标准体系、测评方法、测评的程序或步骤、测验的标准答案和记分方法、测评结果的呈现方式、编写测评的要求与注意事项等。

3. 体现测验编制的科学性

严格依据测评体系、维度来进行编写测评手册，并充分体现测评的科学性。例如，某一测评的目的是对被测评者未来的发展进行预测，那么在测评手册中应突出强调其未来发展的潜力和倾向性；某一测评的目的是考查一个人对某一目标职位的胜任性，那么在手册中应突出被测评者特点与目标职位的关系。

4. 使用规范专业的语言

在测评手册中要使用客观的描述和规范的语言。测评手册要严格依据相关理论写出，避免出现"神来之笔"。用来描述的词汇和概念要使用界定清晰、严密、准确的语言，前后不要出现矛盾。在测评手册中，应尽可能使用简洁、能够使人容易理解的语言，不要使用抽象的难以理解的术语。在撰写具有相同测评目的和使用相同测评方法的测评手册时，应注意使用同样的内容体系和语言体系。

二 测验手册撰写模板

由于测验主题和测验编制者个人风格的差异，测验手册的撰写格式有很大差异。但是，就手册内容的编排而言，有一定的共性，下面是一个常见测验手册的内容模板（灰页）。

练习与思考

1. 测验手册包括哪些内容？有何作用？
2. 如何为新编测验撰写测验手册？

本章小结

本章主要讲述测验手册的内容结构和撰写要求。

测验手册的内容结构可以从测验编制和使用两个方面解读。在手册中，测验编制通常包括测验目的和功能、测验的理论构架、测验编制过程、测验内容、测验的信效度指标、测验的常模等六个方面。测验使用部分主要是为测验的使用者提供具体的操作指导，主要包括测验的实施、测验的计分、测验结果的呈现形式、测验要求及注意事项等内容。

撰写测验手册一般从熟悉测验内容、按步骤编写手册、体现测验编制的科学性和使用规范专业的语言四个方面入手。

第九章 测验手册

1. 测验目的和功用

2. 测验编制的理论背景

3. 测验项目的编制与分析
   - 测验项目的编制方法
   - 测验项目的类型
   - 测验项目的数量
   - 项目分析的结果

4. 测验的实施方法
   - 实施条件要求
   - 实施指导语
   - 实施过程

5. 测验的计分方法和标准答案
   - 计分方法
   - 标准答案

6. 常模资料
   - 常模样本描述
   - 常模表
   - 剖面图

7. 信度指标
   - 重测信度
   - 复本信度
   - 内部一致性信度
   - 评分者信度

8. 效度指标
   - 内容效度
   - 构想效度
   - 效标效度

9. 其他事项

第三部分　应用篇

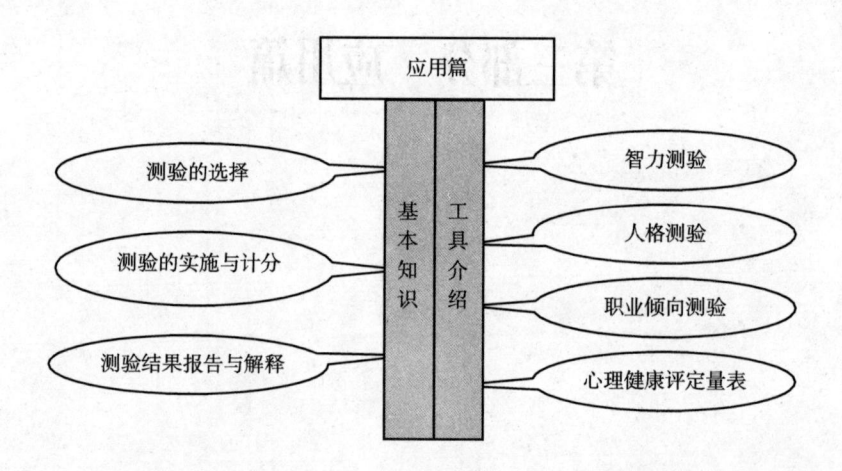

```
                    ┌──────────┐
                    │  应用篇   │
                    └────┬─────┘
          ┌──────────┬───┴───┬──────────┐
  ┌─测验的选择─┐    │基│ │工│    ┌─智力测验─┐
                    │本│ │具│
  ┌─测验的实施与计分─┐│知│ │介│    ┌─人格测验─┐
                    │识│ │绍│
  ┌─测验结果报告与解释─┐│ │ │ │    ┌─职业倾向测验─┐
                    │  │ │  │    ┌─心理健康评定量表─┐
```

- 应用篇
  - 基本知识
    - 测验的选择
    - 测验的实施与计分
    - 测验结果报告与解释
  - 工具介绍
    - 智力测验
    - 人格测验
    - 职业倾向测验
    - 心理健康评定量表

第十章 测验的选择

本章学习目标
- 了解主要的测验来源
- 掌握评定测验质量的评价指标
- 了解测验选择的原则和方法

第一节 测验来源

一 测验综述

心理测验数目很多,据统计,以英语发表的测验已达 5000 余种。其中,有许多因过时而废弃不用;有许多本来就流传不广,鲜为人知;有一部分测验因应用广泛,有的还经过一再修订,并为许多国家译制使用。

根据权威的美国《心理测试年鉴》第八版所使用的分类系统,测验可划分成 15 种类型。各种类型测验所占比例:智力测验(6.5%)、人格测验(18.6%)、职业测验(17.5%)、成套成就测验

(3.2%)、阅读测验（9.3%）、自然科学测验（3.7%）、社会科学测验（3.5%）、英语测验（3.8%）、艺术测验（1.5%）、外语测验（6.2%）、数学测验（5.4%）、学科综合测验（13.8%）、多重职业倾向测验（1.0%）、感觉运动测验（1.5%）、拼读测验（4.4%）。在1985年出版的《心理测验年鉴》第九版（MMY-9）中收录了1409个测验。1989年出版的《心理测验年鉴》第十版（MMY-10）收集了常用的各种心理测验量表有近1800种，每年几乎都有新的量表出现。

《心理卫生评定量表手册》、《行为医学评定量表手册》、《精神病学评定量表手册》、《性格与社会心理测量总览》是当前中国心理健康领域使用的测评工具汇总。

二　学术论文

学术论文是心理测验工具的另一个重要来源，纵观目前的心理学论文，其中很多都包括使用或者编制心理测验工具的部分。这些资料可以提供寻找心理测评工具的信息和线索。因此，可以根据使用的目的，通过检索心理学学术研究论文的方法了解某种心理测验的整体发展与应用情况，结合自己的研究需要选择适当的测验工具。

三　心理学的专业书籍

心理学的专业书籍，特别是心理测量方面的书籍，为了论述心理测验原理或使用方法的需要，通常会提供某些心理测验，同时对这些测验的编制原理和结果解释方法进行介绍，因此，这也是心理测验工具的一个重要来源。

四　科普的心理测验

科普的心理测验多出现于一些专门介绍心理测验的科普图书之中，这些测验一般没有经过严格的编制程序，也没有常模和信效度资料，不能够直接用于诊断和学术研究。但是，这些测验工具的理论依据以及相应的题目可以为相应心理特质的测评提供大量的资料参考。

五 互联网上的心理测验

随着科技进步和信息时代的发展，互联网日益成为人们生活中的常用工具。以心理测验为关键词进行搜索，可以搜到数以千计的网站，这些网站提供了各种各样的所谓心理测验。这些测验通常是科普的或趣味的心理测验，没有科学的理论基础和编制方法，仅仅是以编制者个人的想法，以某个情境或题项来判断受测者的心理特征。由于没有严格的测评程序，这些测评仅能满足受测者对心理测验的好奇心。因此，这些测评本身不能够直接用于诊断和学术研究，但是不同的测评思路可以为我们编制标准化的测验工具提供参考。

总之，本节简要介绍了五个方面的测验工具来源，不同的来源诚然代表着测验工具的优劣和科学性，但是，心理测验工具的质量判断主要还是依赖于测量工具的指标，这是第二节的主要内容。

第二节 测验的评价

在选择测验的时候，首先需要知道应从哪些角度来评价一个测验的质量，从而选择高质量的测验，达到心理评估的目的。信度和效度是描述和评价一个量表的最常用的数据指标。在临床实践中选择量表的时候，可以根据量表的手册以及量表的有关研究报告来了解该测量工具的信效度。

一 测验手册

我们通常是根据一些介绍测量工具的书籍或者测量工具的使

用手册来选择测验。因此，我们首先要考虑的是这个测量工具的手册是否完整。类似的，完整的手册中应包含的内容也就是一个比较全面地介绍测量工具的书籍中应包含的内容。具体来说，一个完整的测验手册应包括以下方面的内容。

（1）目的：介绍这个测验的主要用途和其他的主要特点，例如是否存在适用于不同群体或情境的版本。

（2）背景信息：介绍测验的编制和设计。此部分应引用一些该测验编制过程的有关研究。

（3）施测：应详细给出施测的指导。通常包括给出施测者应使用的确切的指导语。如果测验有练习项目，应介绍如何对这些项目施测和计分，以及如何向受测者解释这些项目的答案。还应说明施测的时间要求，以及对于受测者可能问到的一些问题如何回答。

（4）计分：应介绍计分的方式。包括说明如何使用计分键、如何进行计分的检查、如何计算原始总分等。

（5）标准化：应介绍测验是如何进行标准化的。这包括样本的大小、样本的描述以及样本是如何选取的，由此可以评估样本的代表性。

（6）常模表：应说明原始分数如何转换为常模分数（百分比或标准分）。应告知测验使用者如何在多个常模表中选择适当的一个。应说明分数的标准误以及分数对应的置信区间。

（7）信度：介绍评估测验的信度使用的程序。这可以包括测验的内部一致性、复本之间的等值性、测验分数在不同时间的稳定性。同时，测验中包含的各个分测验的信度、在不同群体（如不同年龄）中测试的信度也应报告。

（8）效度：应给出证据说明测验确实符合其欲达到的目的。这通常包括三个方面的效度：内容效度、建构效度和效标关联效度。这些证据可能包括测验可以作出准确的预测或诊断、测验与其他测量类似特征的测验之间存在正相关、测验与其他测量不同特征的测验之间相关度低。如果使用同时效度替代预测效度，应在手册中说明。此外，还应介绍编制测验的重要研究，以及其他有关这个测验的使用的研究文献。

（9）适用性（Fairness）：介绍有关项目偏差的研究。应说明为什么在某些类型的受测者中使用这个测验可能是不适合的。还应说明该测验的局限。

（10）解释：说明测验结果如何解释，并举例说明。应指出在解释的时候如何考虑到测验的信度和效度。应介绍用于向受测者呈现测验结果的书面报告和剖析图。

这些内容不但包括前面提到的信效度，而且包含许多具体的使用信息。常模也是选择一个测验应考虑的重要方面。这不仅是指手册中应包含常模，而且我们还需要考虑：常模是通过什么样的施测获得的、是否有适用于当前目的的受测者样本的常模（即应包含整个样本及多个分样本的平均分与标准差）、常模获取的年代（是否已经陈旧而不适合当前使用）。

测验是否使用一些方法避免了作答偏差也是一个评估测验的重要方面。许多测验使用反向计分来避免"习惯性点头"（即总是倾向于同意题目的描述）和"习惯性摇头"所带来的作答偏差。如果测验没有反向计分，在使用前需要考虑这类作答偏差是否会对测验结果产生大的影响。有些受测者会在作答时"装好"，因为人们常常倾向于给别人呈现好的自我形象；有些受测者则可能在作答时"装坏"，因为他或她可能想夸大自己的痛苦，引起别人的同情。对于这两种作答偏差，有些量表也使用效度量表来进行检测。例如 MMPI 包括 L 量表和 K 量表。具有这些效度分量表的测验可以更好地保证测量结果的准确性。

最后，笔者建议大家在选择测验的时候也考虑有关该测验的研究数量。因为有关研究数量较多的量表，不仅在信效度方面经过了更多的检验，而且能够提供更多的有关该测验的信息，如在不同群体中使用的情况、与其他多种心理特征的相关等，这些都有利于更充分地应用该测验的结果，进行更多的推论。

二 信度

信度是指一个测验的稳定性、一致性、可预测性和准确性。如果一个测验信度高，那么如果一个人在不同的场合完成这个测验，获得的测验结果将会是比较相似的。如果测验的信度较低，那么代表这个测验受到随机波动的较大影响。一般来说，在临床上用于进行个体的评估和诊断的测验信度系数最好能达到0.85以上，而0.70以上是用于研究、进行群体比较时通常要求的信度标准。通常考虑的信度包括重测信度、同质性信度、评分者信度等，由于各类信度属性的差异，不同的信度系数有不同的要求。

1. 重测信度

重测信度代表的是测验在时间上的稳定性。重测信度受到两次测试之间的时间间隔的影响。一般来说，间隔的时间越长，越难以获得较高的重测信度。而间隔时间过短，受测者可能还记得第一次测试的回答，这时获得的重测信度是不太可靠的。人格测验常用的重测间隔为两周到六个月。

重测信度不易获得很高的数值。有的研究者认为，"间隔至少一年，分数相关高于0.50"的重测信度达到了模范级的标准，"间隔3~12个月，分数相关高于0.40"的为广泛级，"间隔1~3个月，分数相关高于0.30"的为普通级，"间隔少于一个月，分数相关高于0.20"的为最低限度级。

重测信度并非越高越好，而是要考虑到量表测试的内容的特点。人格测验通常应具有较高的重测信度，因为人格是比较稳定的，很少会在几个月内发生大的变化。测量一些随时间变化的心理状态的量表则不一定需要较高的重测信度。例如，焦虑情绪是在一天内都会发生变化的，因此好的焦虑量表不必有高重测信度，相反，这样的量表应该对于状态的变化敏感。儿童的智力测验也不应在较长间隔（如半年以上）的情况下获得很高的重测信度。

事实上，儿童在这些智力测验上的得分的增长常常被用来作为该测验的效度证据。

2. 同质性信度

同质性信度是指测验的所有题目测量的是否是同一种特质，就好像看一个测验里包含多少杂质。这是几乎所有测验都需要报告的信度指标。计算同质性信度的基础是所有测题之间的相关程度。我们最常看到的同质性信度是克伦巴赫（Cronbach）α系数，有时也可以看到测题间相关系数的范围和平均值。研究者认为，题间相关平均 0.30 或更高为模范级，平均 0.20～0.29 为广泛级，平均 0.10～0.19 为普通级。在编制测验的时候，我们常常会删去与其他测题总和的相关在 0.20 或 0.15 以下的题目。

3. 评分者信度

评分者信度是计算不同的评分者对同一个人在同一个测验中的所计得分的相关，用来显示测验结果是否受到不同评分者的影响。当一个测验是他评量表或者要依赖评分者的判断（例如，投射测验和某些能力测验）来计分的时候，就需要报告评分者信度。

评分者信度体现了不同评分者使用测验的计分系统时的稳定性。如果测验的项目或计分系统有歧义、描述模糊，则不同评分者在使用时变异就会大，导致评分者间的一致性降低。类似于其他信度指标，评分者信度应达到 0.85 以上。

三 效度

效度是测验最重要的指标。良好的信度标志着测验是准确和可靠的，而效度告诉我们这个准确而可靠的测验究竟测量的是什么。在谈到测验的效度的时候，通常不是笼统的，而是这个测验在针对一个测试人群和在一个特定测试情境下的效度。

与信度一样，对测验效度的报告也常常要基于实证研究，但是比确立一个测验的信度具有更大的难度。这是因为心理测验所测量的心理概念本身是假想、抽象的，有时甚至是模糊、不一致的，因此要验证一个测验是否很好地测量了这个概念就更加困难。从这个角度来说，一个测验所测量的心理概念本身的清晰度，是一个测验的效度的重要基础。好的测验所测量的概念应该有较多的先前研究作为基础，或者有关所测量的概念已有一些理论为基础。而在我们选择测验的时候，也不能仅从测验的名称来判断这个测验确实测量了我们感兴趣的心理内容。由于心理学中有许多概念存在不一致的定义和理论，根据不同定义和理论编制的测验测量的实质内容是不同的。例如，如果我们要选择测量孤独的工具，我们需要确定我们关心的是特质的孤独，还是状态性的孤独？我们需要测量的孤独的主要内涵是什么？然后考查一些孤独量表的有关简介，从而确定适当的工具。

1. 内容效度

内容效度是指评估工具的内容对于所测量的概念的代表性和重要性。为了保证内容效度，在测验的编制过程中，编制者需要清晰地了解所要测量的概念；然后在这个基础上编制原始的测验题库。有的研究者提出，原始题库要有 50~100 个项目（但是，根据所要测量的概念的复杂程度不同，往往难以确定严格的数字规定）。比数量的规定更加重要的是，要确定原始题库中的项目内容是否很好地代表了所要测量的概念。如果代表不足，就需要补充项目；如果在比例上有偏差，就需要调整。内容效度往往取决于测验编制者的主观判断。在测验编制的研究报告和测验手册中如果汇报了比较严格的、细致的编制程序，一定程度上可以反映内容效度的情况。有时，测验在编制时请几个有关领域的专家对测验的内容作出评判，称为"专家判断"的方法。使用专家判断来确定内容效度，需要在手册中报告专家的情况以及判断的一致性程度。

与内容效度有关的一个概念是"表面效度"。内容效度是专家认为的一个测验测量某个概念的程度，而表面效度是并非专家的受测者在使用测验时认为这个测验测量某个概念的程度。表面效度并非一种真正的效度，也并非是越高越好。较高的表面效度有时有利于受测者认真配合，例如，受测者希望通过测验获得职业兴趣的指导，如果他或她感到所做的测题与这个目的有关，就更会认真完成。另外，较高的表面效度在有些测验情境下会影响测验的效果，例如，在人员选拔中使用测验，受测者常常希望在测验中展示一个符合职位要求的自己，如果表面效度较高，受测者就更容易夸大、装假。

2. 效标效度

效标效度又称实证效度或预测效度，是指测验分数与某种外在标准之间的相关程度。这个外在标准是在理论上应该与测验的心理内容有关的某种表现。例如，一个人的智力与他的学业成绩应有一定的相关。确定一个公认的、界定清晰且可以操作的外在效标常常是困难的。

人格测验的效标效度常常低于智力测验，因为人格特点往往比智力受到更多因素的影响，找到清晰、对应的效标更加困难。因此，研究者建议在评价一个测验的效标效度时，要参考类似的测验通常得到的效度范围。智力测验的得分与学业成绩的相关平均在 0.50 左右，人格测验与效标的相关往往低于这个数值。

效标效度的常用方法是选用大家公认在所测量概念上有差异的群体施测测验，考查测验分数在群体之间的差异。例如，临床上诊断为抑郁症的患者与正常人是公认在抑郁情绪的强度上有明显差异的，测量抑郁的量表在这两个群体之间得到的分数应该有显著差异。

效标效度可以区分为同时效度和预测效度，它们的区别在于获取效标的时间不同。同时效度是指效标与测验结果同时获得，预测效度则指效标在测验完成一段后获得。由于同时效度比预测效度更容易获得，因此在实践上常常使用同时效度粗略替代预测效度。但是，这两个效度是用于不同的测验目的。如果我们希望通过测验预测一个人在未来的表现，就需要考虑这个测验的预测效度。例如，进行人员选拔时，我们关心的就是一个人未来在这个职位上的工作表现。如果我们希望通过测验判断一个人当前的状态，就需要考虑这个测验的同时效度。例如，我们要诊断一个人当前是否处于抑郁的状态以及抑郁的程度如何，关心的重点就不是未来他的情绪变化。当然，在对于当事人进行比较全面的测量的时候，一个人当前是否具有心理障碍与一个人未来是否容易发生心理障碍都是应考虑在内的测量内容。

3. 构想效度

构想效度又译结构效度、构思效度，是反映一个测验测量某一理论建构或特质的程度。评估建构效度包括三个步骤：首先，分析所要测量的特质；其次，在分析的基础上考虑这个特质与其他变量之间的关系；最后，检验测验结果与这些变量的关系是否确实存在。

评估建构效度没有单一的方法，有许多种方式可以使用。会聚效度和区分效度是经常报告的建构效度。会聚效度又称聚敛效度、相容效度，是指测验的得分与测量近似特质的测验得分应该获得高相关。区分效度又译区辨效度，是指测验的得分与测量不同特质的测验得分应该获得低相关或负相关。例如，一个测量焦虑的测验应与现有的得到承认的焦虑量表具有较高的相关，而应与无关的测量概念如内外向、攻击性等方面的测量工具获得低相关。但是，如果一个新的测验与旧有测验的相关过高，说明这个测验的内涵与原有测验相当一致，除非这个测验在其他方面（如施测简便）表现出色，否则就只是对现有工具的重复。研究者认为，在会聚效度方面，一个测验应至少与两个或两个以上的有关的测量指标显著相关；在区分效度方面，一个测验也应至少与一个或一个以上的无关测量有显著不同。我们看到很多测验的研究报告和手册里都报告了测验与其他测量工具的相关。

四 常模

常模是一种供比较的标准量数，由标准化样本测试结果计算而来，它是心理测验时用于比较和解释测验结果的参照分数标准。根据样本大小和来源，通常有全国常模、区域常模和特殊常模。大多数的测验常模就用平均数和标准差来刻画，部分心理测验也用百分等级或百分位数来描述。根据具体的应用标准和分数特征可分为平均数常模、百分数常模、标准分常模等。

一个心理测验的选择，常模的适合性是重要考量。常模是指一群人测验的分布情形。这一群人到底指"哪一群"很重要。因为一个人做完测验后，它的分数要经过常模比较后才是具有意义的。例如：一个人答 100 题数学题，对了 70 题，那么他的成绩是属于优良、普通还是不及格，就看与谁比较了，与小学生还是大学生比，其结果及意义截然不同。

第三节 测验选择的原则与方法

一 测验选择的原则

面对多种类型的测验工具，测验的选择需要遵循一定的原则，这里主要介绍瑞森（H. Van Riezen）和撒格尔（M. Segal）提出的评价量表的原则和麦克堂维尔（I. McDowell）的相关建议。

（一）瑞森和撒格尔评价量表的原则

1988 年，瑞森和撒格尔提供的一整套评价量表的原则，主要包括以下四个方面。

1. 量表的功效

所谓量表的功效是指使用的量表能否全面、清晰地反映所要评定的心理特征，评定的真实性如何？这与量表本身的内容结构或内容效度密切相关。有的是量表可评定多个方面的特质，而另一些量表只限于评定一种或两种特质，前者涉及面虽广，但有时难于深入。有的量表适用于所有年龄和各种类型的人群，而另一些量表可能只限于某一年龄阶段或某一特定人群。质量好的量表应该项目描述清晰，等级划分合理，定义明确，以反映行为的细微变化。

2. 敏感性

敏感性是指量表应该对所评定的内容敏感，即能够测出受评者某特质、行为或程度上的有意义的变化。量表的敏感性既与量表的项目数量和结果表达形式有关，又受量表的标准化和信度高低的影响。此外，评定者经验和使用量表的动机也影响了量表的敏感度。

3. 简便性

简便性主要是指量表简明、省时和方便实施。作为量表的使用者，多希望自己选择的测评工具简短而又功能齐全、省时而又无须特殊训练，结果又可靠，不需要特别标准评定方法而标准化程度又符合要求。实际上，测验简短、省时就难以全面，使用者不加训练和采用非标准化的方法就会降低量表的信度，影响结果的可靠性。因此，选择过程中需要对两个方面的因素进行权衡，以达到工具简短而富有成效的目标。

4. 可分析性

使用测验工具的目标是对评定对象的心理特质作出质与量的估计不足，这就需要分析比较。因此，一般说来，测验工具应有比较标准、或是常模、或是描述性标准，这些标准是进行结果分析的基础。不管是使用手工分析还是计算机分析，分析的顺利进行主要依赖于分析标准的明确性和可操作性。

（二）麦克堂维尔的建议

在了解从哪些角度评估测量工具的质量的基础上，我们需要结合当前的使用目的来选择测验。我们此时要分析当前的使用目的和局限，使选择的测量方式的特点与之符合。

临床实践上使用的测验的要求比临床调查研究使用的测验具有更高的精确度，一般认为，内部一致性信度高于 0.70 以上可以进行群体间的比较，而高于 0.85 以上才可以进行个体的鉴别。此外，调查研究通常难以使用费时而复杂的测量工具，常常使用简短而便于施测的测验；而临床上进行个体诊断需要获得多方面的深入的信息，常常将多个测量工具结合，使用一套测验。

在心理咨询的不同阶段都会用到心理测量工具：在最初的接触中，需要评估当事人的问题及其原因，用以建立治疗计划；在咨询中和咨询后，需要进行咨询效果的评估；在咨询结束以后，需要进行追踪，评估疗效的保持。与此相应的，在咨询之初的评估，需要选择多种测量工具相结合，全面了解有关信息。例如，在一套评估工具中，常常将自陈量表、投射测验以及访谈相结合，综合进行评估。在评估疗效和进行追踪的时候，不但要选用针对治疗的主要问题的有关领域的评估工具，而且需要使用对状态变化具有敏感性的工具，才能反映疗效增进和降低。例如，通常的认知行为治疗不指向重建人格的目的，因此使用人格问卷评估疗效是不恰当的。评估间隔三个月的疗效变化的测量工具，指导语应该是根据近期（如当天、最近一周等）的状况进行回答，而不是根据长期（如过去一年）的状况进行回答。此外，有时心理健康工作者需要对某些群体进行筛查，甄选出需要帮助的个体。这种情况类似于临床上的调查研究，应注意选择适合所测样本特点，并具有诊断功能的测量工具。

在选择测量工具的时候，我们也需要了解测量工具本身的特点，以及这些特点是否符合当前的要求。访谈法具有很大的灵活性，适用于多种情况，通常需要一个有一定经验的访谈者或者一个好的结构化访谈提纲，同时也需要受访者具有一定的言语表达能力和合作态度。观察法就不要求观察对象的言语能力和合作态度，因此格外适合某些难以使用访谈法的情况，但观察法通常要耗费较多的时间和人力。自陈量表也是使用非常广泛的方式，经济、客观，通常对施测者的专业要求不高，但它要求受测者的阅读能力、自省能力以及诚实作答的态度。如果遇上受测者有较高掩饰性的情况，某些投射测验可能是更好的选择。投射测验要比自陈量表耗费更多的时间和人力，对于施测者和分析者都有较高的要求，但投射测验通常不会有很高的表面效度，而且可能探查一些无意识层次的心理内容。

儿童和老年是选择测量工具时需要考虑的两个特殊群体。儿童的认知能力尚未充分发展，可能言语表达能力不足，给访谈带来一定困难；由于书面词汇量有限，常常不适合自陈量表的测量方式；因此，观察法和投射绘画等方式成为常常用于儿童群体的测量方法。老年的认知能力已经开始退化，表现为反应时慢、容易疲劳等。因此，对于老年的个体也常常不适合较长的自陈量表。

总的来说，在如何评价和选择一个现有的关于健康的测量工具的时候，麦克堂维尔等建议考虑如下方面。

（1）这个测量工具的目的是否有充分的说明，其目的是否与当前的用途相符？同时也需要确保这个测量工具曾经在与当前施测样本类似的人群中使用过。

（2）这个测量工具的评估范围与目前的使用范围是否符合，即提出的问题既不太多也不太少？是否能够确定所关心的方面的正向健康水平？

（3）它采用了有关其测量内容的何种建构取向？例如，它反映了哪种疼痛理论？而这种理论取向与当前的使用目的是否一致？这个理论是已经充分确立（如马斯洛的需要层次论），还是只是一种个人观点而没有符合一个更大的知识体系？

（4）该方法的施测可行性如何，要花费多少时间？能否进行自测？还是需要专业人员来施测或解释？它是否要使用已获得的数据（例如已记载在医疗记录中的信息）以及是否容易被受测者所接受？过去使用这个方法获得的应答率是多少？问卷是否容易获得，或者需要付费使用？是否有明确的指导手册详细说明了如何提问？

（5）该方法的计分是否明确？分数的数学特性是否符合计划使用的统计分析方法？如果该方法使用总分，这个分数应如何解释？

（6）这个方法可以探查什么程度的变化，这对于当前的用途是否足够？这个方法是只能测查定性的变化，还是也提供定量的变化的数据？是否由于它对于改变不够敏感而可能导致虚假的否定结果（例如，在比较两种疗法的疗效研究中）？它是只适合作为筛查工具，还是能提供充足的详细信息以提示诊断？

（7）现有的信度和效度证据是否很强？这个测量工具经过了多少种不同形式的质量检验？与多少种其他测量方法进行过比较？有多少不同的使用者测试过这个方法，以及他们是否得到类似的结果？这些结果与其他量表的质量相比如何？

此外，还有学者提供更多的测验选择原则，比如台湾学者张世慧等提出的实用测验检核表也可以作为选择测评工具的参考依据，见附表。

附表　实用测验的检核

项　目	是	否
1. 测验时间合理吗？有测验目的和预期利益吗？		
2. 测验成本合理吗？		
3. 测验设计完善且吸引人吗？		
4. 测验的可读性适当吗？		
5. 测验实施程序描述清晰且容易遵循吗？		
6. 题本、答案纸与计分表设计完善吗？		
7. 计分程序描述清晰而且容易遵循吗？		
8. 结果解释程序有实例说明吗？		
9. 有辅助评鉴者的器材吗？		
10. 测验指导手册清晰又完整吗？		

资料来源：张世慧、蓝玮琛，2003，第161页。

二　选择测验的方法

1. 确定测评目标

使用测验的类型在很大程度上由作出的决策类型确定，在选拔中，很可能要使用最高行为的成就测验；为了促进自我了解，更可能使用典型反应的测验。如果已经决定使用最高行为的成就测验，下一步要选择的是使用一般心理能力测验，还是使用特殊能力测验更恰当，或两者都要，决策的精确性可能是决定因素。

2. 目标人群

设计测验时已考虑到不同的人，对于最好成绩的测量，要考虑的最明显的维度是测验的难度水平。而典型行为测验的也是针对不同的靶人群。例如，斯特朗兴趣问卷是针对受过大学教育或立志受大学教育的人的一个问卷，对于16岁离开学校没有什么教育资历的人可能不合适。

3. 选择测验也要考虑表面效度问题

如果测验对所有受测者或部分受测者缺乏可靠性，多半会影响他们做测验的动机，相应的为儿童设计的测验不应该用于成人；反之亦然。有关测验的设计所针对的靶人群资料通常能在测验的手册中找到。

4. 个体测验或集体测验

测验的选择还受到测验是对集体或对个人施测的影响，虽然有些测验只针对个人，但是更多的测验对集体施行与对个人施行是一样容易的。一般这些是用纸笔做的多重选择题，不过这些测验也越来越多地使用电脑版本。大多数个体测验要求使用者有较高水平的使用技能，另外，许多集体测验对集体或对个人都很简便易行，如果委托其他人去施测，就需要对主试实施测验方面的培训。

5. 选择适合于受测者的测验

这里谈的主要问题是测验的选择受到个体受测者的影响。在选拔情境中，为了作决策，测验的选择是根据测验的预测效度，而不管测验是个体施测还是集体施测。虽然个人在测验上可能得高分或低分，但大量候选人的得分应该表现出较大的范围。另外，如果测验用于促进自我了解，那么选择测验要配合个人需要。在选择测验时，必须考虑到关于个人的其他信息，比如教育背景、家庭情况等。在这种情况下，让其做一个很难的测验，得到一个很低的分数是不合适的。虽然测验的选择是由受测者和施测者联合决定的，但是施测者要结合受测者的情况，选择合适的测验类型。

6. 避免测验选择不当

选择测验的最大限制可能在于测验使用者对已有测验的知识局限。测验选择不当是误用测验最常见的一个方面。然而，这并不是测验使用者的所有责任，因为要得到关于测验或测验过程的正确忠告是很困难的。如果可供选择的测验有限，对受测者来说可能不利。

有时候，测验的选择受测验时间的限制。这反映在偏好使用有时间限制的测验，而不是无时间限制的测验；偏好选择简短的测验，而不是长的测验。然而，常常出现的情况是，有些测验没有时间限制，但要求在限定的时间内完成。显然，如果有些受测者能够做的时间长一点，得分就会更高。一般说来，短测验比长测验更不可靠，测验结果中有更多误差。在实践中，短测验对科研目的或评估研究中可能是合适的，因为关注的是集体反映的分数，但对于个人作决策则用处不大。

在测验过程中，确定是否使用时间限制是一个很复杂的问题。也就是说，如果要预测其成绩，做得快一点是否很重要。有些理论家认为，反应速度是能力测验的一个基本成分，例如书写准确性测验，一般涉及检查错误，常常要很快的速度，因为感兴趣不是检验错误的能力，而是个人在限定时间内能检查出的错误量。然而，大多数测验的时间限制没有强调反应速度，而且多是根据假设在允许的时间内大约 3/4 的受测者能够完成测验。

三 测验的组合

测验的组合是测验选择的一个重要问题。各种测验工具都各有所长，它们的功能不同，适用对象和解释范围不同。如何在测量的实际工作中合理、灵活地选择恰当的工具解决实际问题，是实现测量工作质量的关键。

这不仅要求测验工具本身达到一定的技术标准，而且要求实施人员具有相当的专业素养和水平。具体来说，是需要针对测评目标，适应个人、单位或岗位的特点，通过测验专家对各种测验工具的熟练把握，灵活运用，选择出最全面、有效的测验组合。

对于基本测量工具的组合运用，是测量的高级技术。一个完善的测验组合应该具备两种功能。

1. 提供足够数量的、满足实用选择的工具

这是测验组合的基本功能。没有足够的供选择的工具，就无法满足复杂的使用需要。不同类型的受测者，比如员工与管理人员，初级到高级技术人员，任职要求相差很大，不仅是程度不同，而且内容也有差异，因此就是需要不同类型的测评工具组合。

2. 提供如何组织各种测验工具的技术

这是测验组合的高级功能。得到一组测评工具，并不等于就懂得使用这些工具，更不等于能用好这些工具。要在理解一个测验工具真正功能的基础上，根据实际诊断、评价的需要，恰当地选择、组合各种工具，满足测验目标的需要。从根本上说，测验组合高级功能主要体现在测验的深度使用，从而达到更综合性、复杂性和更具有应用价值的功能。

四 测验选择的其他问题

1. 效度的推广

近年来，心理学家对是否对测验使用的每个情境都有必要进行预测效度的研究引出相当多的争议。通常的观点认为测验效度是有情境特异性的，不应该只因为该测验在另一个类似的情境中被证明有效而使用这个测验。这就是效度的推广（validity generalization）问题。

然而，这对心理测验的大多数使用者来说，便是去追求似乎无法得到的完美无缺，但是这就面对大量的实际困难，比如时间的问题、样本对等性问题以及效标与测验分数之间的联系强度的问题等。因此，效度的推广性分析主要采用元分析的方法，通过累积许多独立的调查研究材料，从中提供对于测验分析与工作成绩之间的关系更为准确的评估。

因此，我们在选择和使用某个测验工具之前，能够研究测验的检索，适当考查其效度的推广，对于准确有效地使用测验工具极为重要。

2. 经济效益

使用心理测验的效益是什么？就目前所关心的使用测验进行人事选拔来说，很多单位都想知道使用测验的经济效益。然而，测验使用的经济效益可以通过多种不同途径表现出来，比如选拔过程是否减少了培训时间、培训失败率、人事变动率等？这些看来是比较容易计算出来的，从直接节约的时间和减少招聘人力就显示出经济效益，然而，使用更为有效的选拔技术也应该能够提供招聘工作的效率，这也是经济效益提供的表现。

同时，经济效益的另一个方面，就是在选择测验工具和方法时要考虑测验过程的投入，寻找投入与效益的最优比例。

3. 测验公平性

公平是人们对测验过程关注的核心问题。公平主要包括两个方面，即结果的公平性和过程的公平性。公平概念特别适于使用测验进行选拔，它是任何根据测验结果作决策所真正关心的问题。在理想的情境中，不仅测验过程要公平，而且测验结果要导向公平的结果。在实践中，我们通过测验过程在多大限度上符合这一理想而评估其公平性。

4. 测验工具的跨文化差异

由于我国目前使用的心理测验主要是西方心理测验的中文修订版甚至只是翻译本，因此在测验的使用和选择上也存在一些需要注意的特殊问题。概括的来说就是：除了评价西方原测验的质量之外，还要考虑该测验中文版的质量。也就是说，原测验的高质量并不必然保证该测验中文版的高质量，而原测验如果质量不高，该测验中文版的质量就更需谨慎评估。

第一，由于人的心理特征会受到文化因素的影响，西方适用的心理概念和建构可能不适合在我国人群中使用。也就是说，原测验的建构效度良好，而中文版的建构效度可能需要质疑。例如，西方目前人格研究和评估的一个重要流派是"大五"人格，即从神经质、外倾性、开放性、宜人性和责任心这五个基本维度来研究和描述人格。这是西方学者对多种人格特质描述方式进行整理后发现的共同维度。但我国的王登峰等人重复西方的研究模式，得到的却是中国人人格的七大因素。张建新等则通过研究获得了六个人格因素。结果虽不一致，但都质疑了直接搬用西方的五大因素人格模型的恰当性。因此，当我们选用测验的时候，要通过以往研究考查该测量内容在中国文化中的适当性。

第二，即使假定一些心理特征具有跨文化的普遍性，西方心理测验中的具体测量项目可能有些不适合中国的情况。例如，一些关于基督教的测验项目，在西方的文化背景下可能是普遍适用的，而在中国文化背景下，对大多数人都不适用。又如，类似于"即使可回收的纸张要贵一些，我仍然常常购买这种纸张来支持环保"这样的项目在我国使用缺乏普遍性，有许多受测者可能会缺乏切身体验。对于这类的项目，在修订西方心理测验的中文版本的时候，就需要替换或更改。如果存在一些不适切的项目，我们在选择测验时可以从题目上看出来，但替换或更改的过程是否合理、妥当，就需要查看修订者是否在研究报告中提供了详细的处理方法。

第三，翻译的环节也是对测验产生巨大影响的一个步骤。译错了固然是一种损害测验的极端情况，但即使翻译正确，语言描述的程度是否确切，表述是否流畅易懂，符合中文习惯呢？严格的翻译包括英文版本译为中文、再由他人从中文回译为英文、经原英文测验作者认可等过程。

第四，原测验虽有常模，但通常是西方人的常模，中文版需要有中国人的常模。因此在考查测验常模的时候，主要要考查修订研究和随后的有关该测验中文版的研究中涉及的样本。由于大规模地修订测验需要较多的财力和人力投入，因此有许多测验的常模可能不全面或陈旧。

总之，将西方测验修订为中文版本会涉及很多损害测验质量的因素。只有严谨的修订过程才有助于降低这些因素的干扰，保证中文版的质量。

虽然使用西方编制的心理测验带来了很多问题，但这种现象也有一些原因。一方面，西方著名的心理测验已经过大量研究，积累了很多参考资料，有助于我们根据测验结果对个体进行更广泛和深入的理解和推论；使用这些在国际上广泛使用的测验也有利于我们进行跨文化的比较研究。另一方面，我国目前还缺乏充分确立的本土心理学理论，也缺乏在编制过程和信效度研究上足够严谨的测验，这种本土性工具的缺乏也使我们除了西方心理测验没有更多的选择。

练习与思考

1. 不同来源的测验有何差异？
2. 如何评价测验的质量？
3. 如何选择有用的测验工具？

本章小结

本单元应用篇是对心理测量测验基本知识和应用工具的解释。旨在指导学生动手能力，能够使用心里测验工具进行简单的测验试验。本篇分基本知识和基本工具介绍两部分。基本知识部分主要解释选择测验、实施测验与计分撰写和解释测验结果报告的有关知识。基本工具部分包括智力测验、人格测验、职业倾向测验、心理健康评估测验的介绍使用。

　　本章主要内容是介绍选择测验的评价指标原则以及方法。心理测验数目很多，当前权威的分类系统分为五种类型。选择测验时，熟悉评价测验质量的指标是首先工作。信度和效度是描述和评价一个量表的最常用的数据指标，选择量表时，可以根据测验量表手册以及量表的有关研究报告来了解该测量工具的信效度。一个完整的测验手册应包括十个方面的内容：目的、背景信息、施测、计分、标准化、常模表、信度、效度、适用性、解释。

　　根据瑞森和撒格尔提出的评价量表的原则，主要是四项：量表的功效、敏感性、简便性、可分析性。而选择测验方法的通常有确定测评目标、目标人群、选择测验也要考虑表面效度问题、个体测验或集体测验、选择适合于受测者的测验、避免测验选择不当六个。除此以外，选择测验时还要注意以下其他的问题：效度的推广、经济效益、测验公平性、测验工具的跨文化差异。

第十一章 测验的实施与计分

本章学习目标
- 了解测验实施的基本要求及其注意事项
- 掌握测验计分的方法

第一节 测验的实施

标准化心理测验的最基本要求是使所有的被试都在相同的条件下去表现自己的真正行为，这不仅在编制测验时要严格选题、预试取样、建立常模、确定计分标准和解释系统，有信度、效度和区分度指标，而且在测验实施时也要有统一标准和步骤，以控制无关因素对测验目的和结果的影响。

一　主试的资格

如果任何人都可以使用测验，那么就会导致测验的滥用和误用，其结果是非常有害的。使用心理测验的主试必须具有一定的资格，主试资格包括技术和道德两方面的要求。

(一) 心理测验的专业知识和技能

主试首先要掌握心理测验的基本知识，包括心理测验的特点和性质、作用和局限性，测验的标准化、信度、效度等方面的知识。主试还要具有操作心理测验的专业技能。一般来说，团体测验较容易掌握，只要在测验前熟悉量表，对量表的指导语、注意事项、评分、解释等熟练掌握，实施是不困难的。但对于个别测验如韦氏量表、投射测验如罗夏墨迹测验等掌握较难，必须经过反复的练习。还有一点必须指出的是已经会使用一种测验的主试，不一定会使用另一个测验，比如会使用韦氏测验的被试不一定会使用罗夏墨迹测验，因此主试必须不断学习，在使用一种测验前，必须反复操练，熟练掌握操作步骤。

(二) 测验工作者的职业道德

心理测验在鉴别智力、因材施教、人才选拔、就业指导、临床诊断等方面具有作为咨询鉴定和预测工具的效能。凡在诊断、鉴定、咨询及人员选拔等工作中使用心理测验的人员，必须具备心理测量专业委员所认定的资格。在使用心理测验时，心理测验工作者应高度重视科学性与客观性原则，不利用职位或业务关系妨碍测验功能的正常发挥。使用心理测验的人员，有责任遵循下列道德准则。

(1) 心理测验工作者应知道自己承担的重大社会责任，对待测验工作须持有科学、严肃、谨慎、谦虚的态度。

(2) 心理测验工作者应自觉遵守国家的各项法令与法规，遵守中国心理学会制定的《心理测验管理条例》。

(3) 心理测验工作者在介绍测验的效能与结果时，必须提供真实和准确的信息，避免感情用事、虚假的断言和曲解。

(4) 心理测验工作者应尊重被测者的人格，对测量中获得的个人信息要加以保密，除非对个人或社会可能造成危害的情况，才能告知有关方面。

(5) 心理测验工作者应保证以专业的要求和社会的需求来使

用心理测验，不得滥用和单纯追求经济利益。

（6）维护心理测验的有效性，凡规定不宜公开的心理测验内容、器材、评分标准以及常模等，均应保密。

（7）心理测验工作者应以正确的方式将所测结果告知被测者或有关人员，并提供有益的帮助与建议。在一般情况下，只告诉测验的解释，不要告诉测验的具体分数。

（8）心理测验工作者及心理测量机构之间在业务交流中，应以诚相待、互相学习、团结协作。

（9）在编制、修订或出售、使用心理测验时，应考虑到可能带来的利益冲突，避免有损于心理测量工作的健康发展。

二　测验实施的基本程序

（一）测验准备

在进行测量之前，首先要确定测量的目的。测验是为了要得到什么样的结果，依此才可以选定测验。不同的测量工具，对于测量所得出的结果是不同的。错误的测量可能会导致不能够得出正确的结论。

（二）测验实施

选择好测量工具，就可以进行施测了。要注意的是客观化、标准化，尽量控制和避免测验过程中可能出现的误差。

（三）测验计分

测验的计分有手动计分和计算机施测两种。标准化测验的计分相对简单，计分方法在测验编制的时候就已经预先建立了，使用者只需按照测验说明进行操作即可。

（四）解释测验结果

根据常模和测评分数，以及相关的测验手册，对测评数据的结果进行分析和解释。同时，结合来访者的测评目的提供具体诊断和发展建议。

三 测验前的准备工作

测验前的准备工作是保证测试顺利进行和测验实施标准化的必要环节。准备工作主要包括以下几个方面。

（一）预告测验

应当事先通知被试，保证被试确切知道测验的时间和地点以及内容范围、测题的类型等，使被试对测验有充分准备，及时调整自己的情绪和生理状态。心理测验一般不搞突然袭击，突然袭击会使被试的智力、体力和情绪处于混乱状态，不利于接受测验。

（二）准备测验材料

无论是个别测验还是团体测验，这一步都很重要。如是个别测验，应检查完整的问卷或器材一共多少，是否完整，有仪器时应经常进行检查和效验，保证良好的工作状态。如是团体测验，则所有的测验本、答卷纸、铅笔和其他测验材料都须在测验前清点、检查和摆放好，以免忙中出乱。

（三）熟悉测验指导语

测验时主试记住指导语是最基本的要求。如果是团体测验，虽说可以临场朗读，但熟悉一遍总比不熟悉要好，先熟悉指导语会使主试在朗读指导语时不至于念错、停顿、重复或结结巴巴，而且使被试在测验中感到自然轻松，否则会影响测验分数。

（四）熟悉测验的具体程序

对于个别测验来说，测验的实施必须由受过专门训练的人来完成，例如韦氏智力量表包括言语、操作两大部分，操作部分的测试涉及物体如何摆放、如何示范等具体程序。对于团体测验，尤其是被试量很大时，这样的准备还包括主试与监考的分工，使他们明确各自的任务。

四 测验实施要点

(一) 严格遵守标准化指导语

测验标准化的第一步是指导语标准化,即在测验实施过程中应使用统一的指导语。指导语通常应包括两部分,一部分是对被试的指导语,另一部分是对主试的指导语。

对被试的指导语应该力求清晰和简明,向被试说明他应该干什么,即如何对题目作出反应。这种指导语一般印在测验的开头部分,由被试自己阅读或主试统一宣读。一般由以下内容组成:

(1) 选择反应形式(画"√"、口答、书写等);

(2) 记录反应(答卷纸、录音、录像等);

(3) 时间限制;

(4) 不能确定正确反应时该如何操作(是否允许猜测等);

(5) 例题(当题目形式比较生疏时,给出附有正确答案的例题十分必要);

(6) 有时告知被试测验目的。

主试念完指导语后,应该再次询问被试有无疑问,如有疑问应当严格遵守指导语解释,不要另加自己的想法而使测验不标准。因为指导语也是测验情境之一,不同指导语会直接影响到被试的回答态度与回答方式。

对主试的指导语主要是对测验细节的进一步说明以及注意事项,例如测验房间的安排,测验材料的分发及摆放,计时计分方法,对被试可能提出的问题的回答方法,以及在测验过程中发生意外情况(如停电、迟到、生病、作弊等)应如何处理,等等。这部分指导语往往印在测验指导书中,对主试的一言一行都作了严格要求。

总之,指导语对被试的反应态度、反应方式及主试的行为方式、说话方式都作了严格要求。

（二）注意测验的标准时限

时限也是测验标准化的一项内容。时限的确定，在很多情况下受实施条件以及被试特点的限制，当然最重要的是考虑测量目标的要求。

大多数典型行为测验是不受时间限制的，例如人格测验中，被试的反应速度就不很重要。但在最高作为测验中，速度是需要考虑的重要因素之一。在速度测验中，尤其要注意时间限制，不得随意延长或缩短。大多数测验既要考虑反应的速度，也要考虑解决有较大难度题目的能力。

（三）保持良好的测验环境

标准化的实施程序不仅包括口述指导语、计时、安排测验材料以及测验本身的一些方面，同时还包括测验的环境条件。

有许多研究表明，测验环境会对测验的结果造成影响，例如，一个在酷暑和正常天气下所做的智力测验的结果会有差别。因此，主试必须对测验时的光线、通风、温度及噪声水平等物理条件做好安排，统一布置，使之对每一个被试都保持相同。

尤其需要强调的是，心理测验进行之时，务必不能有外界干扰。为此，测验室的房门上应挂一个牌子，示意测验正在进行，旁人不许进入。团体测验时，可以把屋门锁上或派一名助手在门外等候，阻止他人进入。

因此，对于测验的环境条件，首先必须完全遵从测验手册的要求；其次是记录任何意外的测验环境因素；最后，在解释测验结果时也必须考虑这一因素。

五 测验实施的注意事项

心理测验的实施过程也是主试与被试相互影响的过程，主试和被试的某些特征会影响到测验过程的准确性。

（一）牢记主试的职责

首先，应按照指导语的要求实施测验，不带任何暗示，当被试询问指导语意义时，尽量按中性方式作进一步的澄清，如询问有些词的含义时，应尽量按照字典的意义解释。

其次，测验前不讲太多无关的话。例如测验时间为50分钟，主试竟占了10分钟作不必要的说明，就会使学生感到不公平。另外这种与测验无关的说明不仅不会引起他们的注意，还会引起焦虑，或对主试产生敌意。

再次，对于被试的反应，主试不应做出点头、皱眉、摇头等暗示性反应，这会影响对被试以后的施测，主试应时刻保持和蔼、微笑的态度。另外，在个别施测时，主试不应让被试看见计分，可用纸板等物品挡着。这样做一是避免影响被试的测验情绪，二是避免分散被试的注意力。

最后，对特殊问题要有心理准备，比如在测验过程中出现突发事件（如停电、有人生病、计时器出故障等），应沉着冷静、机智、灵活地应付，不要临阵慌乱、火上浇油，否则测验可能彻底失败。

（二）避免主试特点对被试的影响

主试本身的特点影响被试的测验成绩，已经是许多研究者早已研究过的问题，例如主试的态度、人格、期望，以及年龄、性别、训练和经历等都会影响测验结果。

1. 主试的态度

研究表明，主试的态度对智力测验的成绩有影响，例如态度的热情与冷漠、刻板与自然之间有明显的差异。不过这种影响往往要和测验的性质、目的、指导语和被试的人格特点综合考虑。

主试的种族对测验结果的影响曾在美国引起极大的争议，有些社会团体不允许其他种族的主试测试自己的孩子，有些被试也会采取不合作的态度。但是，关于主试种族对测验结果影响的系列报告，只有很少的证据表面主试的种族对智力测验成绩有很大影响。

2. 主试的动机

在心理测验中，一般谈得较多的是被试的动机对测验结果的影响，其实主试在主持测验过程中的动机也会影响测验的结果。如有些主试为了显示自己选拔测验的严格或本身竞争性很强，会故意在测验时苛求被试；也有些主试过于宽容随和，会在测验中给予被试过多的关心甚至评以高分；同样也有的主试为了显示自己的某些道德标准，对一些妇女、儿童、少数民族或与自己有某种关系的被试予以特别关照。

3. 主试的期望

在有些情况下，实验者所获得的资料受其本身期望的影响，这就是著名的"罗森塔尔效应"。该效应首先在动物身上发现，继而在人作为被试的实验中得到证实。

在智力测验中首先发现罗森塔尔效应的存在。例如，要求正在进行智力测验实习的研究生给测验中一些暧昧的、不清楚的答案计分，有时告诉他们某个反应是"聪明"的被试回答的，有时告诉某个反应是"较笨"的被试回答的。结果发现：学生们倾向于将高分送给"聪明"的被试，将低分送给"较笨"的被试。

心理测验中的"罗森塔尔效应"主要有两个问题：一是这种效应在所有的标准化心理测验中都有发现。罗森塔尔认为这种效应可能源于主试和被试之间的非语言交流。二是这种期望效应不太大，稍微影响成绩。

（三）了解被试对主试的需要

在日常生活中，人与人之间的交往是遵循"社会交换理论"（Social Exchange Theory）的，即人的每一个行动都要付出一定的代价，同时也希望得到一定的报酬。如果所期望的报酬高于所预期的代价，一般人就会乐于做出这样的行动。在采取行动的时候，行动者如果没有报酬的绝对保障，那就得依靠被试对主试的信任。因此，在心理测验过程中，主试必须了解被试的各种需要，承认其合理性。

一般来说，被试有五种对主试的需要。

（1）现实需要。有些测验与实际的选拔和录用有关系，因此被试往往倾向于使测验做得更好或更符合录用的需求。

（2）受人尊重与自尊的需要。有些被试希望获得别人的尊重，有些纯粹是为了自尊心的需要，那么他们就可能以竞争的态度完成测验。某些有失败经历的被试，可能会对任何测验都抱敌视态度。

（3）自我表现的需要。有些被试希望获得主试的关心和注意，所以往往在临床测验中夸大自己的症状，以得到更认真、更投入的治疗。

（4）对主试权威性的需要。被试往往希望主试是某方面的权威，以使自己信服这种测验是有价值的，从而密切配合主试，并服从主试的指导语。

（5）特殊需要。这种需要往往出人意料，比如某些因事故受伤或者申请补助救济的被试，可能会故意显得难以完成测验，表现出自己没有能力完成它。

以上这些不同形式的需要都会导致测验结果偏离，在分析测验结果时是应该考虑的。

第二节 测验的计分

不管是心理测验还是平时考试，都希望评分是客观、公正的，因此评分或计分的标准化是必经的一步。

一 计分的基本步骤和要求

（一）原始分数的获得

1. 记录被试反应

在心理测验中，应对被试的反应给予及时而清楚、详细的记录,特别是对口试和操作测验,此点尤为重要,必要时还可录音或录像。对于测验的环境及测验时的一些突发事件,主试也应给予详细记录,以便事后详细分析。

2. 参考标准答案

主试应当熟练掌握计分键,特别是非客观题的计分要求,不得随意计分。标准化的测验手册中都有关于计分原则和方法的说明。例如,在韦氏智力测验中,对于什么样的反应得1分、2分或3分都有详细的解释,并举了一些例子。作为主试,应当以客观、公正的态度严格依据计分键或评分标准计分。

3. 计算最后得分

计算最后得分就是把所有分数汇总,计算出原始分数的总分。对于有分测验的测验,则须计算出每个分测验的原始总分。尽管它们一般都是加法计算过程,但主试也要反复认真核对,以防加错,然后把它们填入答案计分纸第一页或最后一页的有关表内,留待下一步使用。

(二)原始分数的转换

在心理测量中,一般原始分数本身很少有意义,只有将原始分数进行适当的转换处理或与参照标准加以对照,即把原始分数转换为导出分数,测验分数才有意义。例如一名被试在 WAIS-RC 的知识分测验中的得分为14分,如果不与同龄被试的平均水平相比较,我们便不知道这14分的意义,同时也不能与自己的其他分测验成绩相比较。

测验编制者提供的常模表就是原始分数的转换表,它为测验使用者提供了一种方便易行的由原始分数向导出分数转化的方法。以 WAIS-RC 为例,主试可先将被试各分测验的原始总数分别转换为量表分,并分别计算出言语量表分、操作量表分和全量表分,然后利用总量表分的等值 IQ 表即可获得言语 IQ、操作 IQ 和全量表 IQ。这就是 WAIS-RC 中从原始分数到量表分,然后到智商的转换过程。

二 题型与计分误差

不同的心理测验题型,计分的方法也不同,这里只讨论两类题型的计分:客观题和主观题。

(一) 客观题的计分及误差

客观题常见的有几类:选择题是最常见的,另外就是是非题、匹配题,甚至包括填充题和某些简答题。客观题的一个主要优点就是计分有效而且客观,可由一般的工作人员利用计分套版和计分器很快地、准确地算出,甚至外行也可以帮助计分,不必非得专家才能评分。

现在国内外都流行心理测验软件化,即把客观题的全部内容都编入计算机程序,被试面对计算机屏幕完成测验。当被试将测试题回答完毕,结果就能在几秒钟之内统计完成,根据内置的测验常模和分数解释系统,计算机可以打印出详细的测验报告,完全代替专家的工作,可谓方便至极。

当然,就客观题的具体计分而言,可以做到百分之百的精确,丝毫不差。但是客观题也有其内在的缺点,即不能控制被试的猜测。当被试对正确答案没有把握时,他可以随便选择一个答案,根据个人偏好也行,根据当时的情况综合判断后作出一个有倾向性的猜测也行,总之对客观题的猜测是不可避免的。

(二) 主观题的计分及误差

为了使主观题的计分更为客观和可信,主试应该首先考虑使用何种计分程序:整体计分还是分析计分。整体计分非常普遍,但分析计分更有意义。整体计分就是抓住答案的核心内容和总体印象,给被试一个得分;分析计分则是把论文题的答案划分为几个要点,每个要点分派不同的权数,最后把得分相加,即是该论文题的分数。不论是整体计分还是分析计分,主观题的计分受评分者的影响都较大,因而误差也较大。

三 常见的误差来源

在测验结果的评定过程中，人们一般会认为自评量表的操作比较容易，然而，如果对评定方法使用不当，或量表的编制不合理，可能会导致很大的结果误差，这种误差甚至大于来自测验的误差，大大降低量表的效用。由于量表本身导致的误差，使用者无法改变，因此，这里主要介绍使用者有关的误差。

（一）参照标准不统一

由于不同评定者的专业背景差异，对一些专业名称有不同的理解，有时候一些术语本身的概念就不统一，当以自己熟悉的概念为参照，就会导致评定结果不一致。常言道："仁者见仁，智者见智"，就是这个道理。有的量表没有客观的标准或者只有一些简单的词语描述，此时评定者对这些描述语言的理解标准不一，或者在评定一现象时以评定者自己作标准，于是不同评定者得出不同的结果。比如，对评定量表常用的频率词——"经常"、"时常"、"偶然"和"从未"，如果量表对它们未作严格界定，不同评定者的理解很可能不同，所以评分结果不一。

（二）信息来源问题

评定者可能对受评者缺乏足够的了解，对某些症状或行为不能作出如实的判断，从而高估或低估了受评者。他评量表有时代替直接评定法，要评定的现象不一定在当时出现，甚至某些心理的或生理的病理特征也不一定经常见到。采用间接评定法，由知情者提供信息，例如由父母或教师、成人的配偶和上级提供评定材料，其出入往往很大。即使不是由于他们与受评者亲近的原因，而由于他们的偏见或观察到的问题，也足够引起结果偏差。有临床经验的人，常见到父母高估低能儿女的智力水平。一些教师比较倾向于将学习成绩差的学生视为智力低。还有一些想索取赔偿金的病人常夸大病理感觉。可见，信息往往因来自不同的人而导致评定结果不一致，在利用信息时需要注意这些问题。

(三)"光环"效应

当对某个人有好感后,就会很难感觉到他的缺点存在,就像有一种光环在围绕着他,这种心理就是光环效应。"情人眼里出西施",情人在相恋的时候,很难找到对方的缺点,认为他的一切都是好的,做的事都是对的,就连别人认为是缺点的地方,在对方看来也是无所谓,这就是光环效应的表现。或者与此相反,当了解到一个方面缺点的时候也会影响到对其他方面的判断。

在测验结果评定时,评定者受到不完全相关因素的影响,或者以总体印象代表具体特征,或者以偏赅全,以致评定结果错误,例如知其兄具有攻击性,便联想到其弟也具攻击性,知其病情严重,便判断各个症状均严重。

(四) 趋中评定

一般人皆有趋中评定现象,以避免评定过于极端,而多选择中间答案。这种现象在东方社区的文化中更加明显。很多研究发现,使用五级评定的量表时,受测者选择"3"的比例最高。对于测验的结果评定来说,评定者也会受到这种趋中现象的影响。在没有明确评定标准的情况下,评定者倾向于给受评者一个趋中的结果。虽然这种评定可以减小评定风险,但是也掩盖了受测者的典型特征,与测验宗旨背道而驰。

(五) 宽严倾向

由于评定者本人的个性不同,有些人倾向于过多地挑剔受评者的缺点,评分过于严格;而有些人喜欢选择较优级别的评定,给分过宽。这种差异,就导致了评定标准的不一致,也是测验结果评定误差的重要来源。

(六) 期待效应

这种效应又称为罗森塔尔效应(Rosenthal effect)。日常生活中常见到这一现象,在等待某个人的电话时,一听这人的电话便立即听出他的声音;如果不是正在等待他的电话时,便要问电话人的姓名才可分辨。同一个人的声音,在有无等待时,在分辨能力上的差异如此明显,这种现象属于期待效应。在评定某种现实时,有无期待,对此现象的敏感度是不同的。在科学研究中,评定实验组和对照组的效果时,如果评定者了解谁是实验组、谁是对照组,与不知道时评定的结果不一样。这种不同,不是有意识的,而是潜意识的过程。因此,心理测验的结果评定要尽量减少评定者的期待效应,这样才能将结果评定的误差降到最低。

练习与思考

1. 简述测验实施的基本要求。
2. 测验计分的步骤有哪些?
3. 如何减少计分误差?

本章小结

本章着重介绍测验实施的基本要求及测验计分的方法。

测验实施时也要有统一的标准和步骤,以控制无关因素对测验目的和结果的影响。首先,需要明确主试人的资格,包括技术和道德两方面要求。其次,做好测验前的准备工作,预告测验,准备测验材料,熟悉测验指导语,熟悉测验的具体程序。再次,要明确测验实施的基本程序,测验准备,测验实施,测验计分,解释测验结果四个步骤缺一不可。最后,关注测验实施要点,严格遵守标准化指导语,注意测验的标准时限,保持良好的测验环境。

测验计分是测验量化结果形式,对于标准化计分来说,严格的基本步骤不容缺失。首先,通过记录被试反应,参考标准答案,计算最后得分,获得准确的原始分数。然后,使用测验编制者提供的常模表,将原始分数转换成导出分数。同时,对于客观题和主观题宜采用不同的计分方法。客观题可以利用计分套版和计分器计分,主观题则需要区分使用何种计分程序,是整体计分还是分析计分。

在测验结果的评定过程中,人们一般会认为自评量表的操作比较容易,然而,如果对由于方法使用不当或量表编制不合理,会导致结果误差,从而降低量表的效用。这些误差有参照标准不统一、信息来源问题、"光环"效应、趋中评定、宽严倾向和期待效应。

第十二章 测验结果报告与解释

本章学习目标
- 了解测验结果反馈的意义
- 熟悉测验结果报告的主要内容
- 理解测验结果解释的原则
- 了解测验结果交流的注意要点

第一节 测验结果报告

心理测验的结果可以以书面的方式报告,也可以在书面报告的同时配合口头说明和讨论。测验结果的报告可能是给当事人的,也可能是给转介机构或其他心理咨询师的。根据使用的评估工具和需要呈现测验结果的对象,测验结果报告的撰写也会有不同。

一 测验结果反馈的意义

反馈是一种通过信息提供促使个体或团体适当改变的方法。我国的教育心理学研究者按照反馈的结果,将反馈分为正反馈和负反馈。正反馈是指反馈信息接受后，个体行为与目标状态的偏离加大，这种反馈加剧了个体行为与目标行为的偏差，使个体的行为与目标行为越来越远；负反馈则是指反馈信息接受后，个体行为与目标状态偏离缩小，这种反馈抵消了个体行为与目标的差异，使个体的行为更趋近于目标行为。(《教育大辞典》，1998)

最近的研究表明，心理评估和反馈对当事人具有治疗的功效。研究者以简单的评估和包括 MMPI-2 测验在内的结果反馈对当事人产生了有益的效果，导致了当事人长期阻抗因素的改变，诸如自尊。这是第一个在真实的人格测验反馈中发现治疗效应的研究。测验过程中的反馈变得越来越重要，美国心理学的伦理规范中都可以找到关于公开心理测验结果的内容（APA，1990)。然而，很多原因使得心理测验的反馈过程被忽视，一直以来评估过程的目的是通过专业人员的详细检查以发现病人的特殊之处。此外，在传统的心理测验模式中，诊断和治疗是相互分离的过程，反馈正处于两者之间的阴影。因此，反馈最多是被认为对病人的礼貌，很少视为合作性有益于当事人的过程。实际上，长期的观念是报告诊断结论可能对病人是有害的，会产生潜在的不可控焦虑。因此，在反馈时，反馈一些表面的内容，并且被认定为积极方面让病人知道以产生愉快和满意的感受。

与此相反的观点认为，反馈过程有助于诊断和治疗，反馈能够提供治疗的起点，治疗中和治疗后的反馈能够满足当事人的好奇心、减轻焦虑并满足伦理要求。1985 年，伯格（M. Berg）提出了实施反馈过程中需要考虑的问题：首先，用当事人能够理解的语言，而不是治疗术语。其次，反馈的内容应该从熟悉到不太熟悉的顺序。这提供了一个"进入点"（point of entry），测评者由此提供不熟悉的信息时将更容易被接受。同时，研究者也认为反馈过程对当事人有潜在的有益性。他们认为当事人会提高自尊水平、希望、求助动机、自我意识以及理解后续的反馈，同时会降低症状和孤独感。尽管对这些观点的实证研究还很少，但事实上，结果从中获益。

二 测验结果报告的内容

测验结果报告可以按照复杂程度分为两种情况：一种情况是受测者接受了单一的心理测验，只需要提供这种测验的结果报告；另一种情况是使用一套方法对受测者进行比较全面的评估，则需要提供综合性的测验报告。显然，后一种报告的内容更多，撰写更加复杂。

一般来说，综合性的测验报告通常应包括基本信息部分（性别、出生日期、测试日期、性别、转介信息）、接受测试的原因、心理评估的内容和程序、有关个人经历（心理问题的发展过程、以往的治疗经历、家族史、医疗史）、对测验结果的分析及对当事人的印象、诊断印象、总结和建议等。单一测验的结果报告可以包含所有这些成分，但可以根据情况的局限省去一些成分。测验报告并没有固定的最佳模式，而是要根据实际需要进行调整。2003年，格罗格·玛内特（G. Groth-Marnat）在《心理评估手册（第四版）》一书中列出了在精神病院、司法机构、教育机构和心理门诊等不同场合下的测验报告的样例。调整测验报告的形式，是为了更好地服务于测验报告的读者，使他们能够更容易地理解测验结果的含义，并能够获得充足的有关信息。

在接受测试的原因这个部分通常需要简短地描述当事人目前的问题，这有助于让阅读报告的人了解为什么要选取后面使用的那些测验，以及测试需要回答什么问题。在这个部分的开头需要简短介绍当事人的主要信息，如后面例子中的"A先生是一位医院门诊的病人，他的主诉是各种腹部疼痛和不适。他是一名60岁的商人，白色人种，已婚，曾上过两年大学。检查未发现疼痛的器质原因，因此他被转介来进行心理评估"。接受测试的原因除了在心理咨询之初进行诊断和协助治疗方案的设计以外，还可能是为了进行职业指导，或者智力评估等许多原因。

心理评估的内容和程序部分需要介绍使用的心理评估方法和程序，通常是依次序列出所用的心理测量工具的全名及其简称，例如：

临床访谈（2003年5月23日）
罗夏墨迹测验（RIT，2003年5月30日）
艾森克人格问卷（EPQ，2003年5月30日）
自陈式演讲信心量表（PRCS，2003年5月30日）
负面评价恐惧量表（简式）（FNE12，2003年5月30日）
贝克抑郁量表（BDI，2003年5月30日）

此外，观察法、对以往医疗和教育记录的分析等也可以列入心理评估的内容。如果向当事人的家人、老师等收集了资料，也应在此部分说明向谁、在什么时间收集的资料。

有关个人经历的部分也称为背景信息，这些部分的组织应围绕当前的测试目的和测试内容。当前的测试是为了回答某些问题或者促进发现问题的解决方法，而背景信息的提供是为了更好地理解这些问题。在此部分，首先，应概述心理问题的发展过程，包括主要的问题是什么，有什么表现，问题最早是什么时候发生的，问题的发展变化情况，当前该问题的所处状态，以及当事人报告的与问题的发生和变化有关的事件等。其次，应概述对问题的以往治疗经历，报告在何时接受了何种治疗，以及问题的变化情况如何等。然后，应概述当事人的家族史，包括其父母和兄弟姐妹的基本情况，家庭气氛，家庭中曾经历的重大事件，亲属中可能有的心理问题等。对于已婚的当事人，则还应包括当事人的婚姻经历、配偶和子女的状况等。背景信息部分还应包含当事人的医疗史，即以往由于躯体疾病的就医状况，长期服用或当前服用的药物等。

广义的背景信息则不仅包括当事人的个人经历，还包括当事人与测验有关的一些表现，据此来判断当事人的测验是否真实准确，获得的结果是否可靠有效。龚耀先指出测验时的行为的观察包含仪表、测验情境的适应、合作程度、努力程度、注意力、对测验或测验中某一特殊部分及主试的态度、言语（包括声调高低、快慢、词语表达能力）、测验时的主动性、社交能力、焦虑的证据、从一个活动转换到另一活动的能力等方面，这些也是在测验背景信息中可以叙述的内容。例如，在进行智力测验时，需要考虑测验条件、测验中当事人的行为表现以及当事人测验后的口头汇报等方面的情况。在测验报告中可以说明："测验条件良好；没有中断和干扰。"（测验条件）"当事人对测验的问题表现出适当的兴趣，同时在测验过程中表现得轻松而投入。"（观察到的受测者的行为表现）"在测验后的访谈中，当事人说自己在测验中尽到了最大努力，并且没有感到时间仓促。她用了35分钟完成测验，然后用剩余的5分钟检查答案。"（测验后的报告）最后，应由此作出推论，作一明确归纳说明："根据测验条件、测验中当事人的行为表现以及当事人测验后的口头汇报等方面的情况，可以认为本次智力测验的结果真实反映当事人的智力水平。"

对测验结果的分析及对当事人的印象这个部分是测验报告的主体部分。在这个部分，应对来自不同来源的各种信息进行整合，包括背景信息，也包括各种测验结果、访谈结果和观察结果等。如果测验报告撰写者对于心理评估的掌握不够深入，可能只会依照测试的内容逐项列出得分的含义，这样往往给测验报告的读者留下信息虽多但杂乱不清的印象。例如，报告者如果将卡特尔16项人格因素问卷的16个因素得分含义逐个列出，读者恐怕很难确定当事人最主要的特点是什么。好的人格测验的报告能够将一个整体的人呈现出来，而不是零散的片段。因此，重点突出，而不要被不重要的细节淹没，是好的测验结果分析的特点。

关于这个部分的呈现结构，有的学者认为，并没有一套不变的应包括的内容和讨论的次序，具体情形应根据测试的目的而定。测试目的如果有明确针对性，此部分的讨论可能会相对简短，只围绕有关方面进行；反之，测试目的如果比较广泛或模糊，此部分的讨论也需要涉及比较广泛的方面。

格罗格·玛内特指出，当事人的心理病理水平、依赖性、敌意、性、人际关系、诊断和行为预测是常常讨论的重要方面。我们在进行心理咨询之前的评估，当事人的人际关系和精神病学诊断是常常需要考虑的方面。人际关系不但是了解当事人的一个重要内容，也是预测当事人的咨询关系的特点的一个参考。精神病学诊断对于建立治疗计划和预期疗效显然也是极为重要的。此外，有许多咨询者希望通过评估能够了解当事人对自己和他人的危险性或曰行为的冲动性，也就是希望能够预测当事人自杀和伤害他人的可能性。

在诊断印象部分，如能有清晰的诊断印象，那么参考诊断手册能给出具体的诊断名称；许多时候，当前所获得的信息尚不足以确定诊断，但可能对未来的诊断提供辅助，也可把目前的判断及有关原因简要记录。

总结和建议的部分应与前面的接受测验的原因部分相呼应。好的测验报告应在这个部分综合前面的背景信息和测验结果，对需要解决的问题给出清晰而实用的回答。Beutler曾经提出，有三个层面的决策需要给出建议，分别是：第一，关于设置或环境的决策（如是进行门诊还是住院治疗、是否需要换新的工作环境、是否需要学校或班级中的变动等）；第二，关于如何与当事人建立好咨询关心（这涉及当事人的阻抗程度、领悟力水平、人际风格、共情能力等）；第三，关于具体的干预方法的决策（如系统脱敏、情感支持、职业训练、复健练习、特殊教育等）。研究显示，比较具体的建议比起泛泛而谈的建议更有帮助。因此，好的测验报告不是仅仅指出当事人是否有必要进行心理咨询，而应具体说明当事人在哪些领域存在问题、使用哪些治疗方法可能有所帮助。

测验的报告可能给当事人本人，也可能给当事人的父母，有时测试报告给将要给当事人进行咨询的咨询师，或者有时需要给其他机构。阅读的对象不同，对测试报告的要求就不同，测验报告中应包括和不应包括的内容也就不同。但大致来说，可以将阅读测验的对象分为两种：心理学专业工作者和不太懂心理学的非专业人员。

呈现给专业人员的报告可以包括一些更加详尽的信息，例如测验的施测细节、具体得分、原始结果等。提供这些内容的考虑是，如果专业人员想要对当前评估没有被作为重点的方面进行分析，也可以方便地参考当前的评估结果。如果包含这些内容会使得测试报告显得过分冗长，可以将这些资料列在附录之中。反之，如果测验报告是呈现给非专业人员的，其中有些信息是不宜出现的。例如，测验结果报告中通常不必出现原始分数。这是因为，原始分数在没有转换为标准分或百分位之前无法确定其意义。甚至标准分与百分位在未注明含义的时候也不宜直接提供，避免带来不必要的误解。例如，一位受测者在看到自己在卡特尔 16 项人格问卷的标准分剖图的时候问道："是不是分数越高就代表自己的心理越健康呢？"在撰写给非专业人员阅读的测验报告时，要特别注意呈现的内容通俗易懂，避免使用可能使读者误解的专业术语，避免提供读者难以理解的数据。有时，可以使用书信体的形式，使读者感到亲切友好。

第二节　测验结果的解释

一　解释测验结果的原则

1. 科学性的原则

对测评结果的解释要以科学的理论为指导。例如，任何一个人格测验都是以一定的人格理论为基础的，测验的编制者依据特定的理论为测验中的测评维度赋予特定的含义。因此在解释一个被测评者在人格测验中所得到的分数的含义时，一定要从特定的测评维度的含义出发，而不是按照日常的含义去理解。而且在不同的测评方法中，同一名称的测评维度的操作定义可能是不同的，用一种方法中的维度含义去理解另一种方法中的维度含义，就是不科学的。

2. 客观性的原则

任何科学的解释首先应当是客观的，而不是主观臆断的。所谓客观性就是指对结果的解释要严格遵循预先设定的客观标准，而且对待不同的被测评者都应当依据同一套标准进行解释。客观性还体现在对被测评者所做的每一条解释都来自其实际表现，而不是来自主观的推论。例如，不能从一个人作决定很快、反应速度很快，就推论出他做事比较马虎，不够细心；也不能从一个人外向、语言表达能力强，就推论出他具有领导才能，而是应该看其具体表现如何。

3. 定量与定性相结合的原则

我们在解释测评的结果时，应该将定量的解释与定性的解释结合起来。如果不进行定量的解释，则缺乏精确性，而且难以进行人与人之间的比较。如果没有定性的解释，则很难理解测评分数的含义，定性是定量的进一步深入。

4. 系统性的原则

人是一个有机的整体，人的心理特征的各个方面是紧密联系的。因此，对人进行测评和解释时，也应将人作为一个整体来看待，而不是将其机械地划分为互不相干的各个维度。在解释测评结果时，不仅要解释一个人在每一方面上的高低强弱，还应该从各方面的相互关系上进行解释，得出更全面的结论。

5. 发展性的原则

人的心理特征具有相对的稳定性，但同时也会在一定范围内发展变化，尤其是对尚未完全成熟的少年儿童的测评结果进行解释时，更应该注意这一点。解释一个人的测评结果时，不仅要注重他当前的状况，还应注意其未来发展的潜力。

二　交流测评结果时应注意的问题

在测评之后，需要将测评的结果报告给被测评者本人或其他与被测评者有关的人，如家长、教师、用人单位的有关人员等。为了使这些当事人能够很好地理解测评结果的意义，在与他们交流测评结果时应注意以下问题。

1. 要结合受测者的背景

测验分数的解释要紧密结合受测者的背景信息。一个人在任何一个测验上的分数，都是他的遗传特征、测验前的学习与经验以及测验情境的函数，这三个方面对测验成绩都有影响。所以我们应该把测验分数看成对受测者目前状况的测量，至于他是如何达到这一状况的，则受许多因素影响。为了能对分数作出有意义的解释，必须将个人在测验前的经历或背景因素考虑在内。譬如，在词汇测验上得到相同的分数，对于大城市孩子与边远山区的孩子具有不同的意义。

2. 要考虑测验情境因素

解释测验结果要考虑测验情境的因素。譬如一个学生可能因为身体不适、情绪不好、不懂主试的说明或意外干扰而得到较低的分数，也可能因为某些偶然情况而得到意外的好分数。无论哪种情况，都要找出造成分数反常的原因，而不要单纯根据分数武断地下结论。

3. 要说明常模团体的类型

解释常模参照测验时，要说明常模团体的类型。如果分数是以常模为参照的，要使当事人知道他是和什么团体在进行比较。例如，同一个百分等级对于普通学校和重点学校意义是不同的。在解释常模团体之前，有必要让当事人了解常模的含义。一般说来，对常模团体类型的解释要准确具体，内容包括常模建立时间、年龄段、性别、地域分布、团体规模等。

4. 使用当事人能够理解的语言

测评是一种专业性较强的活动,在测评的结果中会涉及许多特定的专业词汇,如常模、标准分数等,另外,测评中所使用的测评维度的含义与人们日常的理解可能也有所不同。解释测验结果的语言应该严格遵照要素定义的内涵与外延,不可扩大或缩小,更不能望文生义。解释语要用行为特征描述词,太抽象笼统会显得一般化,太具体化则容易出现结果不符的现象,对度的掌握相当重要。

由于当事人大多不懂得测评的技术,不理解测评的专业词汇,因此在向当事人解释和报告测评结果时,一定要避免使用学术语言,而应该使用大众化的语言,最好是测验使用对象的常用术语和习惯表达方式。深入浅出,将专业化的词汇转化为通俗易懂的当事人容易理解的语言。例如,可以将常模解释成大多数人的平均水平,将标准分数解释成为相对位置,等等。

5. 要让当事人知道测评方法的适用范围和局限

虽然无须向当事人详细地解释每一种测评方法的编制过程和理论原理,但也应该让当事人简单地理解该测评方法测评的内容。例如,要让其知道职业兴趣量表测量的是对几种不同类型的职业的倾向程度如何,也就是更喜欢从事哪种类型的职业。另外,要让当事人懂得,测评并不是万能的。一种测评方法可以测出某些东西,但可能很难测出另一些东西。还有必要让当事人认识到,测评结果的准确性并不是百分之百的,而是会存在一定的误差的,测评结果只是一个相对来说"最好"的估计。

6. 要使当事人知道如何运用测评结果

当测验用于人员选择和安置问题时,这一点特别重要。要向当事人讲清分数在决定过程中起什么作用,是完全由分数决定舍取,还是只把分数作为参考;有没有规定的最低分数线;被测评者的特征与职业所要求的特征是如何匹配的;被测评者对于某种职业来说主要优势体现在哪些方面,弱点体现在哪些方面;测验上的低分能否由其他方面补偿，等等。

7. 要让当事人积极参与测评结果的解释过程

测评结果是由被测评的当事人作出的，根据这个结果作出的决定会较严重地影响被测评者的生活。家长、教师等人对被测评者的情况有较多的了解，被测评者的用人单位将成为与其关系较密切的对象。因此，他们都有必要较多地了解测评结果的解释过程，并且，他们有能力提供一些补充性的信息，为测评结果提供有力的验证或支持。

8. 要多给当事人鼓励或发展性建议

在利用测评的结果对当事人进行职业指导时，要多给当事人一些鼓励，帮助他们树立起自信心，要使他们能够看到自己的长处，并能在今后的职业中充分发挥自己的长处。对于他们的不足之处，应为他们提供一定的弥补和发展建议。在向用人单位推荐求职者的时候，也应注重向用人单位指出被推荐对象的未来发展潜力及今后的发展建议。

9. 要考虑结果报告的影响

不管何种目的的测验，都要保护受测者的心理不受伤害，因此，解释结果时一定要考虑测验分数的解释将给当事人带来什么心理影响。

由于对分数的解释会影响受测者的自我认识、自我评价，从而会影响他的行为。所以在解释分数时，一方面要十分慎重，另一方面要做必要的思想工作，防止被试因分数低而悲观失望，或因分数高而骄傲自满。

当然，由于标准化的心理测验是一种科学评定手段，对测评的实施和解释都有着严格的规定，因此结果解释要严格遵照测评手册进行，不能随意进行解释。解释者只能在其框架内对当事人进行必要的建议和引导，而不能歪曲测验结果。

测验结果的解释、报告和应用过程中，既要维护心理测验的科学性，同时又要从保护受测者的角度出发，为其提供相应的建议和措施，让测评结果更好地为个体未来的发展服务，而不能成为一个心理的负担。

三 测评结果应用中应注意的问题

除了上面提到的如何与当事人交流测评的结果之外，在测评结果的应用中还应注意以下问题。

1. 对来自不同测评工具的分数不能直接加以比较

来自不同测评工具的测评结果，由于其测量的内容不同、使用的尺度不同、常模的样本不同等，其分数不具有可比性，因此不能直接进行比较。这就好像是用一把尺子测得的结果与用一台秤测得的结果不能直接进行比较一样。值得注意的是，在有些情况下，尽管两个测验的内容范畴大致相同，测量的具体内容名称也基本相同，但这样的测评结果仍旧不能直接进行比较。例如，一个测验中的逻辑推理能力与另一个测验中的逻辑推理能力，虽然从表面上看是相同的，但由于两个测验的编制者对能力的理论构想完全不同，造成了逻辑推理能力的内涵也有可能不同，而且两个测验中评分的尺度以及使用的参照标准和常模都各不相同，因此也不能直接进行比较。同样的，在两个人格测验中，尽管有的分量表在使用的名称上是相同的，但具体的内涵是有差异的，因此不能直接进行比较。在有些情况下，为了使来自不同测评方法的测评结果能够比较，必须将两者放在统一的量表上。但这样做的前提是两种测评方法取自相同的样本，才能够使测验分数进行等值。

具体做法是：将两个测验都对同一个样本进行施测，并把两种测验的原始分数都转换成百分等级，然后用该百分等级作为中介，就可以作出一个等价的原始分数表。如果在测验 A 中原始分数 55 是 90 百分等级，而在测验 B 中原始分数 36 是 90 百分等级，那么 A 测验的 55 分就与测验 B 的 36 分等值。另一种方法是不用相同的百分等级作为中介，而用相同的标准分数作等值的基础，此种方法叫线性等值。

2. 测评结果受到多种因素的影响

测评结果受到测评者的遗传特征、测评前的学习与经验以及测评情境的影响。测评的结果仅仅是对被测评者目前状况的测量，至于他是如何达到这一状况的，则受到许多其他因素的影响。为了使对测评结果的解释更有意义，必须将被测评者在测评之前的背景和经验因素考虑进去。另外进行测评当时的情境也是一个需要考虑的因素。例如，一个被测评者可能由于情绪不好、身体不适或其他意外的干扰而得到较低的分数；当然也可能由于某些偶然的情况而得到意外的好分数。

3. 要将测评结果解释为一个范围

由于测验不是完全可靠（信度不足），应该永远把测验分数视为一个范围而不是一些确定的点，也就是要对测验分数提供带形的解释。倘若使用确切的分数，应说明这些分数不是精确的指标，而是我们对某人真实分数的最佳估计。

范围划定时还要注意一点，过大的范围将会失去测评的意义，比如，当一个测验的标准差很大时，95%的置信区间就可能涵盖很大的分数段，所以应根据不同的测验实际情况确定适当标准，将分数解释限定于特定范围。

4. 要将常模资料与效度资料结合起来

为了对测评结果作出确切的解释，只有常模资料是不够的，还必须有效度资料。没有效度验证的常模资料，只能说明一个人在常模群体中的相对位置，而不能作出预测或更多的解释。在解释测评结果时人们最常犯的一个错误就是仅仅根据测验的名称和常模数据去推论测评结果的意义，而忽略效度的不足或缺乏。例如，一个测验的名称是内向量表，并且有可以利用的常模资料，那么就很容易把得高分的人说成是内向性格，但效度资料并没有说明这一点。即使有效度资料，在对测评结果进行解释时也要十分谨慎。由于测验效度的概括能力是有限的，不同的常模团体和不同的施测条件，往往会得到不同的结果。在解释测评结果时，一定要依据从最相近的团体、最相匹配的情境中获得的资料。

练习与思考

1. 简述测评结果报告的内容结构。
2. 联系实际谈谈测验结果解释的原则。
3. 报告测评结果时，需要注意的问题有哪些？

本章小结

本章介绍测验结果反馈和测验结果报告的相关知识。

心理测验的结果可以以书面的方式报告，也可以在书面报告的同时配合口头说明和讨论。测验结果报告可以按照复杂程度分为两种情况：一种情况是受测者接受了单一的心理测验，只需要提供这种测验的结果报告；另一种情况是使用一套方法对受测者进行了比较全面的评估，则需要提供综合性的测验报告。一般来说，综合性的测验报告通常应包括以下部分：基本信息部分（性别、出生日期、测试日期、性别、转介信息）、接受测试的原因、心理评估的内容和程序、有关个人经历（心理问题的发展过程、以往的治疗经历、家族史、医疗史）、对测验结果的分析及对当事人的印象、诊断印象、总结和建议等。单一测验的结果报告可以包含所有这些成分，但可以根据情况的局限省去一些成分。

解释测验结果的原则有科学性的原则、客观性的原则、定量与定性相结合的原则、系统性的原则、发展性的原则。

第十三章 智力测验

本章学习目标
- 了解智力的概念及其相关理论
- 掌握中国比内测验的施测和结果解释方法
- 掌握韦氏智力测验的施测和结果解释方法
- 掌握瑞文推理测验的施测和结果解释方法
- 了解其他智力测验的内容

第一节 智力测验概述

智力测验是一种重要的心理测验技术,它不仅能够对人的智力水平的高低作出评估,而且可在某种程度上反映与病人有关的其他精神病理状况。因此,智力测验是心理测验中应用最广、影响较大的工具和技术。

一 智力的概念和性质

(一) 智力的概念

智力测验是为科学、客观地测定人的智力水平而按照标准化的程序编制的一种测量工具。

19世纪后半叶，哲学家斯宾塞（H. Spencer）和生物学家高尔登将古代拉丁词 intelligence 引入英文，其意义是代表一种天生的特点及倾向性，此即智力一词的来源。虽然智力已成为当前我国公众熟知率最高的心理学术语之一，但是对什么是智力，研究者迄今尚未达成共识。下面我们列举几个具有代表性的观点。

1. 智力是抽象思维的能力

主张此说者认为智力是一种抽象思维能力，如判断力、理解力、推理力、创造力等。比如，智力测验的创始人法国心理学家比内（A. Binet）认为，善于判断、善于理解、善于推理是智力的三要素。美国心理学家推孟（L. M. Terman）也认为，一个人的智力和他的抽象思维能力成正比。

2. 智力是一种学习的潜在能力

主张此说者认为智力是学习的能力，学习成绩代表智力水平。智力高的学生，能够学习较难的材料，学习快，获取和保存知识多，学习成绩也较好；反之，智力低的学生，只能学习容易的材料，学习慢，获取和保存知识少，学习的成绩也不好。例如，汉蒙（V. A. Hemon）认为："智力就是获得知识及保持知识的能力。"伯金汉（B. R. Buckingham）指出："智力就是学习的能力。"

3. 智力是适应新环境的能力

由于达尔文进化论的提出，引起人们对适应观点的重视，认为智力是人类适应环境的能力。智力越高者，适应环境的能力越强，即对新的情境从容应付、随机应变的能力越强。例如瑞士心理学家皮亚杰（J. Piaget）认为，智力的本质就是适应，儿童认识的发展就是个体对环境适应的逐步完善和日益智慧化的过程。这一类解释认为：在一特定的环境中，智力高的人能很快地作出相应的反应，智力低的人则相反。

4. 智力是各种认知能力的有机综合

主张此说的学者把智力看成一种整体的能力，是各种基本认识能力的综合。例如,我国著名儿童心理学家朱智贤认为,智力是一种综合认识方面的心理特征,主要包括三个方面:感知记忆能力,特别是观察能力;抽象概括能力(包括想象力);创造力,即创造性解决问题的能力。

这些观点只谈及智力的某些层面,后来也有心理学家将上述观点加以综合。比如韦克斯勒的定义是:"智力是一个人有目的的行动、合理思维和有效地处理周围环境汇合的或整体的能量。"我国较多的心理学家认为,智力大体上是指学习的能力、保持知识的能力、推理的能力及应付新环境的能力。

(二)智力的性质

在用智力测验作预测时,一般都假定所测量的智力是相对稳定的。但实际上人的任何一种能力都既有一定的稳定性,又有一定的可变性。

1. 智力的稳定性

许多研究资料表明,个体从小学到中学再到大学,其智力测验的分数有相当的稳定性。曾有瑞士心理学家对 4500 名青少年在 13 岁和 18 岁分别施测同样的智力测验,结果相关达 0.78。还有人用 SB 测验了 140 名 3 岁儿童,隔年重测发现相关达 0.83,9 年以后仍有 0.46 相关。一般而言,重测的时间越短,相关越高。当然,年龄较大者重测相关更高,预测能力会更强。

2. 智力的可变性

研究显示,在儿童生活中环境的变化能极大地影响智力。一般而言,生活在优良环境中的儿童智力会升高,而生活在不利环境中的儿童智力会降低。

洪奇克(M. Honzik)等曾对 222 名儿童进行长期追踪发现,从 6 岁施测到 18 岁再测,IQ 的相关颇高,但有 59% 的儿童 IQ 增减在 15 以上,37% 的儿童增减在 20 以上,9% 的儿童增减在 30 以上。他们进一步追踪儿童到 30 岁,发现 IQ 与家庭气氛有明显的关系,其中又以父母对子女教育成就的关心程度关系最密切。还有一些研究者发现，个体的人格特征对智力发展也有影响，其中儿童在 4.5 岁到 6 岁之间，智力受人格与环境因素影响最大。

二 智力结构

智力究竟是由几种因素构成的？不同的学者有不同的看法。有人主张单因素，有人主张二因素，也有人主张多因素，形成各种不同的智力结构理论。分析智力的结构对于了解智力的本质，合理设计智力测验，拟定发展智力的原则都是必要的。

（一）斯皮尔曼的二因素论

第一个提出智力结构理论的是英国心理学家斯皮尔曼（C. E. Spearman），他在对心理测验材料进行统计分析的基础上，于 1904 年首创智力的二因素理论。

斯皮尔曼认为，智力主要是一种普遍而概括的能力，他称这种因素为 G 因素（普通因素）。人的所有智力活动，如掌握知识、制订计划、完成作业等，都依赖于 G 因素，即每一项智力活动中都蕴涵这种普通因素。谁的 G 因素数量高，谁就聪明；如果一个人的 G 因素极少，那他肯定愚笨。心理学家若想界定一个人的智力高低，则需想方设法测出他的 G 因素数量。

斯皮尔曼还认为，在 G 因素之外，人的智力活动中还存在着 S 因素（即特殊因素）的作用，它代表个人的特殊能力，只是在某些特殊方面表现出来。他发现有五类特殊因素：口头能力、数算能力、机械能力、注意力和想象力。他认为可能还有第六种因素，即智力速度。如果说 G 因素参与所有智力活动的话，那么 S 因素则以一定的形式程度不同地参与到不同的智力活动中。

（二）瑟斯顿的群因素论

美国心理学家瑟斯顿（L. L. Thurstone）提出智力的群因素论。他认为，智力是由一群彼此无关的原始能力构成的，各种智力活动可以分成不同的组群，每一群中有一个基本因素是共同的。瑟斯顿把智力归纳为七种基本的心理能力。

（1）语词理解能力（V）：阅读时对文章的理解能力，由词汇测验测量。

（2）言语流畅性（W）：语词联想速度和正确的能力。

（3）数字计算能力（N）：数字运算的速度和正确性。

（4）推理能力（R）：根据已知条件进行推理判断的能力。

（5）机械记忆能力（M）：机械记忆，包括强记单词、数字、字母的能力。

（6）空间知觉能力（S）：运用感官及知觉经验以正确判断空间方向及空间关系的能力。

（7）知觉速度（P）：迅速而正确地观察和辨别事物的能力。

瑟斯顿曾根据上述七种基本心理能力编制了著名的基本心理能力测验，但测验结果和他的设想相反，各种能力之间都有不同程度的相关，尤其在年幼儿童中表现得更为突出。后来，瑟斯顿本人也承认可能有一种总的智力，但他继续强调分析各自的因子对智力的决定性作用。

（三）吉尔福特的三维结构理论

美国心理学家吉尔福特（J. Guilford）关于智力结构的研究是非常著名的。他认为，智力结构应从内容、操作和产品三个维度去考虑，并用三个维度的立体模型来描述智力的结构（图13-1）。

所谓内容，系指引起心智活动的各种刺激，亦即智力测验所包括的各类题目，包括四种因素。

（1）图形（F）：形状、大小、颜色、位置或实际物体，是人们通过感官得到的具体信息。

（2）符号（S）：字母、单词、数字或任何代码符号。

（3）语义（M）：表达一定意义的词、句子或观点。

（4）行为（B）：本人和他人行为的解释，即社会性智力。

所谓操作，系指由各种刺激引起的心智活动方式，亦即解决问题的心理过程，包括五种因素。

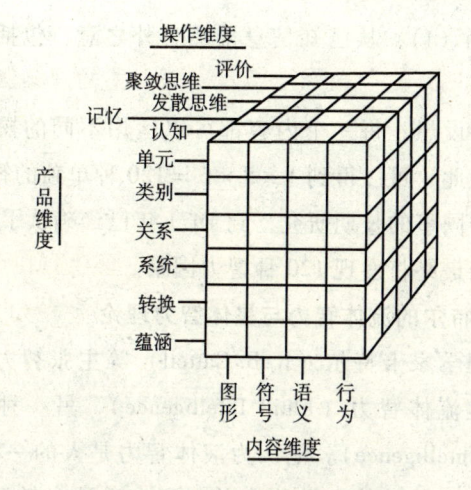

图 13-1　智力的三维结构模型

（1）认知（C）：对刺激物的发现、了解和识别的能力，以及发明的能力。

（2）记忆（M）：保持信息的能力。

（3）发散思维（D）：对刺激物作出的多样性的反应，或者说以不同的思维方式求得新的答案，反映了人的创造能力。

（4）聚敛思维（N）：用唯一的或"最好的"答案对刺激物作出反应，即得出一个正确答案的能力。

（5）评价（E）：依据已有标准对信息作出判断，或者说是批评、鉴赏能力。

所谓产品，系指心智活动的产物，亦即运用各种心智活动对各类问题处理的结果，包括六种因素。

（1）单元（U）：可以按单位计算的产物，如一个单词、数字或概念。

（2）类别（C）：对事物作出的分类，由一系列有关单元组成。

（3）关系（C）：单元与类别之间的关系。

（4）系统（S）：用逻辑方法组成的概念。

（5）转换（T）：某种改变，包括对安排、组织和意义的修改。

(6) 蕴涵（I）：从已知信息推测言外之意，包括了解寓意的含义。

吉尔福特设想，每一个内容都可以运用不同的操作而产生不同的产品，因此，可以得到 4×5×6＝120 种单独的智力因素。经过吉尔福特与同事的长期研究，到 1971 年已经确认了 98 种智力因素，他们相信最终将发现 120 种智力因素。

(四) 卡特尔的流体智力与晶体智力理论

美国心理学家卡特尔（R. B. Cattell）等主张智力由两种成分构成，一种是流体智力（Fluid Intelligence），另一种是晶体智力（Crystallized Intelligence）。他认为液体智力是人的一种潜在智力，主要和神经生理的结构和功能有关，很少受社会教育影响，与个体通过遗传获得的学习和解决问题的能力有联系，如瞬时记忆、思维敏捷性、反应速度、知觉的整合能力等。神经系统损伤时，液体智力就会发生变化。这种智力几乎可以转换到一切要求智力练习的活动中，所以称为流体智力。

晶体智力则主要是后天获得的，受文化背景影响很大，与知识经验的积累有关，是流体智力运用在不同文化环境中的产物。例如，知识、词汇、计算等方面的能力，包括大量的知识和技能，与学习能力联系密切。这种智力表现为来自经验的结晶，所以称为晶体智力。

一些研究表明：流体智力与晶体智力的发展是不同的，流体智力随生理成长曲线而变化，到 14、15 岁时达到高峰，而后逐渐下降；晶体智力不仅能够继续保持，而且还会有所增长，可能要缓慢上升至 25 岁或 30 岁以后，一直到 60 岁才逐渐衰退。从个体差异上看，流体智力水平的差异要比晶体智力的差异大。

三　智力差异

(一) 水平差异

研究表明，智力是随着年龄增长而发展变化的。在同龄人口中，人们的智力水平不同，有的智力高有的智力低；在不同的年龄阶段，人们的智力水平也存在着很大差异，有一个智力水平不断增长到稳定最后又逐渐衰退的过程，而且不同的智力因素，其发展的速度也很不相同。

1. 同龄人口中智力的分布

智力在同龄人口中基本上呈常态分布：两头小，中间大。即智力很高和智力很低的人都是极少数，而智力中等的人占绝大多数。标准的常态分布曲线是两侧完全对称，但近年的研究表明，智力分布曲线的两侧并不是完全对称的。智力低的一端范围较大，即智力低下的人比智力高的人为数略多。这是因为人类智力除按正常的变异规律分布外，还有许多疾病可以损害大脑，导致智力低下。

2. 智力发展的年龄变化

在人的一生中，智力的发展水平随年龄发展而变化，但并不是匀速直线前进的。若把智力发展与年龄的关系绘制成图，就会得到一条S形的线性曲线。这条曲线表明，智力在童年期迅速增长，在青春期增长缓慢，约在25岁达到顶峰，以后保持稳定到中年后期，在老年期逐渐下降。

各种智力因素的发展也存在明显差异，它们在发展的速度、高峰期范围、衰退时间方面都不相同。迈尔斯（W. R. Miles）等研究发现：知觉能力发展最早，在10岁就达到高峰，高峰期持续到17岁，从23岁便开始衰退；记忆力发展次之，14岁左右达到高峰期，持续到29岁，从40岁开始衰退；再次是动作和反应速度，18岁达到高峰期，持续到29岁，也是从40岁开始衰退；最后是思维能力，在14岁左右达到高峰期的为72%，有的18岁达到高峰期，持续到49岁，从60岁以后开始衰退。

（二）表现早晚差异

人的智力表现早晚是各不相同的。有的人在儿童时期就显露出非凡的智力和特殊能力，这叫"人才早熟"或能力的早期表现。

但也有人智力表现较晚即所谓"大器晚成"。一般说来，智力突出表现的年龄阶段在中年。

1. 早期表现

古今中外，人才早慧、智力早熟的神童举不胜举。唐代诗人王勃6岁善文辞，10岁赋诗，13岁时写成不朽名篇《滕王阁序》。白居易6个月就识"之"字和"天"字，6岁显诗才，9岁通声律，年纪很轻就写下"离离原上草，一岁一枯荣"的千古名句。德国大诗人、思想家、政治家歌德，4岁前就识字读书，能朗诵诗歌，8岁时已经能用德语、意大利语、法语、拉丁语和希腊语阅读和书写。我国当代超常儿童姚思，2岁时识汉字1200个，测试智商为243。湖南神童刘俊杰，4岁识字2500多个，破格上小学三年级；1992年不满9岁时，已经上高中二年级，学习成绩优良。

一个人的智力早熟与其以后的发展和事业的成就有很大关系。1922年，美国心理学家推孟选出1500名智力超常的儿童（他们的平均智商为150），建立他们的档案，对他们进行了长时间追踪研究。期间曾进行两次测验，参加测验的1000余人，成绩超过一般成人水平。1950年时，其中800个男子中有78人获得博士学位，48人获得医科学位，85人获得法律学位，74人正在或曾在大学任教，51人在自然科学或工程方面从事研究工作，104人任工程师，科学家中有47人编入1949年版《美国科学家年鉴》。所有以上数字和总人口中任意选取800个相应年龄个体比较起来大20~30倍。

2. 大器晚成

有许多人虽然早期没有突出表现，但后来作出了突出成绩。事实上有许多人的优异智力或天才表现较晚甚至到晚年才表现出来。著名画家齐白石40岁以后才表现出杰出的绘画才能。生物学家达尔文50多岁才开始出研究成果。摩尔根发表遗传理论时已经60多岁了。爱因斯坦天资不好，直到3岁才学会说话，在校成绩很一般，有时老师说他是"笨头笨脑的孩子"，10岁时因学业不好而被开除。

(三) 类型差异

智力是各种因素构成的综合体。同一种智力在不同的人身上会有不同的表现，构成了各种不同的智力类型。人们在知觉、表象、记忆、想象、言语和思维等方面都表现出类型差异。

智力的类型差异，除了表现在完成同一种活动时不同人可能采取不同的途径外，还表现在完成同一种活动时不同的人是由不同的智力因素的综合来保证的。例如，同样智力优秀的人，有的记忆力特强，抽象概括能力并不怎么好；有的则相反，抽象概括能力很好，而记忆能力并不突出。

(四) 性别差异

传统观点认为女性的智力较弱，但长期的研究结果表明，男女之间在智力上的差别总体平衡而部分不平衡，男女两性在不同的智力类型上各有优势。其差异表现在以下几个方面。

1. 男女智力发展水平的差异

就全体男性与全体女性的平均智力而言，总体上是平衡的。但在个体智力上有很大差异。男性智力低下与智力超常这两种情况和比率都高于女性，也就是说，男性的智愚较为悬殊，女性的智力发展则较为均匀。

2. 男女智力发展速度的差异

婴儿期，男女智力几乎没有差异。幼儿期，女孩的智力略高于男孩，但不明显。从学龄期开始，男女两性的智力出现了明显差异，女性智力明显优于男性。这种优势到了青春发育高峰期有所下降。从12岁以后男性的智力就开始逐渐赶上并开始超过女性，并随年龄的增长这种优势表现得越来越明显；这种优势一直维持到整个青春发育期结束，以后这种明显的年龄差异才逐渐减弱。

男女在智力上的表现也有早晚差异。就"早慧"这一方面而言，女性在音乐、舞蹈等艺术领域较男性更早地显露出才能。在文学方面，特别是编讲故事方面，女性早期表现的比率也大于男性。而在绘画、书法方面，男性早慧的比率大于女性。就"晚成"

而言，女性在文学、艺术、新闻、教育、医疗等方面较明显、较多。而男性在哲学、经济学、自然科学方面较多一些。

3. 男女智力类型的差异

感知方面：女性感知一般优于男性，但在空间知觉能力方面不如男性，女性更容易产生各种错觉和幻觉。

注意力方面：女性的注意稳定性优于男性，但注意的转移品质不如男性。一般说来，女性较男性更容易在实践活动中获得较高的注意分配性，另外，男性的注意多定向于物，而女性注意多定向于人。

记忆方面：女性擅长形象记忆、情绪记忆和运动记忆，但逻辑记忆不如男性。女性长于机械记忆，而男性长于意义记忆。

思维方面：女性更多地偏向形象思维，而男性偏向抽象逻辑思维。从总体上讲，无论是思维的深刻性，还是思维的灵活性、独创性和敏捷性，男性均优于女性。

想象方面：无意想象上的性别差异不明显，在有意想象的发展上，女性更容易带有形象性的特点，男性更容易带有抽象性的特性。在再造想象中，男女两性无明显的水平差异，但在创造想象中，男性水平明显高于女性。

四　智力的标定方法

（一）智力年龄

19世纪末，比内（A. Binet）首创智力测验的理论和方法。1904年比内与其助手西蒙（T. Simon）编制了世界上第一个正式的心理测验，以后于1908年第一次进行修订。修订后的量表首先采用了心理年龄，或称智力年龄（MA）的概念，简称心龄或智龄。

智力年龄实际上是一种年龄量表，也是用年龄来表示测验分数。比内—西蒙量表是将测验题目分成各个年龄组，被某个年龄组的大多数儿童通过的题目，即放在这一年龄组。被试完成多少题目就可相应计算出其智龄高低。

以智龄为单位表示智力测验的结果，即可说明某儿的智力达到何年龄水平，也可以说明某儿聪明还是愚笨。例如，测得某小儿的心龄为 5 岁，如他的实足年龄也正好是 5 岁，便说明他智力中常；如他的实足年龄已是 8 岁，则属低能儿；相反，如他的实足年龄只有 3 岁，那他就是一个很聪明的小孩。但是，心龄不能表示聪明或愚笨的程度，如果要比较不同年龄的两个小孩哪个更聪明或更愚笨，只用心龄便无法解决，就需要计算智商了。

（二）比率智商

比内—西蒙量表传入美国后，斯坦福大学推孟教授于 1916 年对其修订而成斯坦福—比内量表。它在心理年龄的基础上，以智商表示测验结果，即以后所说的比率智商。

比率智商（IQ）被定义为心理年龄（MA）与实足年龄（CA）之比。为避免小数，将商数乘以 100，得

$$IQ = \frac{MA}{CA} \times 100 \qquad (13-1)$$

如果一个儿童的心理年龄等于实足年龄，他的智商就为 100。IQ 等于 100 代表正常的或平常的智力，IQ 高于 100 代表发展迅速，低于 100 代表发育迟缓。

比率智商提出后，普遍被心理学界和医学界接受。但由于个体智力增长是一个由快到慢再到停止的过程，即心理年龄与实足年龄并不同步增长，因此比率智商并不适合于年龄较大的被试。另外，由于不同年龄组儿童的比率智商分布的情况是不一样的，因而相同的比率智商分数在不同年龄就具有不同意义。基于这种考虑，心理学家韦克斯勒提出了离差智商的概念。

（三）离差智商

离差智商是一种以年龄组为样本计算而得的标准分数，为使其与传统的比率智商基本一致，韦克斯勒将离差智商的平均数定为 100，标准差定为 15。所以离差智商建立在统计学的基础之上，

它表示的是个体智力在年龄组中所处的位置，因而是表示智力高低的一种理想的指标。具体公式如下：

$$IQ = 100 + 15z = 100 + \frac{15(X - \bar{X})}{SD} \qquad (13-2)$$

式中：X——被试的量表分数；

$\bar{X}$——被试所在年龄水平的平均量表分数；

SD——这一年龄水平被试的量表分数的标准差。

在实际工作中，通常将原始分数与 IQ 值的对应关系计算出来作为常模表，使用时可以在常模表上按其年龄直接查出智商。

由于离差智商的提出，过去曾使用比率智商的许多测验在后来也使用了离差智商，如在 1960 年后的斯—比测验中，就使用的是平均数为 100，标准差为 16 的标准分数量表。

必须指出，从不同测验获得的离差智商只有当标准差相同或接近时才可以比较，标准差不同，其分数的意义便不同。从表 13-1 中可以看到在不同标准差条件下，相同的智商分数，便具有不同的人数百分比。

表 13-1 以 100 为平均数不同标准差的百分比差异

分组分数	百分数分布			
	$SD=12$	$SD=14$	$SD=16$	$SD=18$
130 以上	0.7	1.6	3.1	5.1
120~129	4.3	6.3	7.5	8.5
110~119	15.2	16.0	15.8	15.4
100~109	29.8	26.1	23.6	21.0
90~99	29.8	26.1	23.6	21.0
80~89	15.2	16.0	15.8	15.4
70~79	4.3	6.3	7.5	8.5
70 以下	0.7	1.6	3.1	5.1
总 计	100.0	100.0	100.0	100.0

从表中不难看出，当标准差（SD）为16时，IQ在70分数线以下有3.1%；SD为18时却有5.1%的个案。同样，对于90~109的智商，当标准差为12和18时，在正态分布中所包含的人数也有所不同，分别为59.6%和42%。因此，采用离差智商来解释测验分数时，务必注意标准差的差异。

目前在国内外最有影响的、适用范围较广的代表性智力测验有比内智力量表、韦氏智力量表和瑞文推理能力测验，我们将分节进行介绍。

第二节　比内智力量表

比内智力量表是最早的智力测评工具，比较著名版本有比内—西蒙智力量表、斯坦福—比内量表和中国比内量表。

一　比内—西蒙量表

（一）背景

比内—西蒙量表是智力测验中运用广泛、影响较大的一种工具和技术。该量表第一次由法国心理学家比内（A. Binet）和医生西蒙（T. Simon）于1905年编制而成，称比内—西蒙量表。1905年的量表有30个由易到难排列的项目，可用来测量各种各样的能力，特别侧重于判断、理解、推理能力，亦即比内所谓智力的基本组成部分。题目从易到难排列，以通过题数的多少作为鉴别智力高低的标准。

1908年和1911年作者对量表先后修订了两次，测验项目增加到59个，并按年龄分组，从3岁到15岁。此外，在此次修订本中他将测验成绩用"智力年龄"表示，建立了常模，即儿童通过哪个年龄组的项目，便表明他的智力与几岁儿童的平均智力水平相当，这是心理测验史上的一个创新。

（二）测验内容

1908年量表的标准化样本是1905年量表的4倍多，包括203名法国巴黎的儿童。项目依据年龄分组，一个项目放在哪一个年龄组，标准是该年龄组样本必须有2/3~3/4的人通过该项目。表13-2是每一年龄组所包括的项目例子。

表13-2　1908年比内—西蒙量表的项目举例

年龄水平3（5个项目） 1. 指出脸部的不同部分 2. 复述2个数字	年龄水平4（4个项目） 1. 命名熟悉的物体 2. 复述3个数字
年龄水平5（5个项目） 1. 仿画一个立方体 2. 复述一个10音节句子	年龄水平6（7个项目） 1. 说出年龄 2. 复述一个16音节的句子
年龄水平7（8个项目） 1. 仿画一个菱形 2. 重复5个数字	年龄水平8（6个项目） 1. 回忆一节引文中的2个项目 2. 说出两个物体之间的差别
年龄水平9（6个项目） 1. 回忆出一节引文中的6个项目 2. 背诵出一星期的每一天	年龄水平10（5个项目） 1. 以提供的3个常用词造句 2. 依顺序背诵出一年中的每个月
年龄水平11（5个项目） 1. 定义抽象词（例如："正义"） 2. 判断荒谬陈述错在哪里	年龄水平12（5个项目） 1. 复述7个数字 2. 说出画的意义
年龄水平13（3个项目） 1. 说出成对抽象词之间的差别	

（三）施测过程

（1）施测方式：个别测验。

（2）时间：每个人施测的时间是30~85分钟。

（3）计分：量表仅得出一个分数，即智力年龄。将受试者的表现与特定实际年龄组的平均表现相比较而得到，根据通过题目所属的年龄组确定智力年龄。

（4）分数解释：通过智力年龄与儿童的实足年龄比较解释智力水平的优劣。智力年龄等于实足年龄，说明智力正常；智力年龄大于实足年龄，说明智力超常；智力年龄小于实足年龄，说明智力低常。此外，比内将智力缺陷划分为白痴、低能和愚笨三种程度。白痴是指最严重的智力障碍，低能是指中等程度的智力障碍，愚笨是最轻程度的智力障碍。比内认为遵循简单指导和模仿简单动作（项目6）的能力是成人白痴的上限，能够识别躯体部分或简单物体（项目8）则已不能算作成人的严重智力障碍。而项目16要求受试者说出两个具有共性的物体之间的差别（比如木头与玻璃），这种能力是成为低能的上限。

二 斯坦福—比内量表

（一）背景

美国斯坦福大学教授推孟（L. M. Terman）在1916年修订了比内—西蒙量表，即斯坦福—比内智力量表。该测验有90个项目，其最大特点是引入智力商数（Lntelligence Quotient, IQ, 简称智商）的概念。所谓智商，就是心理年龄（MA）与实足年龄（CA）之比，也称比率智商，作为比较人的聪明程度的相对指标。

20年后，推蒙和助手梅里尔（M. A. Merrill）于1937年第一次对斯坦福—比内量表进行修订，修订后由L型和M型两个等值量表构成。1937年量表比1916年量表所测年龄范围扩大，1916年量表范围为3~13岁，1937年量表为2~18岁。并且，此次修订重新选择样本的代表性使量表信度和效度符合编写要求。

1960年，推蒙和梅里尔再度合作，将1937年量表L型和M型中的最佳项目合并成单一的量表，称L-M型。1960年修订后的斯坦福—比内量表共有100多个项目，这些项目被分为20个年龄组。2~5岁儿童每半岁为一组，每组有6个正式项目，一个备用项目；6~14岁每一岁为一组，每组也有6个正式项目和一个备用项目。此外还有一个普通成人组和三个不同水平的优秀成人组的项目。此次修订除样本的代表性较1937年时更广泛外，重大的改革是采用了韦氏量表的离差智商替代比率智商，其平均数为100，标准差为16。

1972年,推蒙和梅里尔对斯坦福—比内量表又作了一次修订,测验本身未修订,只是对1960年修订本重新作了标准化,常模是从更具代表性的新样本中得到的。其修订本于1973年出版。

斯坦福—比内量表在测量史上具有重要意义,是一种实用的智力测验工具,但随着时间的推移,暴露出许多不足之处。为了解决这些问题,1985年桑代克(R. L. Thondike)、哈根(E. P. Hagan)和沙特勒(J. M. Sattler)等对斯坦福—比内量表进行了重大修改,称斯坦福—比内量表第四版($S-B_4$)。这次修订的版本与以往各次修订的版本相比有很大的不同,从智力模型、实施测验、计分与结果解释,都作了很大改变。

(二) 测验内容

1. $S-B_4$ 的理论模型

$S-B_4$ 的编制者用一个三层次的认知能力结构模型作为编制量表的框架。这一模型的最高层是一般智力G因子;第二层采用了改良过的卡特尔的流体智力与晶体智力,在此之外又增加了短时记忆能力。其中晶体智力之下又分为语言推理和数量推理两种能力,流体智力又称为抽象/视觉推理能力。在这里我们可以看出,$S-B_4$ 比其他任何总体智力测验更为强调记忆能力。

2. $S-B_4$ 的分测验

$S-B_4$ 由15个分测验组成,其中9个测验来源于第三版,另外6个是新添项目,这是 $S-B_4$ 第一次使用分测验的形式。这15个分测验是对四个认知区域的评估,它们分别是:(1)语言推理,包括词汇、理解、谬误和语词关系四个分测验;(2)数量推理,包括数量、数列关系和建立等式三个分测验;(3)抽象/视觉推理,包括图形分析、仿造、矩阵和折纸剪纸四个分测验;(4)短时记忆,包括珠子记忆、语句记忆、数字记忆和物品记忆四个分测验(见图13-2)。

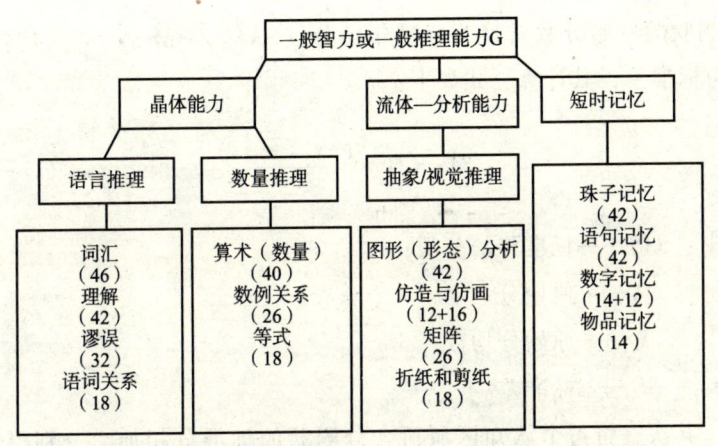

```
                   ┌─────────────────────┐
                   │ 一般智力或一般推理能力G │
                   └─────────────────────┘
          ┌─────────────┼──────────────┐
      ┌───────┐     ┌─────────┐    ┌───────┐
      │ 晶体能力 │     │流体—分析能力│    │ 短时记忆 │
      └───────┘     └─────────┘    └───────┘
     ┌────┴────┐    ┌────┴────┐        │
  ┌─────┐ ┌─────┐ ┌─────┐ ┌────────┐ ┌────────┐
  │语言推理│ │数量推理│ │    │ │抽象/视觉推理│ │        │
  └─────┘ └─────┘ └─────┘ └────────┘ └────────┘
```

图中各分测验：
- 词汇（46）
- 理解（42）
- 谬误（32）
- 语词关系（18）
- 算术（数量）（40）
- 数例关系（26）
- 等式（18）
- 图形（形态）分析（42）
- 仿造与仿画（12+16）
- 矩阵（26）
- 折纸和剪纸（18）
- 珠子记忆（42）
- 语句记忆（42）
- 数字记忆（14+12）
- 物品记忆（14）

注：图中的数字表示分测验的题数。

图 13 - 2 斯比量表第四版的理论框架和测验的构成

对每个被试不一定都要实施全部的 15 个分测验，有些测验只限于一定的年龄范围。例如，语词关系和建立等式对年幼儿童来说太难了，通常只施测于 8 岁及 8 岁以上的被试；而找错和复制分测验对年长被试来说过于容易，所以一般用于 10 岁以下的被试。一个全套的测验一般包括 8~13 个分测验。实际的测验数量由被试的年龄来决定。有时为了特殊的目的或由于特殊的原因，也可以采用简式。简式包括 4~8 个分测验。

（三）施测过程

在 $S-B_4$ 的实施中，词汇测验总是为第一个分测验，它的功能是作为唤起测验，根据词汇分测验的分数和实际年龄，施测者就能决定被试在其余分测验上从哪一个水平进行测验。施测其他分测验时，主试需为每个分测验决定基准水平和最高水平。基准水平就是在 $S-B_4$ 的分测验中，低于此水平被试基本都能正确回答的项目水平；而最高水平，就是在此以上，被试几乎不能正确回答的项目水平。确定了基准水平和最高水平，测验也就终止了。

$S-B_4$ 和 L-M 型一样，也是采用离差智商计分法。首先把各分测验的原始分数转换为标准年龄分（SAS），SAS 以 50 为均值，8 为标准差，其计算公式如下：

$$SAS = 50 + \frac{8(X - \bar{X})}{SD} \qquad (13-3)$$

式中：SAS——标准年龄分数；
   X——原始分；
   $\bar{X}$——原始分均数；
   SD——标准差。

其次，将每个认知区域所含分测验的标准分相加，分别得到语言推理、数量推理、抽象/视觉推理和短时记忆四个区域分。最后，各认知区域分相加转换为合成标准年龄分（SAS），按均值为 100，标准差为 16 的公式计算。

S-B₄ 标准化样本是按 1980 年美国人口调查结果进行的分层抽样，总体样本为 5013 个被试，产生了 2 岁 0 个月到 23 岁 11 个月的常模。由于 S-B₄ 适用于任何年龄被试，因此产生 24 岁及 24 岁以上年龄个体的常模仅是一个时间问题。

三　中国比内量表

（一）背景

比内—西蒙测验最早于 1916 年传入我国，1924 年陆志韦先生在南京发表了他所修订的《中国比内—西蒙智力测验》，这套测验是根据 1916 年的斯坦福—比内量表修订的，适合于江浙儿童使用。1936 年又与吴天敏进行了第二次修订，使用范围扩大到北方。第二次修订本对 6~14 岁儿童被试较为可靠，6 岁以下及 14 岁以上儿童虽能测验，但准确性稍差。

1979 年，吴天敏教授进行了第三次修订，称作《中国比内测验》。此次修订作了较大修改，增删了部分项目。在评定成绩的方式上，放弃了比率智商，而采用离差智商的计算方法来求 IQ。

(二) 测验内容与材料

1. 测验的内容

中国比内测验共 51 个题目，测题按难度顺序排列，测验对象年龄范围为 2～18 岁，基本上每岁 3 个试题。全部内容如表13－3 所示。

表 13－3　中国比内测验

1. 比圆形	18. 找寻数目	35. 方形分析（二）
2. 说出物名	19. 找寻图样	36. 记故事
3. 比长短线	20. 对比	37. 说出共同点
4. 拼长方形	21. 造语句	38. 语句重组（一）
5. 辨别图形	22. 正确答案	39. 倒背数目
6. 数纽扣13个	23. 对答问句	40. 说反义词（二）
7. 问手指数	24. 描画图样	41. 拼字
8. 上午和下午	25. 剪纸	42. 评判语句
9. 简单迷津	26. 指出谬误	43. 数立方体
10. 解说图画	27. 数学技巧	44. 几何形分析
11. 找寻失物	28. 方形分析（一）	45. 说明含义
12. 倒数20至1	29. 心算（三）	46. 填数
13. 心算（一）	30. 迷津	47. 语句重组（二）
14. 说反义词（一）	31. 时间计算	48. 校正错误
15. 推断情景	32. 填字	49. 解释成语
16. 指出缺点	33. 盒子计算	50. 区别词义
17. 心算（二）	34. 对比关系	51. 明确对比关系

2. 测验材料

中国比内智力量表（2～18 岁）工具箱，主要包括以下必备物件。

（1）两个 1 寸半×2 寸半的长方形（最好用卡片纸），把其中一个剪成两个三角形。

（2）黑色（或灰色）纽扣 13 个。

（3）三张卡片分别写上桌子、饼、老鼠，汽车、工人河，妈妈、老师、我。

（4）3 寸见方白纸若干张（每人用 1 张）。

（5）五张卡片分别写上爱、残暴、光荣、狡猾、隆重。

（6）剪刀一把。

（7）铅笔两支。

（8）橡皮一块。

（9）小草稿纸若干张。

（10）跑表（或有秒针表）一只。

（11）记录纸若干份（每人一份）。

（三）测验施测

1. 施测过程

测验开始之前，主试让被试或替被试填明记录纸上的简历，并签上自己的姓名。请主试签名是为了日后遇有情况不清之处，以便请主试协助解决。

施测时，让被试或替被试填明记录纸上的简历，并签上自己的姓名。先根据被试的年龄从测验指导书的附表中查到开始的试题，然后按指导书的实施方法进行测验。通过 1 题计 1 分，连续 5 题不通过停止测验。将被试答对题目的分数，加上承认他能通过的题目的补加分数，便得到测验的总分。最后，根据被试的实足年龄和总分，从指导书的智商表中查到相应的智商。

施测时主试被试对坐。主试可将指导书立在面前，以免被试窥视主试的记录，思想被到扰乱。主试对被试必须保持一般的和善态度。对于被试的有关试题内容的探索性问题，一概支吾过去，比如对他说："你自己想一想"。对于他的答案，不论对与不对，都不要表示肯定或否定的神态，以免影响他的测验效果。除按指导语让被试回答试题外，凡属闲话，一概不说。

对照着记录纸，逐题地熟读各试题的指导语，要求能在指导被试做每个试题时，自然而然准确地说出，至少能在边读边说的情况下，不致张口结舌或自行编造。张口结舌，势必削弱被试对主试的信心；自行编造指导语，必然导致不同的测验结果，破坏测验的科学性。

主试必须按照各试题的时限控制时间，不可随意延长或缩短。时限不包括主试用的时间。被试连续有五题不通过时，停止测验，并对他说"好了，就到这儿吧，谢谢你"。这句"谢谢你"很重要，能解除被试的紧张情绪，也是对被试的礼貌。

2. 测验的计分

请把每一试题的分数（通过1题给1分。不通过不给分）记在记录纸上各题后的括号里。记录答案时请把答案记在题号之后的横线上。要尽量记录被试原话，以便根据真实材料核对分数或解决有关问题。

（1）通过1题计1分。各试题附带的答案，有的是唯一正确答案，是不能牵强附会的；有的则只是代表性答案，凡符合答案含义的答案，即使语句与它不同，也是可以通过的。

（2）将被试者答对若干试题的分数，加上承认他能通过后试题的分数，即"补加分数"，便得到测验的总分。

（3）根据被试的实足年龄和总分，从指导书的智商表中即可以查到相应的智商。在这里实足年龄的计算是用测验的年、月、日减去出生的年、月、日，结果计年和月份，凡超过15天或整15天的日数按一月计，不足15天的一律不计。

为了查明被试的智商（IQ）请先按附表2算出他的实足年龄，记在他的记录纸上，然后在智商表上，按他的实足年龄（岁、月）和总分，找到他的智商。总分包括两个部分，一部分是被试答对若干试题的总分数，另一部分是根据附录1，承认他能通过的试题的分数，即"补加分"。按一般习惯，智商在 90~110，表示智力中等。从本测验得到的智商，表明一个受试在同年岁的儿童或青少年中的相对智力水平。

3. 结果的解释

中国比内测验现在也是采用离差智商的计算方法，但因其智商的平均数为 100，标准差为 16，故智商的分级标准也不同于韦氏智商（见表 13-4）。

表 13-4 中国比内测验的智商分布

智力等级	智商范围	理论百分数（%）
非常优秀	≥140	1.6
优　秀	120~139	11.3
中　上	110~119	18.1
中　等	90~109	46.5
中　下	80~89	14.5
边缘状态	70~79	5.6
智力缺陷	≤69	2.9

另外，智力缺陷又可分为愚鲁（IQ 为 50~69）、痴愚（IQ 为 25~49）和白痴（IQ 为 25 以下）三个等级。

第三节 韦克斯勒智力量表

韦克斯勒智力量表（Wechsler Intelligence Scale，WIS），由美国纽约贝勒维精神病院的心理学家韦克斯勒所编制，是继比内—西蒙智力量表之后为国际通用的另一套智力量表，包括韦克斯勒—贝勒维智力量表（Wechsler-Bellevue Scale，即 W-B）、韦氏儿童智力量表（Wechsler Intelligence Scale for Children，WISC）、韦氏成人智力量表（Wechsler Adult Intelligence Scale，WAIS）以及韦氏学龄前和幼儿智力量表（Wechsler Preschool and Primary Scale of Intelligence，WPPSI）四个智力量表及其修订本。

一 韦克斯勒智力量表概述

在韦克斯勒以前，个别实施的智力测验一直是不成功的。从1934年开始，韦克斯勒致力于智力测验的编制研究。1939年韦克斯勒首先编制成韦克斯勒—贝勒维量表（W-B），可用于成人及儿童。随后又编制出平行本，称 W-BⅡ，因此称前者为 W-BⅠ。1949年将 W-BⅡ 发展和修改成韦氏儿童智力量表，成为继比内测验之后又一个应用最广的儿童智力量表。韦氏儿童智力量表是对6~16岁儿童的认知能力进行评估的、个别施测的临床工具。

1955年将 W-BⅠ 修订成韦氏成人智力量表，从年龄上与WISC相衔接，适用于16岁以上成人的智力评估。1967年韦克斯勒又编制了韦氏学龄前及幼儿智力量表，至此一套从4岁幼儿到成人的三个著名智力量表编制成功。

20世纪70年代初，韦氏着手修订他自己编制的智力量表，1974年出版了韦氏儿童智力量表修订本（WISC-R），1981年出版了韦氏成人智力量表修订本（WAIS-R），1989年出版了韦氏学龄前及幼儿智力量表修订本（WPPSI-R），1991年又出版了韦氏儿童智力量表第三版（WISC-Ⅲ）。2003年，韦氏儿童智力量表完成第三次修订，形成了第四版（WISC-Ⅵ）。WISC-Ⅵ结合了当代认知心理学和神经心理学的最新研究成果，进一步增加对流体推理、工作记忆和加工速度的测量。

韦氏智力量表主要指 WAIS-R、WISC-R 和 WPPSI 这三个量表，三者均包括相同的分测验，因年龄关系，有一些在形式上作了一些变更，还有少数量表中的分测验有增减（表13-5）。

表 13-5 韦氏各智力量表的分测验名称

	WAIS-R (适用于16岁以上成人)	WISC-R (适用于6-16岁儿童)	WPPSI (适用于4岁至6岁9个月幼儿)
言语量表	常识（I） 理解（C） 算术（A） 类同（S） 数字广度（D） 词汇（V）	常识（I） 类同（S） 词汇（V） 理解（C） 算术（A） [数字广度（D）]	常识（I） 类同（S） 词汇（V） 理解（C） 算术（A） [填句（Se）]
操作量表	数字符号（DS） 图画填充（PC） 积木图案（BD） 物体拼凑（OA） 图片排列（PA）	图画填充（PC） 物体拼凑（OA） 积木图案（BD） 图片排列（PA） 译码（CO） [迷津（Ma）]	图画填充（PC） 物体拼凑（OA） 积木图案（BD） 几何图形（GD） 迷津（Ma） [动物房子（AH）]

我国对上述三个量表均进行了修订。1979~1980年由龚耀先主持，全国56个单位协作修订了韦氏成人智力量表；1980~1986年由林传鼎和张厚粲共同主持并与全国22个单位协作修订了韦氏儿童智力量表；同年龚耀先和戴晓阳主持，全国63个单位协作修订了韦氏学前及幼儿智力量表。下面我们就中国修订版本的应用方法进行简要说明。

二 中国修订韦氏成人智力量表（WAIS-RC）

我国的修订本 WAIS-RC 分城市和农村两式，这是为了适应我国目前城市和农村人口在文化生活和教育程度上尚有某些差异而设计的。城市和农村两式的测验项目相同，计分标准也一样，但各分测验项目的难易排列顺序和计算量表分与智商的标准不同。两式各包括11个分测验，其中言语部分包括常识、理解、算术、类同、数字广度、词汇6个分测验，操作部分包括数字符号、图画填充、木块图、图片排列、物体拼凑5个分测验。

(一) 常识 (Information)

包括29个项目，涉及比较广泛的知识内容。如"国庆节是哪一天？"、"一年中哪个季节白天最长？"等。主要测量人的知识广度、一般的学习及接受能力、对材料的记忆及对日常事物的认识能力。测验中每题答对算1分，答错为0分。

为什么要安排常识测验呢？韦克斯勒认为在日常生活中人们接触常识的机会应基本相同，但由于智力水平不同，每人所掌握的知识就会有所不同。智力越高，兴趣越广泛，好奇心越强，所获得的知识就越多。常识还可以反映长时记忆的状况。常识还与早期疾病有关，自幼患病，会减少同外界的接触的机会，获得的常识就较少。因此，常识还具有临床诊断的意义。常识测验主要是测量智力的一般因素。常识分量表在实施顺序上为第一个，是因为这一测验不易引起被试的紧张和厌恶，通过这一测验能与被试建立合作关系。常识测验的缺点是容易受到文化背景的影响。

(二) 理解 (Comprehension)

包括14个测题，依难度排列，主试把每个问题呈现给被试，要求其说明每种情境下最佳的活动方式和对常用成语的解释。如"我们为什么要洗衣服？"、"白天如果在森林里迷了路你将怎么办？"等。连续5题失败即终止测验。测题有0、1、2三种计分。理解测验主要测量实际知识、社会适应能力和组织信息能力，能反映被试对于社会价值观念、风俗、伦理道德是否理解和适应，在临床上可以鉴别脑器质性障碍的患者。该测验对智力的一般因素负荷较大，与常识测验相比，受文化教育的影响较小。缺点是评分标准难以统一掌握。

(三) 算术 (Arithmeric)

包括14个测题，依难度排列，都是文字型的算题，由主试口头提问，被试在解答测题时，不能使用笔和纸，而只能用心算来解答。一般小学文化的人就可以完成。如"4元加5元共几元？"、"每打铅笔是12支，两打半应有多少支？"等。测题有0、1两种计分，速度快者可加分。算术测验主要测量最基本的数理知识、数学思维和主动注意的能力，该测验能够较快地测量被试运用数字的技巧。缺点是容易产生焦虑和紧张，且易受性别的影响。

（四）类同（Similarities）

包括13对成对的词汇，每对词表示的事物都有共同性，要求被试对共同性进行概括。如"斧头和锯子在什么地方相似？"、"空气和水在什么地方相似？"等，测题按难度排列，连续5题失败即终止测验。测题有0、1、2三种计分。该测验测量逻辑思维能力、抽象思维能力、分析能力和概括能力。类同测验简便易行，评分也不太困难。在临床诊断上有意义，脑器质性疾病成绩偏低。

此量表的信度是相当令人满意的，全量表智商在各年龄组中的信度为0.96~0.98，言语智商的信度是0.95~0.97，操作智商的信度是0.88~0.94。各分测验的信度相对低一些。它与斯坦福—比内量表的相关达到0.80以上。

（五）数字广度（Digit Span）

包括顺背和倒背两个部分，顺背最多由12位数字组成，倒背最多由10位数字组成。实施时要求背诵的数字位数是依次增大的，且先安排顺背后安排倒背。主试按每秒1个数字的速度读出数字后，要求被试顺背或倒背出来。若同样位数的两个数字都不能背出，即终止测验。主要测量人的注意力和短时记忆能力。

该测验注意测量瞬时记忆能力，但分数也受到注意广度和理解能力的影响。韦克斯勒认为，数字广度测验对智力较低者可以测其智力，而对智力较高者实际测量的是其注意力，智力高者在该测验得分上不一定高，有时其倒背成绩会高于顺背成绩。该测验对数字能力强但智力不高的人有利。数字广度测验能较快地测出记忆力和注意力，不会引起被试较强的情绪反应，也不大受文化教育程度的影响，且简便易行。但其可靠性较低，测验受偶然因素的影响较大，对智力的一般因素负荷不是很高。

(六) 词汇 (Vocabulary)

包括40个词汇，每个词汇写在一张词汇卡片上，通过视觉或听觉逐一呈现词汇，要求被试解释每个词汇的一般意义。包括37个词汇，例如，"床铺是什么意思?"、"机关是什么意思?"等，连续6个词回答失败即终止测验。测验题目有0、1、2三种计分。主要测量人的言语理解能力，同时了解其知识范围和文化背景。

词汇测验用来测量被试词汇知识和其他与一般智力有关的能力。韦克斯勒认为，生活在同一文化环境中的人基本上共同地接受这种文化，年龄大的人接受的文化相对多些，同年龄中智力较高者相对接受的较多。另外，经历丰富、受教育程度高的人，接受的也多些。该测验与抽象概括能力也有关。研究表明，该测验是测量一般智力因素的最佳单项测验，可靠性也较高。缺点是评分较难，测试时间较长，受文化背景及教育程度的影响较大，有些人仅凭记忆力好也能得到高分。

(七) 数字符号 (Coding of Digit Symbol)

共有90对数字符号，要求被试在规定的时限内，依据所提供的数字符号关系，在数字下部填入相应的符号，见图13-3。测题有0、1计分。该测验主要测量一般的学习能力、注意力、知觉辨别能力、简单感觉运动的持久力、建立新联系的能力和速度。该测验评分快速不大受文化背景的影响。缺点是不能很好地测量智力的一般因素。

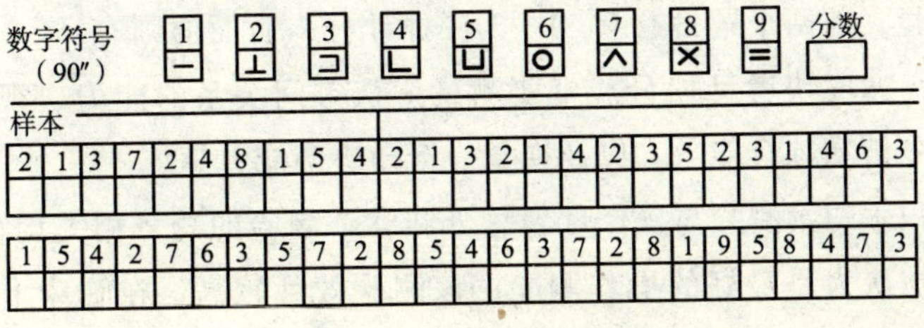

图13-3 数字符号测验图例

（八）图画填充（Picture Completion）

由 21 张卡片组成，每张图片上都有意缺少了一个主要的部分，要求被试在规定的 20 秒内，指出图上缺少了什么。测验中每题答对得 1 分，答错得 0 分（图 13-4）。该测验用来测量视觉敏锐性、记忆力和细节注意能力。

图 13-4　图画填充测验图例

韦克斯勒认为，人们在心理发展过程中对所接触的日常事物会形成完整的印象，这对于人们适应外界环境是十分重要的。填图测验比较容易完成，被试感到有趣。该测验能够测量智力的一般因素，在临床上也有意义。具有病态观念的患者往往将自己的思想投射到测验中去，智力落后的患者的填图成绩很差，该测验的缺点易受个人经验、成长环境的影响。

（九）积木图案（Block Design）

共 10 个测题，使用 10 张卡片和 9 块积木，要求被试用 4 块或 9 块积木，按照卡片上的图案排列积木（图 13-5）。每块积木两面为红色，两面为白色，另两面为红、白各半。前两个图案允许被试做两次，后面的则只允许被试做一次，连续 4 个图案失败就停止测验，前两个题目有 0、1、2 三种计分，后面的则有 0、2 两种计分，速度快者可加分。主要测量辨认空间关系的能力、视觉结构的分析和综合能力，以及视觉—运动协调能力等。

积木图案测验与操作量表总分和整个测验的总分相关均很高，因此被认为是最好的操作测验。该测验效度较高，在临床上可以帮助诊断知觉障碍、分心、老年衰退等症状，比较而言，该测验受文化影响较少。

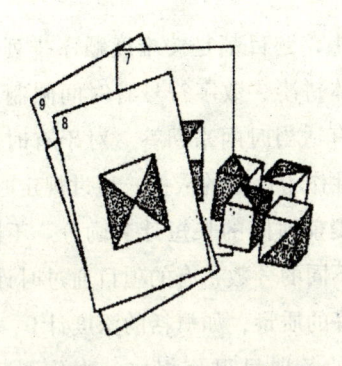

图 13-5　积木图案测验图例

（十）图片排列（Picture Arrangment）

包括4套切割成若干块的图形板，主试把每套零散的图形拼板呈现给被试，要求其拼配成一个完整的人或物体图形（图13-6）。每套图形的计分依被试拼对的数目而定。主要测量处理局部与整体关系的能力、概括思维能力、知觉组织能力以及辨别能力。该测验任务简单但可靠性较低，施测时间较长。

WAIS-RC进行测验时，一般按先言语测验后操作测验的顺序进行，但在特殊情况下可适当改变，如遇言语障碍或情绪紧张、怕失面子的被试，不妨先做一两个操作测验，或从比较容易做好的项目开始。测验通常都是一次做完，对于容易疲劳或动作缓慢的被试也可分次完成。

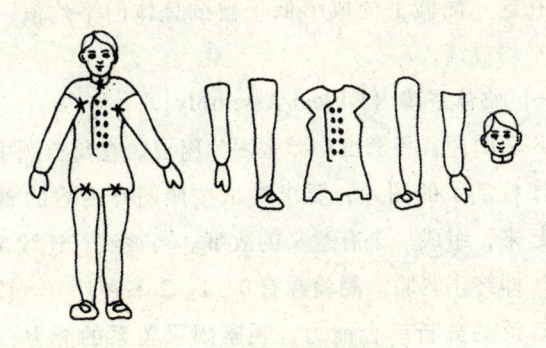

图 13-6　物体拼凑测验图例

在每个分测验中，题目都是按难度顺序排列的。算术、图片排列、木块图案、物体拼凑、数字符号有时间限制，另一些测验不限制时间，应让被试有适当时间来回答。对于有时间限制的项目，以反应的速度和正确性作为评分的依据，超过规定时间即使通过也计0分，提前完成的按提前时间的长短计奖励分。不限时间的项目，则按反应的质量给予不同的分数，有的项目通过时计1分，未通过计0分；有的项目按回答的质量，如概括的深度计0、1或2分。

一个分测验中的各项目得分相加，称分测验的粗分（或称原始分）。粗分按手册上相应用表可转化成平均数为10、标准差为3的量表分。分别将六个言语测验和五个操作测验的量表分相加，便可得到言语量表分和操作量表分。再将二者相加，便可得到全量表分。最后，根据相应用表换算成言语智商、操作智商和总智商。由于测验成绩随年龄变化，各年龄组的智商是根据标准化样本单独计算的，查被试的智商一定要查相应的年龄组。

另外，在 WAIS - RC 的手册中，还附有各分测验的粗分转换成年龄量表分的表格。年龄量表分也是以10为平均数、以3为标准差的量表分，但它不是与被试总体比较而是按年龄组的成绩分别计算的。年龄量表分主要用于临床诊断，其意义与前面所讲的用于计算智商的量表分有所不同。例如，某一60岁城市被试数字广度的粗分为11分，查得量表分为9，年龄量表分为11。这表明，这一被试在这一测验上的成绩低于被试总体的平均值，而高于同年龄组的平均成绩。

（十一）物体拼凑（Object Assembly）

包括8套图片，每套由3~5张图片组成。在每道题中，主试呈现一套次序打乱了的图片，要求被试按照图片内容的事件顺序把图片排列起来，组成一个有意义的故事。当被试有连续5套图片不能完成时，即终止测验。测验题有0、1、2三种计分。该测验用来测量被试广泛的分析综合能力、观察因果关系的能力、社会计划性、预期力和幽默感等。它测量智力一般因素的程度属中等。被试对这一测验有兴趣，可以用于各种文化背景的人，但易受视觉敏锐性和文化背景的影响。

三 中国修订韦氏儿童智力量表（WISC–CR）

韦克斯勒认为，智力是个人有目的地行动、理智地思考以及有效地应付环境的综合能力。因此他在量表中设计了 12 个分测验，用来测量儿童的各种能力。这 12 个分测验分为言语量表和操作量表两部分。言语量表包括常识、背数、词汇、图片排列、积木图案、拼图、译码、迷津等测验。其中译码分为译码甲和译码乙，译码甲为 8 岁以下儿童使用，译码乙为 8 岁和 8 岁以上儿童使用。译码测验和背数测验不是必做的，只是作为替换测验，在某一类测验因故失效时使用。每个分测验题目的编排由浅到深，言语测验和操作测验交叉进行，使整个测验生动有趣，富于变化，有利于儿童使用。通常需用 46~60 分钟。

WISC–CR 适用于 6~16 岁的儿童，其形式与成人相似，只是增加了一个迷津测验，并降低了整个测验的难度。迷津（maze）是操作量表的替代测验，测验题目是迷津图，要求被试用笔从中央台向出口画出来。1 个例题加 9 道正式测验题，主要测量计划能力、空间推理能力、视觉搜索及视觉组织能力。

WISC–CR 的蓝本为 WISC–R，城市和农村儿童共用一个版本。共有 12 个分测验，言语量表的分测验有常识、类同、算术、词汇、理解和背数，其中背数为备用分测验；属操作量表的分测验有填图、图片排列、积木图案、物体拼凑、译码和迷津，其中迷津是备用测验。备用测验只能在某一同类测验因故失效时使用，以背数替代言语量表中的任一分测验，或以迷津替代操作量表中任一分测验。通常备用测验的分数不用于计算智商。

WISC–CR 的实施程序是先做一个言语测验，再做一个操作测验，交替进行，以维持儿童的兴趣，避免疲劳和厌倦。其计分基本上和成人智力测验类似，所不同的是每个分测验的原始分在转化为量表分时,是在儿童自己所属的年龄组内进行的。

在此需要提及的是,韦氏成人和幼儿两个中国修订本,都建立了城市和农村两套常模,WISC-RC 则只有一套常模,不适用于目前中国的城市和农村在经济和教育水平等尚有差异的实情。为此,龚耀先等主持,全国 48 个单位协作再次对 WISC-R 进行修订,形成"中国修订韦氏儿童智力量表"(C-WISC)。这个新修订与上下两个韦氏量表在难度的衔接上有所改善,中国化程度有所提高。

对于有时间限制的项目,反应速度和正确性都作为评分依据,其他项目则按反应质量计分。所有分测验的原始分数都要转化为标准分数。分别将 5 个言语分测验和 5 个操作分测验的标准分数相加,便可得到全量表总分。之后,参照被试所属的年龄组常模,将上述三个量表分分别转换为平均数为 100、标准差为 15 的离差智商分数,就得到了言语智商、操作智商和总体智商。由此不但可以评价一个人的一般智力水平,也可以了解其在不同能力方面的差异。

四 中国修订韦氏幼儿智力量表(C-WYCSI)

C-WYCSI 以 WPPSI 为蓝本,但做了很大更改,约 2/3 的测验项目作了变换。适用于 4~6.5 岁儿童。仿 WAIS-RC 分城市和农村两套常模。

既然是修订量表,便以原量表的理论为依据,不过将一些不符合我国国情的、不适合我国儿童经验的具体内容在不改变原有理论原则的条件下更改。韦克斯勒编制 WPPSI 时依据这样的认识:4~6 岁的儿童从某种意义上说,是处于智力生长的转折期。他们初步经受某些种类的正式教育并被审慎地领入比较广泛的与他们自己年龄相当的社会接触中。他们有了一定的语言能力,有了思考能力,也有了一定的推理能力。他们的智力已不是主要的感觉—运动或任何具体事物。他们的能力不限于任何特别的模式。相反,他们可以用不同方式来表达自己,可以用不同方式做许多事。韦克斯勒认为,4~6 岁儿童不仅有上述各种潜能,而且可用一种合适的成套测验对他们加以估量。所谓成套测验,如同 WAIS 和 WISC 一样,是由一些分测验组成,每一分测验独立测查一种能力,并组合成一个复合分,以测量其总的或全面的智能。

也同 WAIS 和 WISC 一样,成套测验分成语言和操作测验两组。韦克斯勒声明,之所以如此,不是由于他相信这两类测验代表智力的这两个种类,而是由于这种两分法对诊断有用。虽然韦克斯勒当时不是根据因素分析结果而作出此分类的,但以后许多研究者发现这种分类法与因素分析的结果是相对应的。不过,在这两类分测验中还可分析出其他测验集群。

C-WYCSI 的项目和测验形式与其他两个韦氏智力量表相似,是 WISC-CR 向低幼年龄的延伸。它包括言语和操作两个分测验,前者由常识、词汇、算术、图片概括和理解五个分测验组成;后者由动物房、图画填充、迷津、物体拼凑、积木图案和几何图形六个分测验组成,但在计算操作智商和全量表智商时实际上只用五个操作分测验,视觉分析和几何图形任选一个,均可在相应的转换表中查到言语、操作和全量表智商。

五 韦氏测验的结果分析方法

(一) 智商

韦氏测验采用离差智商的计算方法,其智商的平均数为 100,标准差为 15,智商的分级标准如表 13-6 所示。

表 13-6 韦氏智力量表的智商分布表

智商范围	等级	理论百分比 (%)
130 以上	非常优秀	2.2
120~129	优秀 (上智)	6.7
110~119	中上 (聪明)	16.1
90~109	中等	50.0
80~89	中下 (迟钝)	16.1
70~79	低能边缘	6.7
69 以下	智力缺陷	2.2

（二）分测验的解释

韦氏智商几乎众所周知，受到普遍的关注。然而，此测验为我们提供的不只是一个智商，而是提供了全量表、言语和操作三个量表的智商，分测验的分数，有关因素分析的结果，被试在测验过程中所表现出来的行为特征和对具体测验项目的反应特征等大量信息。那么怎样分析和利用这些信息呢？对韦氏智商的分析，应首先分析比较智商的高低和差异，然后分析比较各分测验的高低和差异以及相互关系，再深入分析被试对具体测验项目的反应或得分特点。

1. 总智商（FIQ）的分析

FIQ 的高低为我们提供了有关被试认知能力水平的概括，高分提示被试一般智力较好，低分则提示被试一般智力较差。然而，IQ 值常常不是该被试的"真正"值，而是估计值。通常可用测得的 IQ 值加减 5（85%～90% 的可信限水平）的方法判断 IQ 值的波动范围，如测得的 IQ 值为 105 时，他的 IQ 值便在 100～110 的范围内变化。因此，在报告中分析被试的智力水平时，不能只看测得的 IQ 值，更要考虑它的可信限度。

2. 分量表的平衡性

分别计算言语智商（VIQ）和操作智商（PIQ）是韦氏智力测验的一个特点。一般可视 VIQ 大于、等于或小于 PIQ 以及二者相差到何种程度而决定其意义，例如优势半球有损害，则 VIQ 明显低于 PIQ；非优势半球有损害，则 PIQ 明显低于 VIQ；若是弥漫性损害，其表现与非优势侧损害时相似。

所谓明显降低，即是相差到 0.05 或 0.01 的显著水平。有人总结，不同年龄阶段相差的意义不同，各年龄组相差到 10 IQ 便达到 0.05 水平，相差 13IQ 便达到 0.01 水平，但在 45 岁以上相差 12 IQ 便达到 0.01 水平（Newland 等，1967）。而韦克斯勒本人提出 VIQ 与 PIQ 的差异达 15 分时才有意义，考夫曼（Kaufman，1975）则认为达到 12 分便可以解释了。表 13-7 列出 VIQ 与 PIQ 差异时的意义。

表 13-7 VIQ 与 PIQ 差异显著时的意义

VIQ > PIQ	PIQ > VIQ
（1）言语技能发展较操作技能好	（1）操作技能发展较言语技能好
（2）听觉加工模式发展较视觉加工模式好	（2）视觉加工模式发展较听觉加工模式好
（3）可能在完成实际行动或任务上有困难	（3）可能有阅读障碍
（4）可能操作能力差	（4）可能有言语的缺陷
（5）可能有运动性非言语技能缺陷	（5）可能有听觉性概念形成技能缺陷

3. 比较各分测验的差异

韦氏智力量表的另一特点是，整个测验是由多个侧重反映某一方面能力的分测验组成，分析它们的强点和弱点（即剖析图分析），便可进行智力特点的诊断。具体方法主要有三种：

第一，各言语分测验的量表分与言语量表的平均分比较；

第二，各操作分测验的量表分与操作量表的平均分比较；

第三，各分测验的量表分与全量表的平均分比较。

下面以某被试的 WAIS-RC 测验结果为例，介绍具体分析方法（表 13-8）。分析步骤和内容如下。

表 13-8 分测验与量表分比较剖析

言语测验	量表分	操作测验	量表分
知　识	14-S	数字符号	16-S
领　悟	5-W	图画填充	6-W
算　术	18-S	木块图	10
相似性	7-W	图片排列	8-W
数字广度	12	物体拼凑	16-S
词　汇	13		

分别计算出言语、操作和全量表的平均分。本例语言量表的

均值为12分,操作量表的均值为11分,全量表的均值为11分。

比较各分测验量表分与各平均分的差异。可根据考夫曼(1975)介绍的加减3分的简易方法,只要分测验高于平均分3分以上,即可认为该测验是强点(Strength),表中在相应分数旁标上"S"来表示;而低于平均分3分以下时可以认为该项测验是弱点(Weakness),表中在相应分数旁标上"W"来表示。

若需要深入了解被试能力强弱的情况和影响因素,则还需进一步进行智力和能力强弱的逐步分析。

六 对韦氏智力量表的评价

(一)韦氏智力量表的优点

韦氏智力量表具有复杂的结构,不但有语言分测验,还有操作分测验,可同时提供三个智商分数和多个分测验分数,能较好地反映一个人智力的全貌和测量各种智力因素。整个韦氏智力量表的三套量表互相衔接,适用的范围可从幼儿直至成年,是一套比较完整的智力量表。

韦氏智力量表用离差智商代替比率智商,既克服了计算成人智商的困难,又解决了在智商变异上长期困扰人们的问题。当然,离差智商的概念并不是韦克斯勒发明的,如奥蒂斯测验、宾特纳一般能力测验中也曾用过离差智商,但自韦克斯勒之后,离差智商这一概念才在智力测验中广为应用。

韦氏智力量表临床应用得多,积累了大量的资料,已成为临床测验中的重要工具。除可测量智力外,还可研究人格,而且可以作为神经心理学的主要测量量表。韦克斯勒报道,如数字广度、数字符号、木块图案等分测验的成绩随年龄增高而降低,这些测验与另一类不受年龄影响的分测验(词汇、知识和图片排列等)成绩的比值,即"退化指数",可作为脑功能退化的商数。

(二)韦氏智力量表的缺点

韦氏智力量表的三个独立样本的衔接欠佳,表现在同一被试用两个相邻量表测验（如 WAIS 和 WISC）时，其智商水平在 WAIS 的系统性高于 WISC。

测验的起点偏难，有的分测验（如相似性测验）方法对低智力者难以说明，故不便测量低智力者。

有的分测验项目过多（如词汇测验），增加了测验时间；有的相反，项目过少（如物体拼凑测验），难以调整项目难度，且不便做分半相关信度检验。

为了克服测验程序复杂、费时的缺点，韦氏三个智力量表均有简式版本，如二合一、三合一至五合一（或六合一）简式。Sattle（1982）认为使用词汇和木块图案来估计智商为最理想的二合一简式组合，而四合一的简式组合通常选用词汇、算术、图片排列和木块图案四个分测验。龚耀先（1983）计算了 WAIS - RC 各分测验与言语量表、操作量表和全量表得分的相关程度，结果言语部分以知识、相似性和词汇分测验为代表测验，操作部分以图画填充、木块图案和图片排列三个分测验为代表测验，这六个分测验可组合成各种形式的二合一至六合一简式。但使用简式量表要慎重，因其效度和信度比全量表低。

尽管韦氏智力量表有某些不足，到目前为止还是被广泛用作智力诊断的工具。至 1981 年，有关韦氏智力量表的资料在各种出版物上刊登了 3000 多次，足见其影响之大。

第四节 瑞文测验

一 背景知识

瑞文渐进测验（Raven's Progressive Matrices），简称为瑞文测验，是由英国心理学家瑞文（J. C. Raven）设计的一种非文字智力测验。

瑞文测验有三个版本，一个是 1938 年出版的标准推理测验，另两个在 1947 年编制，分别是彩色推理测验和高级推理测验。彩色推理测验适用于 5~11 岁儿童和智力落后成人，高级推理测验则用于高智力水平的成人。瑞文测验的优点在于适用的年龄范围广、测验对象不受职业、国家、文化背景的限制，甚至聋哑人及丧失某种语言机能的病人，具有心理障碍的人也可以适用。测验既可个别进行，也可团体实施，使用方便、省时省力，结果解释直观简单，测验具有较高的信度与效度。

瑞文测验编制的理论依据是斯皮尔曼（C. Spearman）的智力二因素论，该理论认为智力主要由两个因素构成，其一是一般因素，又称"G"因素，它可以渗入所有的智力活动中，每个人都具有这种能力，但水平上有差异；另一个因素是特殊因素，可用"S"表示，这类因素种类多，与特定任务有高相关。瑞文测验主要测量了一般因素（G 因素）中的推断性能力（eductive ability），即个体作出理性判断的能力。这种能力与人的问题解决、清晰知觉和思维、发现和利用自己所需信息，以及有效地适应社会生活的能力有关。它较少受本人知识水平或教育程度的影响，努力做到公平，故心理学家尤其喜欢采用这个测验作为跨文化研究的工具。

瑞文测验是一套使用方便、用途广泛的智力测验工具，至今仍为国际心理学界和医学界所使用。广泛应用于教育、医学和人类学领域，在许多国家都有其修订本。我国 1986 年由张厚粲及全国 17 个单位组成的协作组完成了对瑞文标准型测验的修订，出版了瑞文标准型测验中国城市修订版；1989 年，李丹等、王栋等分别完成了彩色型和标准型合并本联合型瑞文测验（Combined Raven's Test, CRT）中国修订版的城市、成人和农村三个常模的制定工作；1996 年，王栋等开始了联合型瑞文测验的再修订工作，新修订版业已完成。下面我们以标准瑞文测验为例，说明瑞文测验的使用方法。

二 测验内容

瑞文测验一共由 60 张图案组成,按逐步增加难度的顺序分成 A、B、C、D、E 五组,每组所用的解题思路基本一致,而各组间的题型略有不同。A 组主要测知觉辨别力、图形比较、图形想象力等;B 组主要测类同、比较、图形组合等能力;C 组主要测比较、推理和图形组合能力;D 组主要测系列关系、图形组合、比拟等能力;E 组主要测互换、交错等抽象推理能力。每一组包含 12 个题目,也按逐渐增加难度的方式排列,分别编号为 A1、A2、…、A12;B1、B2、…、B12 等。每个题目都有一个主题图,每个主题图都缺少一小部分,主题图下面有 6~8 张小图片,其中一张小图片若填补在主题图的缺失部分,可使整个图案合理与完整。测验中要求被测者根据大图案内图形间的某种关系——这正是需要被测者去思考、发现的,看小图片中的哪一张填入(在头脑中想象)大图案中缺少的部分最合适(图 13-7),主要用于智力的了解和筛选。

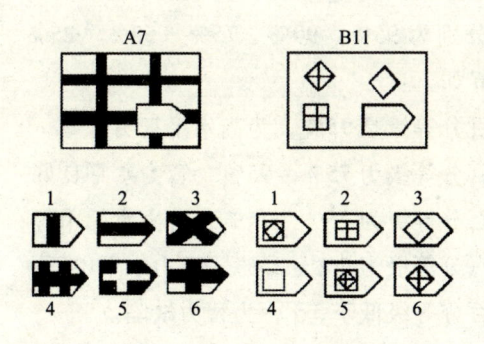

图 13-7 瑞文测验题例

三 施测与计分

瑞文标准推理测验适用年龄为 5.5~70 岁,不同的职业、国家、文化背景的人都可以用,甚至聋哑人及丧失某种语言机能的病人,具有心理障碍的人也可以用。瑞文测验既可以团体施测,也可以作为个别测验。一般人完成瑞文标准推理测验大约需要半小时,最好在 45 分钟之内完成。

施测很简单,每个被试发一本题册和一张答卷纸即可。测验时,只需主试用例题作一下示范被试就能明白测验规则,接着被试会自己进行下去。测验结果须先计算出原始分数,然后按常模资料确定被试的智力等级,一般以百分位常模表示。

本测验题一律为二级评分,即答对给 1 分,答错为 0 分。被试在这个测验上的总得分就是他通过的题数,即测验的原始分数。测验结果可以计算出原始分数(满分 60 分),然后根据常模资料确定被试的智力等级。例如一个 16 岁城市儿童测得原始总分为 55 分,先查百分等级常模表得 55 分相应的百分等级为 70。

四 结果评定

(一) 分析智力水平

瑞文标准推理测验中国城市修订版采用百分等级表示智力水平的差异,分别为 95%、90%、75%、50%、25%、10% 和 5%,百分等级划界如下:

一级:百分等级是 95%,为高水平智力;
二级:百分等级为 75%~95%,智力水平良好;
三级:百分等级为 25%~75%,智力水平中等;
四级:百分等级为 5%~25%,智力水平中下;
五级:百分等级低于 5%,为智力缺陷。

(二) 组别得分

瑞文标准推理测验的试题包括 A、B、C、D、E 五组项目,分析这五个方面得分的结构,一定程度上有助于了解被测者智力结构。五组题目分别反映的能力类型如下:

A:反映知觉辨别能力(共 12 题);

B：反映类同比较能力（共 12 题）；
C：反映比较推理能力（共 12 题）；
D：反映系列关系能力（共 12 题）；
E：反映抽象推理能力（共 12 题）。

对分数作解释时注意，由于瑞文测验强调推理方面的能力，并非完全的智力，目前仅用于智力方面的筛选。

第五节　创造力测验

20 世纪中期，心理学家和教育学家开始对创造力的性质及其培养产生了浓厚的兴趣，由此带来了心理测验领域对创造力测验方法的探讨，目前对创造力的性质还没有一个清晰的认识，一般认为，创造力不可等同于学术智力，不能完全由智商来反映。

一　创造力简介

目前，对于创造力还没有一个严格的科学定义，一般是指产生新的想法、发现和制造新事物的能力。

创造力是人的一种高级能力，创造性活动是人类最重要的实践活动。从第一把石斧的制造到计算机的发明，都离不开人的创造力。正是这种创造性活动，使得人类有了今天的物质文明和精神文明。从某种意义上讲，人类的创造力是社会发展的原动力。

1950 年，吉尔福特在美国心理学年会上做了题为《创造性》的著名演讲，此后有关创造力的研究大大增加。

创造离不开思维，吉尔福特在研究智力结构时，通过因素分析发现了聚合与发散两种不同类型的思维。所谓聚合思维，是指利用已有的知识经验或传统方法来解决问题的一种有方向、有范围、有条理、有组织的思维方式。这种思考力是从现成资料中寻求正确答案的能力,即一般智力测验所测量的能力。而发散思维是指既无一定方向,又无一定范围,不墨守成规,不因循传统,从已知探索未知的思维方式。这种能力是一般具有标准答案的智力测验所测量不到的。吉尔福特认为,经发散思维而表现于外的行为可以代表个人的创造性。

塞斯顿在其较早的一部著作中强调了创造力和智力的区别,他对思想流畅(ideational fluency)、归纳推理(inductive reasoning)和特定知觉倾向在创造行为中的作用进行了分析,启发了后来的研究者。他还观察到,对新思想的接受态度而不是批评态度更能促进创造力的发展,创造性解决问题的方法更多地产生于放松状态和注意力分散期间,而不是将注意力集中于解决问题的时候(1951)。

在20世纪50年代和60年代,创造力的研究中有关科学家、工程师和高级行政官员的研究材料大量出现,与创造力有关的科学才能的研究迅速增加,研究兴趣从可靠的、准确的和批判性思维的个体转向灵活的、独创的和有发明性的个体。这样,长期以来仅在艺术创作领域里考虑的创造力,开始作为科学成就的基础来研究。

20世纪60年代的创造力研究致力于发现创造性个体和非创造性个体间的显著差异,研究方法多种多样,如分析创造性个体先前经历研究创造的社会环境对著名科学家进行分析包括人格测验技术和控制观察技术等。

在对创造力测量出现的各种各样的方法中,较为突出的是吉尔福特及其同事编制的加州大学测验和托伦斯编制的创造性思维测验。不过这些测验还只是实验的形式,尚未实际应用。这些测验的题目多属开放型题目,从而导致难以客观地评分,以及确定测验效度和信度的困难。目前,创造性测验主要用于心理学研究,今后,有些测验将会在临床、咨询、教育和人事等各个领域发挥作用。

二 吉尔福特发散思维测验

吉尔福特的成套创造力测验是他对人类智力结构因素分析的副产品。他的智力结构模式中，操作维度包含发散思维一项，对于发散思维，吉尔福特认为是思维"向不同方向分散"的能力，它不受给定事实的局限，使得个体在解决问题时能够产生各种不同的解决问题的方法和思路。吉尔福特的智力三维结构模型在第一节已有阐述，图13-8是吉尔福特发散思维测验的理论模型。

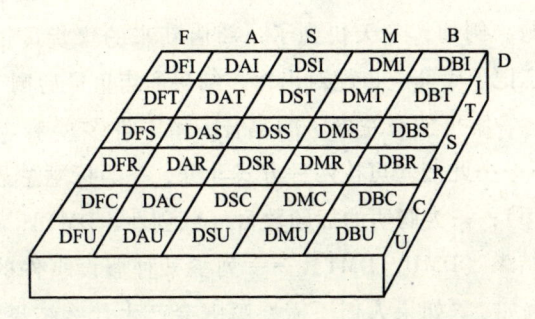

图13-8 吉尔福特发散思维测验的理论模型

现将各类测验简介如下：

（1）语词流畅性（DSU）——写出所有包含某种字母的单词。例如，"O"，答案可能有 load，pot，over 等。

（2）思想流畅性（DMU）——命名所有属于特定类别的事物。例如，"会燃烧的液体"，答案可能有汽油、煤油、酒精……

（3）联想流畅性（DMR）——写出所有与给定词意义相近的词。例如，"艰苦"，答案可能有困难、苦难、艰辛……

（4）表达流畅性（DMS）——写出所有四个词的句子，每个词已给定字母开头。例如，"k—u—y—i"，答案可能有 keep up your interest，kill useless yellow insects 等。

（5）多项用途（DMC）——列举某种物体通常用处之外的所有可能的用途。例如,"报纸",答案可能有点火、包东西等。

（6）相似解释（DMS）——填充意义相似的几个句子。例如,"这个妇女的美貌已是秋天,它——",答案可能有……已经度过最动人的时光等。

（7）效用测验（DMU、DMC）——列举某物的所有可能用途。例如,"罐头盒"用作花瓶、切圆饼……根据回答总数计观念流畅性的分数;根据用途种类的变化计变通性的分数（属于同一范畴的用途只能计1分）。

（8）情节标题（DMU、DMT）——写出一个短故事情节的所有合适标题。例如,冬天快到了,商店新来的售货员忙着销售手套。但他忘记了手套应该配对出售,结果商店里最后剩下100只左手的手套。答案可能有左撇子的福音,留下许多左手（Left with a lot of left）……此测验可按两种方式计分,一为标题总数（思想流畅性,DMU）;一为聪明的标题数目（独创性,DMT）。

（9）结果（DMU、DMT）——列举某种假设事件的所有不同的结果。例如,"如果人们不需要睡眠会产生什么结果?"答案可能有：干活更多;闹钟将没有用处……也以两种方式计分,一是"直接"反映的数目（DMU）;另一是"间接"反映的数目（DMT）。

（10）可能工作（DMI）——列举能够被一个称呼代表的所有可能的工作。

（11）加工物体（DFS）——利用一套简单的图案,如圆形、三角形等,画出几个特定的物体,任一图案都可以重复和改变大小尺寸,但不能增加其他任何线条或图案。图13-9表示这个测验中的练习题。

（12）绘图（DFU）——每页纸上有许多相同图形的图案,如圆形,要求被试尽可能多地绘出可辨认的物体草图,可以在每个图案上加工而成。

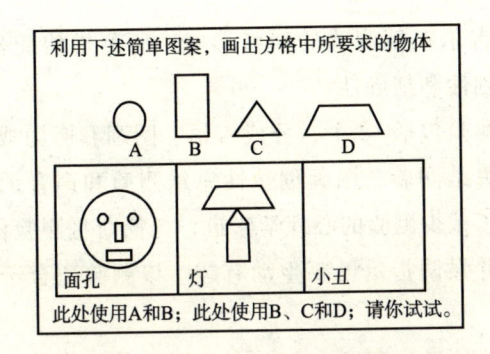

图 13-9　加工物体测验中的练习题

（13）火柴问题（DFT）——移动特定数目的火柴，形成特定数目的方形或三角形，图 13-10 为该测验的演示题。

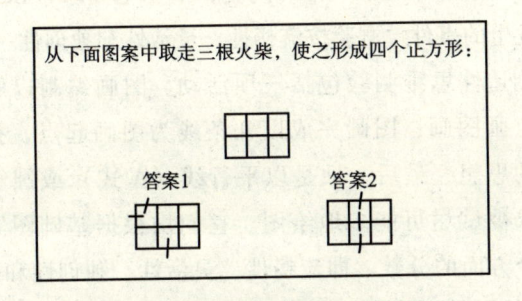

图 13-10　火柴问题测验的演示题

（14）装饰（DFI）——在普通物体的轮廓上用不同的图案进行装饰。

该套测验中的前 10 个测验要求言语反应，后 4 个测验为使用图形内容的非言语测验。大多数测验可用于初中水平以上的被试。它的计分既要考虑反应次数，还要根据被试反应的独特性和新颖性计分，其分半信度为 0.60～0.90。

三　托伦斯创造性思维测验

托伦斯测验是研究培养和刺激创造力的教育作用的一个部分。

有些测验是吉尔福德测验的修订形式,所测量的变量是流畅性、灵活性、独创性和精确性。

托伦斯测验包括12个,分成言语、图画和听力成套测验,即词语创造性思维测验、图画创造性思维测验和声音词语创造性思维测验。为了减少测验的心理学味道,托伦斯将测验称为"活动"(activity),并强调指示语要生动有趣。该测验适合于幼儿园儿童到成人被试。

词语创造性思维测验包括七项,前三项活动要求被试对给定的图画说出他所想到的所有词语,说出关于图画中的事情所要询问的问题,列举可能的原因,活动可能的结果;活动四加进玩具形式,使儿童更有兴趣,活动五要求被试说出普通物体的非平常用途,活动六是回答相同物体的不平常的问题,活动七要求被试回答一种假设情境下发生的事件。测验按流畅性、灵活性和独创性三方面计分。

图画创造性思维测验包括三项活动。图画编制以明亮的彩色曲线为起点画图画;图画完成以几条线为图画起点,指示语强调不同寻常的思想,最后一项是以平行线(A式)或圆(B式)为起点,要求被试尽可能多地绘图。它们均根据基础图案绘图,从中获得四个方面的分数,即流畅性、灵活性、独创性和准确性。

声音词语创造性思维测验是最近产生的一套测验,两个分测验均用录音磁带实施。第一个测验是声音和想象,利用熟悉与不熟悉的声音作为刺激;第二种是象声词和想象测验,其中的象声词都与某种事物或活动有关。两个测验均为言语性反应,要求被试充分发挥想象力并写下他们的反应。反应只根据创造性计分,越是不寻常的反应得分越高。

托伦斯测验的复本信度为 0.60~0.93,一般认为其效度证据不足。

四 芝加哥大学创造力测验

芝加哥大学创造力测验是美国芝加哥大学盖策尔斯和杰克逊

(J. W. Getzels & P. W. Jackson)在20世纪60年代初编制的,由下列五个项目组成。

(1)词汇联想。要求被试对"螺钉"或"口袋"之类的普通单词说出尽可能多的定义,从定义的数目和类别计分。

(2)物体用途。尽量说出一个普通物体的各种可能的用途,根据说出用途的数目和独特性计分。

(3)隐蔽图形。从复杂图形中找出隐蔽在其中的一个给定的简单图形。

(4)完成寓言。呈现几个没有结尾的短寓言,要被试对每个寓言作出三种不同的结尾:一个"道德的",一个"诙谐的",一个"悲伤的"。根据结尾的数目、恰当性和独创性计分。

(5)组成问题。呈现几节短文,要被试用所给的材料尽量组成多种数学问题,根据问题的数目、恰当性和独创性计分。

除上述几种测验外,还有人(如 Mednich 等)从联想入手研究创造力,编制了远隔联想测验。在该测验中,每次呈现三个词,要求被试找出与这三个词都有联系的词。如与"wood"、"liqour"、"luck"能联上的一个词是"hard",因为"hard-wood"(硬木)、"hard-liqour"(烈酒)、"hard-luck"(坏运气)都是有意义的。此外,还有从想象入手测量创造力的测验,限于篇幅,此处不赘。

五 创造性个体的特征

许多研究发现,中等以上智力水平是创造性工作的必要非充分条件。智商稍高于100,则创造性成绩往往更受动机或具体能力的影响。因而1965年以来,创造力的研究多致力于确定创造性个体和非创造性个体在其他认知和情感方面的特征。创造性的个体被认为具有如下认知和情感特质:想象流畅、灵活、不循规蹈矩、有社会敏感性、较少心理防御、愿意承认错误、与父母关系密切等。沃拉施和高根(M. A. Wallach & N. Kogan)于1965年对4个儿童群体样本的创造性和人格特征研究进行了很好的概括，这四组为：高创造性——高智力组；高创造性——低智力组；低创造性——高智力组；低创造性——低智力组。他们发现第一组儿童有很好的调节适应性；第二组易于出现矛盾和情感不健全；第三组是强迫性学业成就者；第四组则是被许多防御机制弄得稀里糊涂的孩子。

有关创造力的研究还处于初级阶段，不能过于苛刻地分析结果。但是无论怎样，麦克诺默（Q. McNomar，1964）和其他一些心理学家对这一工作提出的批评还是重要的，如创造力测验与智力测验有很高的相关，在预测创造性成就时，前者并不比后者更有效。全面考虑的话，应该得出这样的结论：关键是要证明能否对创造力进行有效的测量，如果还没有一种广为接受的预测创造力成就的测验的话，那么一般的智力测验还是必不可少的。

练习与思考

1. 试比较中国比内量表、韦氏智力量表和瑞文推理测验的应用优势。

2. 下面是两名被试韦氏成人智力测验的得分，试根据表中数据，分析两名被试的智力差异。

表 1　张军的智力测验结果

	言语测验						操作测验									
	知识	领悟	算术	相似	数广	词汇	合计	数符	填图	积木	图排	拼图	合计		言语	操作	总分
原始分	20	21	15	12	14	56		47	13	27	24	20		量表分	83	59	142
量表分	14	15	14	11	14	15	83	13	12	11	13	10	59	智商	123	108	118

表 2　李明的智力测验结果

	言语测验							操作测验									
	知识	领悟	算术	相似	数广	词汇	合计	数符	填图	积木	图排	拼图	合计			言语	操作	总分
原始分	16	17	9	17	8		55	66	13	40	24	32		量表分	55	62	117
量表分	10	10	7	11	6	11	55	15	10	13	11	13	62	智商	91	115	102

本章小结

　　本章着重介绍关于智力测验的理论知识和部分典型智力测验的施测和结果解释。

　　智力测验是一种重要的心理测验技术，是为科学、客观地测定人的智力水平而按照标准化的程序编制的一种测量工具，是心理测验中应用最广、影响较大的工具和技术。

　　智力大体上是指学习的能力、保持知识的能力、推理的能力及应付新环境的能力。因为智力在不同年龄、不同时期、不同类型以及不同性别之间存在差异，所以智力测验成为心理测验中的主要内容。目前在国内外最有影响的、适用范围较广的代表性智力测验有比内智力量表、韦氏智力量表和瑞文推理能力测验。

　　比内智力量表是最早的智力测评工具，比较著名版本有比内—西蒙智力量表、斯坦福—比内量表和中国比内量表。其中比内—西蒙量表是智力测验中运用广泛、影响较大的一种工具和技术，最终版本的比内—西蒙量表测验项目59个，按年龄分组（从3岁到15岁）。测验成绩用"智力年龄"表示，建立了常模，即儿童通过哪个年龄组的项目，便表明他的智力与几岁儿童的平均智力水平相当，这是心理测验史上的一个创新。斯坦福—比内量表最大特点是引入智力商数（Intelligence Quotient，IQ，简称智商）的概念。所谓智商，就是心理年龄（MA）与实足年龄（CA）之比，也称比率智商，作为比较人的聪明程度的相对指标，是一种实用的智力测验工具。中国比内测验在评定成绩的方式上，放弃了比率智商，而采用离差智商的计算方法来求 IQ，但因其智商的平均数为 100，标准差为 16，故智商的分级标准也不同于韦氏智商。

韦克斯勒智力量表是对 6~16 岁儿童的认知能力进行评估的、个别施测的临床工具。是继比内—西蒙智力量表之后为国际通用的另一套智力量表，包括韦克斯勒—贝勒维、智力量表、韦氏儿童智力量表、韦氏成人智力量表和韦氏学前和幼儿智力量表四个智力量表及其修订本。

瑞文渐进测验（Raven's Progressive Matrices），简称为瑞文测验，是由英国心理学家瑞文（J. C. Raven）设计的一种非文字智力测验，是一套使用方便、用途广泛的智力测验工具，至今仍为国际心理学界和医学界所使用，广泛应用于教育、医学和人类学领域。

创造力是人的一种高级能力，创造性活动是人类最重要的实践活动。1950 年，吉尔福特在美国心理学年会上做了题为《创造性》的著名演讲，此后有关创造力的研究大为增加。在对创造力测量出现的各种各样的方法中，较为突出的是吉尔福特及其同事编制的加州大学测验和托伦斯编制的创造性思维测验。此外托伦斯测验、芝加哥大学创造力测验也很受人们关注。

第十四章 人格测验

本章学习目标
- 了解人格的概念及其相关理论
- 掌握 MMPI 的施测和结果解释方法
- 掌握 16PF 的施测和结果解释方法
- 掌握 EPQ 的施测和结果解释方法
- 了解人格投射测验的内容

第一节 人格测验的相关理论

一 人格的内涵

人格（personality）一词来源于拉丁文"面具"（persona）。面具是舞台上演员所戴的用具，反映剧中人物的特殊身份和形象。把面具一词引申为人格有一定道理。实际上我们每个人在人生舞台上都"扮演"了一定的角色。这种形之于外的、处于公共场合的自我，代表了人格的一个方面。尽管在社会生活中我们都是以各种角色的身份出现，但每个人还有其独特的内心世界（内在的自我）。而恰恰是这种常常隐藏的内在自我决定了一个人的主要精神面貌，决定了他与别人的区别，也使他"扮演"的角色具有独特的韵味。

关于人格的定义，说法较多，尚无统一、准确的解释。一些心理学家从心理的差异方面来理解，喜欢用个性（individuality）这一概念。如苏联心理学家捷普洛夫认为："心理特征完全相同的两个人是不可能找到的。每个人都具有与其他人不同的许多特点，这些特点的总和就形成了他的个性。"还有一种说法强调人格是一种内在的结构与组织。如美国心理学家吴伟士认为："人格是个体行为的全部品质。"此外，还有的心理学家强调生活环境和社会的影响，把人格看做适应的产物。如肯卜夫将人格定义为："人对环境进行独特的适应中所有的那种习惯系统的综合。"

从以上定义可以看出，现代西方心理学家对人格本质的理解至少四个方面是一致的或基本一致的。

第一，绝大多数心理学家都强调或事实上承认人格的整体性。人格虽然可能表现为各种不同的具体形式，但各种心理成分彼此交织、互相影响，组成一个整体。

第二，所有的心理学家都承认人格的独特性，即承认没有两个人的人格是完全相同的。比如同样是黑大汉的形象，张飞粗中有细的鲁莽与李逵的鲁莽就有所区别。

第三，绝大多数心理学家都承认人格对个人行为的调节功能，即认为人的行为至少部分地决定于行为者的人格特征。

第四，所有的心理学家都主张人格的相对稳定性，即认为人格对行为的调节功能具有跨时间和跨情境的特点。所谓"江山易改、本性难移"就是这个意思。

在心理测验领域中，人格这个术语是指个性中除能力以外的部分，亦即特指那些不同于人的认知能力的情感、需要、动机、态度、气质、性格、兴趣、品德、价值观等。

二 人格测验的发展史

自古以来，人们对人格和人格的评估就表现出浓厚的兴趣，发展出许多关于人格的理论和评估方法。属于前科学水平的人格评估方法主要以颅相学、相面术和笔迹学方法为代表，而19世纪末20世纪中叶的一些人格评估方法尝试可以看做科学的人格评估的先驱。

（一）人格评估中的前科学观点

1. 颅相学

许多18、19世纪的知识分子都相信脑的某一部位的发展与某种性格和行为有关，如存在着愉快、好斗、渴望等脑区域。根据颅相学家的观点，一个人的人格可以通过触摸其头骨来分析，某部位隆起就可确认他具有与该区域有关的性格。在19世纪，颅相学产生了很大影响，例如有一种"才能心理学"就认为，人心具有各种"才能"，这些才能能够通过心理练习（如学习拉丁文、希腊文和几何学）来发展，就像身体发育能通过体育锻炼来提高一样。才能心理学曾对学校的教学计划产生相当大的影响。

2. 相面术

相面术试图通过分析人身体的外部特征，特别是面部特征来确定人的气质和性格。在中国，相面法则是通过观察人的面部特征来确定个人的性格及吉凶祸福。相面术的残余在当代的评估方法中还可以看到，例如有一测验包括6套照片，每套里有8张各种精神病人的面孔，要求被试从每套中选出两张最喜欢的和两张最不喜欢的照片。测验假定12张被接受的和12张被拒绝的照片所描述的面部特征对被试而言具有特殊意义，他们的需要和人格与照片里的患者类似。这些测验没有获得足够的效度证据，使用的人也越来越少。

3. 笔迹学

笔迹学试图通过分析个人的书写样本来确定其人格。该方法在目前仍很有诱惑力。虽然书写也是人的行为方式之一,在某种意义上说,笔迹可能也反映人格特点,但即使是笔迹分析专家也很难夸耀他们分析的准确性。公正地说,笔迹学的名声比颅相学和相面术要好一些,但其观点总的来说科学性仍不足。

以上三种方法皆采用观察现象或外部特征的方法,强调先天的作用,有宿命论的思想,现在已被摒弃了。

(二) 科学的人格评估的先驱

19世纪探索科学人格评估的先驱是高尔顿、克雷丕林、比内和荣格等。早在1884年,高尔顿在《品格的测量》一文中就提出:构成我们行为的品格是一种明确的东西,所以应该加以测量。他认为通过记录心率和脉律的变化可以测量人的情绪,通过观察社会情境中人们的活动可以评估人的性情、脾气等人格特征。他还编制了一个人格的评定量表,可以说是对人格测量技术的初步尝试。

人们公认的人格测验的先驱是克雷丕林,他最早将自由联想测验用于临床诊断。其基本做法是给被试一些经过专门选择的词作为刺激词,要求被试在听到或看到刺激词后说出他最先想到的反应词,通过分析被试的反应词的内容就可以判断其人格特征。这种方法后来被广泛运用于人格测验项目的编制。几年以后,即1905年,荣格用词语联想测验检查和分析了心理情结。而作为"智力测验之父"的比内,也设计出一些研究杰出人物的人格特征的方法。

在20世纪前半叶中,人格评估历史上的一些重要事件如下。

1919年,美国武德沃斯发表了第一个标准化的人格问卷——个人资料调查表,并用于军事甄选工作,这开了人格问卷测量之先河;

1920年,罗夏墨迹测验问世,投射测验由此诞生;

1938年,默里发表《人格探索》一书,描述了TAT测验的理论基础;

1942年，哈特卫和麦金利（S. R. Hathaway & J. C. McKinley）发表了明尼苏达多项个性调查表，成为人格问卷中最常用的测验。

目前，人格测验多达数百种，由于依据的人格理论不同，因此采用的编制方法也不同，主要有问卷法、投射法、情境法、行为观察法、晤谈法等。

三　人格测验的编制方法

人格测验的编制正走向科学化，常用的设计方法有四种。

（一）合理建构法

该方法要求在某种人格理论指导下确定所要探讨的个性特质的结构并据此编制测验，故又称推理法。用这种方法编制问卷时，题目选择必须使其内容能测量要测的人格特征，内容效度是十分重要的。

例如，爱德华个性偏好量表（Edwards' Personal Prefrence Schedule，简称EPPS），由美国心理学家爱德华于1953年编制。它以莫瑞的人类需要理论作为编制的理论基础，莫瑞认为个体具有15种不同的心理需要，分别为成就、秩序、自主、省察、支配、慈善、坚毅、攻击、顺从、表现、亲和、求助、谦逊、变通、性爱。每种需要编制了15个题目来测量，共有225个题目，其中15个题目是重复题目，用来测量反应的一致性。如果前后不一致，那么这个测验就是无效的。通过测量得到15个分量表的分数，根据所得的15个分量表分数绘制剖析图，就可以对个人的心理倾向有个概括的了解。

EPPS已有中译本，并在中国台湾使用，适用于高中生、大学生和一般有阅读能力的成人。测验时间需40~55分钟，可以团体施测。

合理建构法对理论的科学性和系统性要求较高，这往往不能保证。同时是依据理论内容取舍题目，会导致测验的表面效度过高，往往会影响测验的效度。

（二）经验标准法

用这种方法标准测验不是从某种理论出发，而是完全依据经验来选择题目。具体做法是，首先抽取已被公认为不同类型的几组被试，并以此作为经验效标，对被试施测编好的大批题目，选出那些能把不同类型被试区分开的题目组成人格测验。

这种方法编制的人格测验自由度大，不受理论的限制。由于是根据经验效标选择题目，因此其实证效度较好。这种方法的困难之处是难以找到各种典型的被试样本。

（三）因素分析法

采用这种方法编制测验是依据因素分析的统计结果来选择题目。具体方法是：先给被试样本施测大量题目，然后通过统计分析得出几个因素。一种因素代表一种人格特质，同一因素内的各题之间具有较高的相关，不同因素间的题目之间相关很低。测量这几种因素的题目就构成了人格测验。

例如，卡氏16种人格因素测验（16 Personality Factor Questionnaire，16PF），这一测验是美国伊利诺伊州立大学人格和能力测验研究所卡特尔（Cattell, R. B.）编制。卡特尔对噢尔波特等从字典中搜集的17953个描述人格的词汇，按意义进行了归类和整理，得到171个与人格有关的基本词，然后选择208名被试，让他们参照这些词，以评定量表的形式对他们熟悉的人进行评定。经相关分析和因素分析，得到12种根源特质。以后他又根据实证研究增加了4个特质，编制成16PF问卷。16PF中各因素都是相互独立的，因素间相关很小。

因素分析法的优点在于统计技术的先进性和量表的单维性。缺点是因素分析的结果取决于被试和题目，如果换了题目和被试再进行因素分析，有可能得到不同的人格特质。此外，因素的命名具有主观性，量表缺乏实证效度的支持。

（四）综合技术

当今，编制问卷的趋势是将以上三种技术综合利用。具体方法是：首先根据理论构想编制和搜集题目，然后将问卷施测于效标组和正常组，考查题目是否能区分被试，被试的反应是否如理论所预测的那样，据此筛选题目；最后对题目做因素分析，看被试的反应是否符合原来的理论构想，是否分量表之间的相关低、二分量表内题目之间的相关高。

四 人格测验的类型

人格测验的类型主要有以下几种。

（一）自陈量表

自陈量表又称自陈问卷，是测量人格最常用的方法。所谓"自陈"就是让受测者个人提供关于自己人格特征的报告。由于自我报告对有关变量难以控制且不容易客观评分，因此，自陈法多采用客观测验的形式，在量表中包括一系列陈述句或问题，每个句子或问题描述一种行为特征，要求受测者作出是否符合自己情况的回答。

自陈量表的基本解释是，只有受测者自己最了解自己，因为个人可以随时随地观察自己，而任何其他观察者都不可能了解受测者行为的所有方面。

当然上述假设是有欠缺的，因为一个人不可能对自己的各方面作出全面而正确的观察；在个人评估自己的行为时往往会出现各种反应心向。例如，被试往往对社会赞许性强的题目作出肯定回答，对具有社会否定特征的题目作出否定回答。对"你说谎吗？"也有的被试会对大部分题目采用"是是是……"的回答或"否否否……"的回答。人格测验的编制也总是在试图克服这种缺点，如减少表面效度。编制效度量表（算出说谎分），如果该量表分达到一定的程度就视为无效。

自陈量表通常采用的题目形式有以下五种。

（1）是非式
你曾经害怕自己发疯吗？　　是　否
（2）折中是非式

你喜欢户外活动吗？　　　　　是　否　不一定

（3）强迫选择式（法）

采用强迫选择法可以控制社会的赞许性。EPPS 就是采用这种方法来编制测题的。即要求被试在两个（或多个）具有相同社会赞许性而又测不同特质的题目之间做一个选择，每对题目可能是同样受社会称许的，也可能同样不受社会称许，二者不可兼选，必须将最符合自己情况的陈述选出来。

例如，A. 我喜欢对我的朋友忠实

B. 对所有我承担的事，我喜欢尽力做好。

EPPS 的 15 个分量表中，每个量表的每个句子都必须轮流与其他量表的句子配对，组成题目，每个句子皆重复两三次，构成整个量表。对于特定的人来说，某一题目的两个句子的赞许性不一定完全相同，但若将所有题目平均起来，则社会赞许性效应便基本抵消了。

（4）文字量表式

我所喜欢的人大多是

A. 拘谨缄默的　　　B. 介于两者之间　　　C. 善于交际的

（5）数字量表式

我担心考试失败。5　4　3　2　1（5 代表经常，4 代表多次，3 代表偶尔，2 代表极少，1 代表从不。）

（二）评定量表

评定量表通常是由一组描述个体特征或特质的词或句子组成，要求他人经过观察对某个人的某种行为或特质作出评价。

严格地说，它并不是一种测验，而是观察和晤谈的延伸。观察和晤谈是了解人格的一种方法，但是非量化的，由观察者在评定量表上评价他人，将观察结果系统化和数量化，因此可以说评定量表是观察法和测验法的结合。

评定量表在形式上与自陈量表相似，只是作答者是他人而已，要求选择与被试最相符的一项。最早是由高尔顿创制的，现在广泛应用于各个领域，尤其是评定量表的结果常作为编制人格测验的效标资料。

1. 评定量表的种类

（1）数字评定量表

根据被评定者的行为确定一个数值。

小明的同伴关系

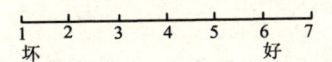

```
1   2   3   4   5   6   7
坏              好
```

（2）描述评定量表

对所要评定的行为提供一组具有顺序性的文字描述，由评定者选出一个适合被试的描述。描述评定量表可以和数字评定量表结合起来，对每一描述赋予一个数字等级。

例如，他的社交如何？常处于领袖地位；善于社交；社交有限，常回避；害羞，不与人交流

（3）标准评定量表

事先提供不同类型的人的行为标准，由评定者将这些标准与被试的行为对照，看被试最像哪一类人，由此获得被试特质的估计。常用的评定量表是猜人测验。

猜人测验（Guess-Who Test）是一种标准评定量表，主要目的是利用同班同学的长时间相处，互相评定一群学生的各种人格特质。猜人测验最初是由哈特松（H. Hartshore）、梅（M. A. May）及马勒（J. B. Maller）在从事品格教育研究时首先应用的，后经特来隆（C. M. Tryon）等的研究，发展为两种不同的形式，以下就是其中的一种。

猜人测验

姓名_____   性别_____

下文例有12对性质相反的形容词，括号内的词语是用来解释或补充这些形容词的含义的。当你看到每一个形容词时，同时请你仔细想一想，在你的同班同学中，谁的日常行为表现和这个形容词的

含义最接近，就把他的姓名填在这个形容词旁边的括号里，顺着填下去，每个形容词旁边只能填写一个人的姓名。不要空下不填。

（　　）热情（情感外露，坦白热诚）——孤独（态度保留，寡言，冷淡）（　　）

（　　）聪慧（伶俐，有决断）——鲁钝（笨拙，愚蠢）（　　）

（　　）宁静（无神经过敏之症候，生活注意现实）——敏感（无神经过敏之症候，容易激动）（　　）

（　　）倔强（意志坚强，自信，进取）——驯良（温顺，犹豫，殷勤，礼让）（　　）

（　　）乐观（高兴，愉快，幽默，诙谐）——悲观（沮丧，抑郁，颓唐）（　　）

（　　）坚定（积极，支持社会活动）——多变（易变动，忽视社会之细节）（　　）

（　　）活泼（爱交际，对异性有强烈兴趣）——拘谨（羞怯，对异性兴趣甚少）（　　）

（　　）依赖（好群，寻找照顾）——独立（好独立，能自我满足）（　　）

（　　）文雅（沉静，内省，注意仪态）——粗野（粗鲁，不圆滑，生硬）（　　）

（　　）通达（可信任，能谅解他人）——偏执（有偏见，多疑，善妒忌）（　　）

（　　）放荡（不合习俗，古怪，间歇失常，表现急躁，烦躁）——自制（合乎习俗，不受情绪影响）（　　）

（　　）巧辩（善掩饰，冷静，缺乏同情心）——爽直（不掩饰，对人宽厚）（　　）

(4) 强迫选择评定量表

提供许多词汇或陈述句，要求评定者选出与被评者最相似或最不相似的词、句子。

这种方法与自陈量表中的强迫选择法类似。

2. 评定量表的误差

评定量表简单易行，但也存在一些误差。

（1）严格误差：在评定时过分严格而导致的误差。

（2）宽容误差：对任何一个被试都选用较优的评价。

（3）趋中误差：倾向于将被试评为中间水平，避免以上的极端评价。

以上三种评定都会缩小分数的分布范围而使评分的区分度降低。

（4）逻辑误差：有些评定者把他认为相互关联的特质都作同样的评定。例如，评定一个人认真、勤奋时，作出相同的评定。

（5）"光环"效应：对一个人的总的看法影响了对具体特质的评价，或以偏赅全，对某一方面的看法影响了对其他方面的评定。例如，老师对差生的任何方面都作出相对较低的评价。

（6）认知误差：由于评定者不了解、不熟悉被试而导致的误差。

3. 减少评定误差的方法

（1）对于评定的目标特质应作明确的定义，目标应尽量具体。例如，上例文雅是指什么必须进一步作出解释。

（2）对于评定量表上的各个点不能只给一个简单的数字，而应以重要的关键性行为作出明确的说明。如1表示经常，2表示有时，3表示从不。

（3）评定等级的划分不可过细。研究表明，只有受过严格训练的人才能区别11个等级，大多数人对于7个以上的等级就不能作出有效的区别了。

（4）评定者评定前要进行训练，使他们切实把握好评定方法。切实采用公正客观的态度，避免光环效应、趋中误差、宽容误差等。

（5）最好由多人充当评定者。如果一人，应多次观察、多次评定。

（6）有时可以采用相对评定法，按常态分布分配各阶段的人数比例。例如，评定五个等级时，人数比例为6%、24%、40%、24%、6%。评定七个等级时，人数比例分别为1%、6%、24%、

38%、24%、6%、1%。

（7）请评定者说明所依据的事实，或说明理由。

（三）投射测验

投射法作为一种测验工具，主要是探讨个体内在隐蔽的行为或潜意识的、深层的态度、冲动与动机。这种方法受到倾向于心理动力学观点的医学或心理学工作者的重视。

1. 投射测验的特点

投射技术有很多特点，首先是使用非结构（unstructured）任务作为刺激材料，这种任务允许被试有各种各样不受限制的反应。为了促使被试想象，投射测验一般只有简短的指导语，刺激材料也很含糊、模棱两可。在这种情况下，被试对材料的知觉和解释就可反映他的思维特点、内在需要、焦虑、冲突等人格方面。可以这样说，刺激材料越不具有结构化，反应就越能代表被试人格的真正面貌。

投射技术的另一特点是测量目标的掩蔽性（disguised），被试一般不可能知道他的反应将作何种心理学解释，从而减少了伪装的可能性。

投射技术的第三个特点是解释的整体性（global），关注人格的总体评估而不是单个特质的测量。

投射技术也存在着严重的不足，尽管它可以揭示许多甚至被试自己都没意识到的深层的人格特点，但它不能作为探索无意识领域的指路灯。非结构性任务的特性既是它的优点，也是它的缺点，它造成了计分的困难。另外，投射技术缺乏方便而有效的信度和效度标准，与各种效标有关的效度系数都很低。

2. 投射技术的理论基础

由于投射技术重在探讨无意识心理特征，对被试在测验上的反应的解释就不可避免地深受精神分析学说的影响。在20世纪40~60年代，精神分析的思想在人格理论和研究中的影响最大，而其间投射测验的增长数量也最多。精神分析技术强调人格结构的大部分是无意识成分，认为个人无法凭其意识说明自己，因而自陈法无法有效地了解人格结构，必须借助某种无确定意义（非结构化）的刺激情境为引导，才能使个体隐藏在潜意识中的欲望、需求、动机、冲突等泄露出来，或者说是使被试不知不觉地投射出来。投射测验在这一理论的框架下，被用来作为发掘被试无意识过程的动机。投射测验的设计者常用心理分析观点作为指导来选择刺激，解释测验的结果。

从上述理论出发，投射测验假定：人们对外部事物的解释性反应都是有其心理原因的，同时也是可以给予说明和预测的；人们对外部刺激的反应虽然取决于所呈现的刺激的特征，但反应者过去形成的人格特征、他当时的心理状态以及他对未来的期望等心理因素也会渗透在他对刺激的反应过程及其结果之中；正因为个人的人格会无意识地渗透在他对刺激情境的解释性反应之中，所以，通过向被试提供一些意义模糊的刺激情境，让被试对这种情境作出自己的解释，然后通过分析他解释的内容，就有可能获得对被试自身的人格特征的认识。

3. 投射测验的分类

对于投射测验的分类，不同学者采用不同的方法。有些学者依据对被试的反应所提出的不同要求即反应形式，把投射技术分为下列四种。

（1）联想法让被试根据刺激（如单词、墨迹）说出自己联想到的内容。如容格（C. G. Jung）的文字联想测验和罗夏（H. Rorschach）的墨迹测验。

（2）构造法让被试根据他所看到的图画，编造一个包括过去、现在和将来等发展过程的故事。如主题统觉测验（TAT）。

（3）表露法让被试通过绘画、游戏或表演来自由表露他的心理状态。如画人测验、视觉运动完形测验（BGT）。

（4）完成法主试提供一些不完整的句子、故事或辩论等材料，令被试自由补充，使之完成。如语句完成测验。

五 人格测验的真实性问题

相对于智力、成就和职业倾向测验来说，人格测量的信度和效度更低一些，这就使得人们有理由提出人格测量的真实性问题。而影响人格测量的真实性的因素除了编写测验项目的技术外，被试是否真实地回答测验所提出的各种问题也是一个重要因素。

其一，运用自陈问卷测量人的人格特征时，通常是要求被试针对所提的问题在"是"和"否"两个备选选项之间选择一个符合其实际情况的选项。在这种情况下，被试虽然清楚他应当选择"是"或"否"，但由于人格结构中的一些特质具有明显的社会评价色彩，被试为了获得较高的社会评价，或不愿意让其他人了解自己的真实的人格特征，完全可能选择一个与自己实际情况相反的选项。

其二，在个人评估自己的行为时，往往会出现各种反应定式，如肯定定式、否定定式、极端定式、谨慎定式和猜测定式等。这种反应方式有可能反映个体的一部分人格特征，也可能是被试有意不作真实回答。还有的被试在某些项目上可能不太清楚哪个选项更符合自己的实际情况，所以在拿不准的情况下，常常随便选择一个选项。

其三，由于目前流行的人格问卷的备选选项太少，通常只是"是"与"否"两种，被试可能感到任何一个选项都不太符合自己的实际情况。在这种情况下，被试要么两个选项都选，要么两个选项都不选，或者不假思索地任意选择其中的一个。有的测验的编制者意识到这个问题，便在两个极端的选项之间插入一个折中选项，如"不一定"、"介于'是'与'否'之间"，但实际上，被试在一个具体的问题上很少有这种不偏不倚的中间情况。

为了防止被试回答问题时有意识或无意识的防卫性反应，有的问卷插入了一个或几个效度量表，假如被试在这些量表上的得分过高，则说明被试没有真实回答，所以其他方面的分数也就不能作为评价其人格特征的依据。在"明尼苏达多项人性调查表"和"艾森克人格问卷"中就包含这种说谎量表。但这只能在一定程度上解决测量的真实性问题，假如多数被试的说谎分数都高，测验就没有多大意义。当然，在实际测量中这种情况很少出现。

防止人格测量不真实的另一个办法是不用自陈问卷法，而改用投射测验。投射测验的一个优点是可以让被试在不知不觉中将其无意识心理投射到其对测验项目的反应之中。但目前的投射测验结果很难做到量化，对测验结果的解释是施测者的主观看法，不同的施测者对同一个测验结果的解释常常不完全相同。因此，假如对测验结果给予不同的解释，那么，尽管测验结果本身是真实的，也难以说明整个测量工作的真实性。

当然，人格测量中存在的上述难以保证真实性的问题并不否定人格测量在一定程度的科学性，这只是一个进一步改进和完善的问题。在人格测量中尽管存在着一定的难度和复杂性，但经过将近100年的探索和发展，已经初步形成一套比较科学的人格测量方法和技术，并在实际应用领域发挥着越来越重要的作用。

第二节　明尼苏达多项个性调查表

一　背景知识

明尼苏达多项个性调查表（Minnesota Multiphasic Personality Inventory，MMPI）问世于1943年，由明尼苏达大学教授哈特卫（S. R. Hathaway）和麦金利（J. C. Mckinley）合作编制而成。该测验的问世是自陈法人格测验发展史上的一个重要里程碑，对人格测验的研究进程产生了巨大影响。到目前为止，已出版的有关MMPI的论文书籍超过8000多篇，翻译成各种版本100余种。应用范围也扩展到各个领域，如人类学、心理学、医学、社会学等。既可以用于医疗上的诊断，又可以用于正常人的个性评定。本调查表可以对每个被测验者的个性特点提供客观评价，也适用于精神健康状况测试，是诊断精神病的主要工具。

MMPI是根据经验性原则建立起来的自陈量表。在选择调查表的每个问题时，哈特卫和麦金利二人进行了深入细致的工作。首先从大量病史、早期出版的人格量表及医生笔记中搜集了一千多个题目，然后就这些题目施测于正常人与病人被试，并比较两组人对题目的反应。如两组对题目的反应确有差别，则该题保留，反之则予以淘汰。按此原则，共选取了550个题目，每一题目都是通过两组被试的实际反应确定的，因而在以后测量其他人群时自然有辨别作用。

在MMPI之前的人格测验，只能测量很少的人格特征。哈特卫和麦金利二人希望编制一个能同时对人格作出"多相"评价的工具。为此，他们在编制此测验时不只采用一个异常组，而是根据当时流行的精神疾病分类，每种疾病确定为一个异常组，通过重复测验、交叉测验，最后确定出八个临床量表。后来增加的"男子气—女子气"量表的题目，是根据男女被试的反应选择的；而"社会内向"量表的题目是根据大学生内向和外向两组的反应选择出来的。为了克服被试的态度和反应心向的影响，在测验中还设定了效度量表。

二 量表内容及适用对象

MMPI包括566个自我报告式的题目，其中16个为重复题目，所以实际上只有550题。其内容范围很广，全部测题包括26个方面的内容，诸如健康状况、精神症状以及对家庭、婚姻、宗教、政治、法律、社会等的态度，涉及人生经验的广泛领域。

与临床有关的题目集中在前399题，后面的题目主要用于研究工作。因此，如果只是为了精神症状的临床诊断，仅做前399题便可以了。MMPI共有14个量表（研究量表未算在内），其中临床量表10个，效度量表4个，均集中于前399题。

本测验适用于年满16岁，具有小学毕业以上文化水平，没有什么影响测验结果的生理缺陷者。

三 实施与计分

（一）实施方法

施测 MMPI 有两种主要形式：第一种为卡片式，即将测验题目分别印在小卡片上，让被试根据自己的情况，将卡片分别投入贴有"是"、"否"及"无法回答"标签的盒内。第二种为手册式，通常都是分题目手册和回答纸，让被试根据题目手册按自己的情况在答案纸上逐条回答。卡片式适于个别施测，手册式既可个别施测也可团体施测。

如果被试比较慌乱，不能按指导语要求去做，可以由固定一个人将题目读给被试听，并由主试记录反应，这样结果会更有效。

（二）计分方法

计分方法有两种：一种是微电脑计分，将特制的回答纸放入光电阅读器内，结果便可计算出来。另一种是模板计分，需借助 14 张模版，每张模版上均有一定数量的与计分键相应的计分圆洞。具体步骤如下。

（1）将回答纸上被试对同一题目画上两种答案的题号用颜色笔划去，与"无法回答"的题数相加，作为 Q 量表的原始分数。

（2）将每个量表的模板依次覆盖在回答纸上，数好模板上有多少个圆洞并画上记号，这个数目就是此量表的原始分数。

（3）在下列 5 个量表的原始分数上分别加上一定比例的 K 分：Hs + 0.5K、Pd + 0.4K、Pt + 1.0K、Sc + 1.0K、Ma + 0.2K。

（4）由于每个量表的题目数量不同，各量表的原始分数无法比较，因此需要换算成 T 分数。转换分数的方法采用公式（14 - 1）：

$$T = 50 + \frac{10(X - \overline{X})}{SD} \qquad (14-1)$$

式中：X——某一被试在某一量表上所得的原始分数；

$\overline{X}$——被试所在样本组原始分数的平均数；

SD——该样本组原始分数的标准差。

在测验说明书中附有换算表，可通过查表将原始分数直接换算成 T 分数。

（5）将各量表 T 分数（Hs、Pd、Pt、Sc、Ma 为加 K 后的 T 分数）登记在剖析图上，各点相连即成为被试人格特征的剖析图（图14-1）。

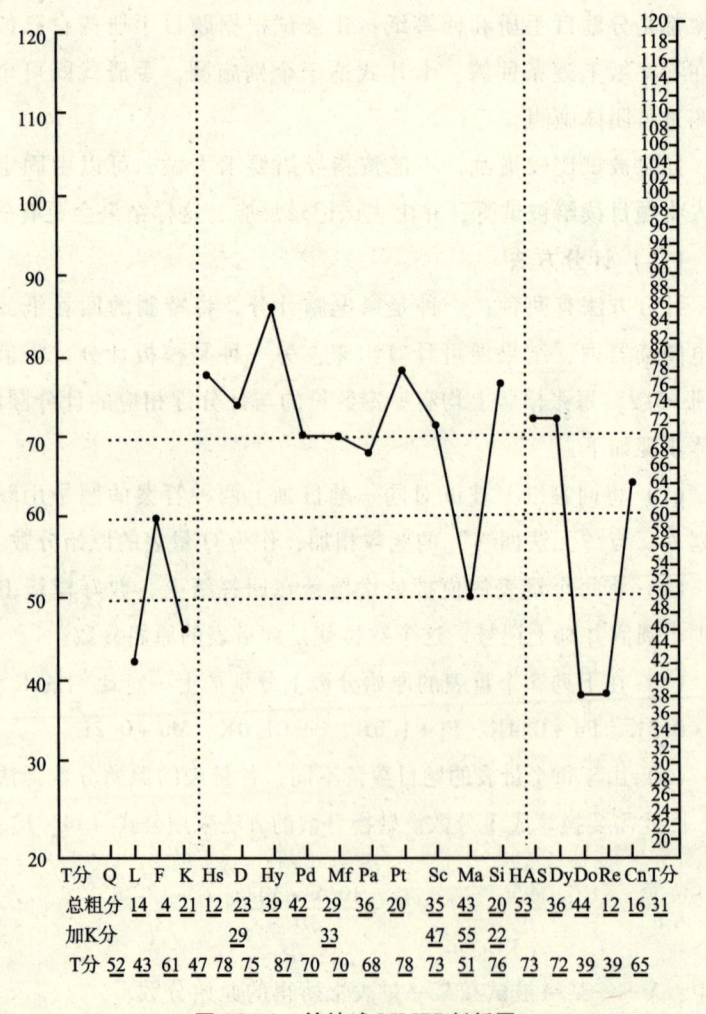

T分	Q	L	F	K	Hs	D	Hy	Pd	Mf	Pa	Pt	Sc	Ma	Si	H	A	S	Dy	Do	Re	Cn	T分
总粗分		14	4	21	12	23	39	42	29	36	20	35	43	20	53	36	44	12	16	31	
加K分					29				33			47	55	22								
T分	52	43	61	47	78	75	87	70	70	68	78	73	51	76	73	72	39	39	65			

图 14-1　某被试 MMPI 剖析图

四 测验结果的解释

MMPI 的结果通常首先分析每个效度量表和临床量表的得分；然后采用二点编码的形式解释测验结果。

（一）效度量表的解释

在 MMPI 的测验中，被试对各个问题作出直接而诚实的回答，结果的解释才能有效。但由于种种原因，有些被试往往会偏离测验的要求。为了发现被试受检态度的偏离，特地设计了四个效度量表（Validity Scales）。

（1）疑问（Q）：对问题毫无反应及对"是"和"否"都进行反应的项目总数，或称"无回答"的得分。高得分者表示逃避现实，若在前399题中原始分超过22分，则提示临床量表不可信。

（2）说谎（L）：是测查被试回答问题的前后一致性，也反应被试过分追求尽善尽美的回答。高得分者总想让别人把他看得要比实际情况更好，他们连每个人都具有的细小短处也不承认。L量表原始分超过10分时，就不能信任 MMPI 的结果。

（3）诈病（F）：题目内容多是一些比较古怪或荒唐的内容。分数高表示被试不认真、理解错误，表现出一组互相无关的症状，或在伪装疾病。如果测验有效，F量表是精神病程度的良好指标，其得分越高暗示精神病程度越重。

（4）校正（K）：是对测验态度的一种衡量，其目的有两个：一是为了判别被试接受测验的态度是不是隐瞒，或是防卫的；二是根据这个量表修正临床量表的得分，即在几个临床量表上分别加上一定比例的 K 分。

F - K 指数：F 得分与 K 得分的关系是被试防卫态度高低的指标。在 F 减 K 的值为正，而且高于11分的情况下，预示被试有意贬低自己；在 F 减 K 的值为负，而且低于 -12 分的情况下，则可能为被试故意要让别人把自己看得好些，并想隐瞒、否认情绪问题及各种症状。

(二) 临床量表

临床量表高分的界定，依文献而异。有些研究者把 T > 70 作为高得分，有的把上位 25% 作为高得分，也有的使用者用其他一些 T 得分。测验修订者宋维真等认为 T60 作为区分健康人与偏离者的个性较为恰当，也就是说 T 分超过 60 即属异常范围，便视为可能有病理性异常表现或某种心理偏离现象。当然，得分越高的被试，后面所要叙述的个性特征可能越适合于他，在测验之外所能推测的症候和行为的特征也就越显著。

（1）疑病（Hs）：反映被试对身体功能的不正常关心。得分高者即使身体无病，也总是觉得身体欠佳，表现疑病倾向。量表 Hs 得分高的精神科患者，往往有疑病症、神经衰弱、抑郁等临床诊断。

（2）抑郁（D）：与忧郁、淡漠、悲观、思想与行动缓慢有关，分数太高可能会自杀。得分高者常被诊断为抑郁性神经症和抑郁症。

（3）癔症（Hy）：评估用转换反应来对待压力或解决矛盾的倾向。得分高者多表现为依赖、天真、外露、幼稚及自我陶醉，并缺乏自知力。若是精神科患者，往往被诊断为癔症（转换性癔症）。

（4）病态人格（Pd）：可反映被试性格的偏离。高分数的人为脱离一般的社会道德规范，蔑视社会习俗，常有复仇攻击观念，并不能从惩罚中吸取教训。在精神科的患者中，多诊断为人格异常，包括反社会人格和被动攻击性人格。

（5）男子气—女子气（Mf）：主要反映性别色彩。高分数的男人表现敏感、爱美、被动、女性化，他们缺乏对异性的追求。高得分的妇女被看做男性化、粗鲁、好攻击、自信、缺乏情感、不敏感，在极端的高分情况下，则应考虑有同性恋倾向和同性恋行为。

（6）偏执（Pa）：高分提示具有多疑、孤独、烦恼及过分敏感等性格特征。如 T 超过 70 分则可能存在偏执妄想，尤其是合并 F、Sc 量表分数升高者，极端的高分者被诊断为精神分裂症偏执型和偏执性精神病。

（7）精神衰弱（Pt）：高分数者表现紧张、焦虑、反复思考、强迫思维、恐怖以及内疚感，他们经常自责、自罪，感到不如人和不安。Pt 量表与 D 和 Hs 量表同时升高则是一个神经症测图。

（8）精神分裂症（Sc）：高分者常表现异乎寻常的或分裂的生活方式，如不恰当的情感反应、少语、特殊姿势、怪异行为、行为退缩与情感脆弱。极高的分数（T>80）者可表现妄想、幻觉、人格解体等精神症状及行为异常。几乎所有的精神分裂症患者都有 80~90T 得分，如只有 Sc 量表高分，而无 F 量表 T 分升高常提示为类分裂性人格。

（9）轻躁狂（Ma）：高得分者常为联想过多过快、活动过多、观念飘忽、夸大而情绪高昂、情感多变。极高的分数者，可能表现情绪紊乱、反复无常、行为冲动，也可能有妄想。量表 Ma 得分极高（T>90）可考虑为躁郁症的躁狂相。

（10）社会内向（Si）：高分数者表现内向、胆小、退缩、不善交际、屈服、过分自我控制、紧张、固执及自罪。低分数者表现外向、爱交际、富于表情、好攻击、健谈、冲动、不受拘束、任性、做作，在社会关系中不真诚。

（三）两点编码的解释

从大量 MMPI 的临床研究中发现，患者的 MMPI 剖析图中往往出现两个或两个以上的高峰，经过有关专家反复验证，进一步提出了两点编码（Two point codes）的解释。所谓两点编码就是将出现高峰的两个量表的数字号码联合起来，其中分数较高的写在前面，例如，在量表 2（D）上得了第一个高分，在量表 3（Hy）上得了第二个高分，这张剖析图的编码即为"23"。如各临床量表的高分点很多，则应逐个配对解释，尤其要对最高点特别重视。现将经常遇到的两点编码形式的意义介绍如下。

12/21：出现这种测图的患者常有躯体不适，并伴有抑郁情绪。这组高分者可诊断为疑病症或抑郁性神经症。如为 127 测图则可诊断为焦虑性神经症；如为 128 测图并伴有 F 量表高分者可诊断为精神分裂症未分化型。

13/31：这种组合的精神病患者，往往被诊断为疑病症或癔症，尤其是在量表 2 比量表 1 和量表 3 得分低许多的情况下，可作出典型转换性癔症的诊断。

18/81：这种组合的精神病患者，有时被诊断为焦虑性神经症和分裂样病态人格，但按严格的临床标准，如同时伴有 F 量表分数升高，可诊断为精神分裂症。

23/32：这种组合者通常诊断为抑郁性神经症，如有 F 量表高分或量表 8 高分则诊断为重性抑郁症。这类患者对心理治疗反应欠佳。

24/42：具有这种测图的人常有人格方面的问题，有的可诊断为反社会人格。当合并量表 8 与量表 6 同时高分时，这种人十分危险。

26/62：此种测图者常有偏执倾向，可能的诊断有抑郁性神经症、被动专横人格（尤其为 Pa、Pd、D 测图者明显）、偏执状态或早期的偏执型精神分裂症，少数病例为更年期偏执。

28/82：此类测图常见于精神病患者，如 F 量表 T 分高于 70，可诊断为重性抑郁症、更年期抑郁或分裂情感性精神病。如这种测图不能提示精神病，可诊断为分裂性人格伴抑郁或抑郁性神经症（287 测图）。对这种人要预防其自杀企图。

29/92：常见的诊断为躁郁性精神病与循环性人格。

34/43：这种人以长期严重的易怒情绪为特征，诊断有癔症性人格、混合性人格障碍、被动专横人格和暴发性人格。

38/83：具有这种测图的人有焦虑与抑郁感，有时表现出思维混乱。常见的诊断为精神分裂症、癔症（尤其在 F 量表、Sc 量表 T 分都不超过 70 时）。

46/64：这种组合的人是不成熟、自负和任性的，对别人要求过多，并责怪别人对他提出的要求。可能的诊断有被动—攻击人格、偏执型精神分裂症和更年期偏执。

47/74：这种人对别人的需求不敏感，但很注意自己行为的后果，极易发生自怨自艾。可能的诊断为焦虑性神经症或病态人格，心理治疗效果甚微。

48/84：有这种测图的人，行为怪异，很特殊，常有不寻常的宗教仪式动作，也可能干出一些反社会行为。这些人一般诊断为精神分裂症（偏执型）、不合群人格、分裂样病态人格、偏执病态人格。

49/94：这种组合者最显著的特征是完全不考虑社会的规范和价值，常有违反社会要求的行为。常见的诊断为反社会性人格。

68/86：这种人表现多疑，不信任，缺乏自信心与自我评价，他们对日常生活表现退缩，情感平淡，思想混乱，并有偏执妄想。如 Pa、Sc 量表 T 分均升高，F 量表 T 分也超过 70，可以说是一个偏执型精神分裂测图。如 F 量表 T 分未升高，Pa、Sc 量表 T 分稍高可诊断为偏执状态或分裂性人格。

69/96：有这种测图的人可表现极度焦虑，神经过敏，并有全身发抖等特征，当其受到威胁易退缩到幻想中去。典型的诊断是躁郁性精神病，如 Pa、Ma 测图伴 F 量表和 Sc 量表高分，则可诊断为偏执型精神分裂症或分裂情感性精神病。

78/87：这种人常有高度激动与烦躁不安等表现，缺乏抵抗环境压力的能力，并有防御系统衰弱表现。其诊断应结合临床，一般 Pt、Sc/Sc、Pt 测图诊断为焦虑性神经症、强迫性神经症、抑郁性神经症，以及人格异常。如量表 Sc 的 T 分明显高于量表 Pt，则可能诊断为精神分裂症。

89/98：这种测图倾向于活动过度、精力充沛、情感不稳、不现实及夸大妄想者。诊断有精神分裂症与躁郁症，分裂情感性精神病亦有可能。

随着 MMPI 使用的日益广泛，在这些原始量表基础上已发展了

400个左右的新量表，其中大多数都是在原量表中未包括的内容上作出单独研究。有些量表是研究正常人的人格特征，有些是继续应用原来标准化的测验记录，将正常与原来的临床量表作比较。例如新量表中有自我力量（Es）、依赖性（Dy）、支配性（Do）、偏见（Pr）和社会地位（St），还有一些是特殊目的的量表。

第三节 卡氏16种人格因素测验

一 背景知识

卡氏16种人格因素测验（Sixteen Personality Factor Questionnaire, 16PF）是美国伊利诺伊州立大学人格和能力测验研究所卡特尔教授（R. B. Cattell）经过几十年的系统观察、科学实验，以及用因素分析统计法慎重确定和编制而成的一种精确可靠的测验。与其他类似的测验相比较，它能以同等的时间（约40分钟）测量更多方面主要的人格特质，并可作为了解心理障碍的个性原因及心身疾病诊断的重要手段，也可用于人才的选拔。

卡特尔是持特质理论的心理学家，他的理论观点与其他特质论者一样，认为人格基本结构的单元是特质。特质是从人的行为推论而得来的，表现出特征化的、相当持久的行为特征，特质也代表行为的倾向性。因此，特质这一概念表示在不同时间和不同情况下行为的某种类型和规律性。

在卡特尔的人格理论中，他把每一个人所具有的独特的特征称为个别特质（unique traits），一个社区或一集团的成员都具有的特征称为共同特质（common traits）。一个社区中的每个成员虽然都具有共同的特质，但这些特质在个别人身上的强度和情况是不同的，并且这些特质在同一个人身上也是随不同时间而有所不同。

卡特尔把人的个性结构分为表面特质和根源特质是十分重要的。他认为人的表面特质（surface traits）是指一个人经常发生的、从外部可以直接观察到的行为表现；而根源特质（source traits）则是通过因素分析方法发现的，是制约表面特质的潜在基础。卡特尔从许多人的行为表现中，共抽取出 16 种根源特质，他称之为个性因素，认为人的所作所为无一不受根源特质的影响。根源特质是内蕴的，是构成个性的基本特质。

卡特尔还认为，在 16 种根源特质中，有的起源于体质因素，他称之为素质特质（constitutional traits），有的起源于环境因素，他称之为环境铸模性特质（environmental-mold traits）。这两种特质又都同动力特质、能力特质和气质特质有关。动力特质（dynamic traits）促使人朝着一定的目标去行动，它是人格的动机性因素；能力特质（ability traits）决定一个人如何有效地完成预定的目标，其中最为重要的是智慧；气质特质（temperament traits）是遗传而来的因素，决定一个人对情境作出反应时所表现的能力强弱、速度快慢和情绪状况，主要与目标方向活动的情绪性方面有关。这些特质构造之间的关系如图 14-2 所示。

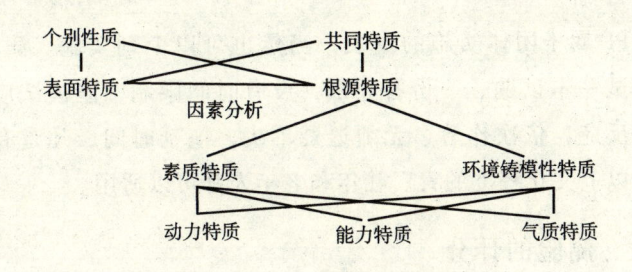

图 14-2　特质构造之间的关系

事实上，卡特尔的特质理论比以上所述要复杂得多，并已成为以后几个人格问卷编制的基础理论。

二　测验的内容与施测方法

16PF 英文原版共有 5 种版本：A、B 本为全版本，各有 187 个题目；C、D本为缩减本，各有106个题目；E本适合于文化水平较低的被试，包括128个题目。1970年经刘永和、梅吉瑞修订，将A、B本合并，发表了中文修订本。合并本共有187个测题，分成16个因素，每个因素包括10个或13个测题。为防止被试勉强作答或不合作，每个测题有三个可能的答案，这就使被试在回答时能够有折中选择，避免"二选一"不得不勉强回答的弊病。而且，被选用的测题有许多表面上似乎与某种人格有关，但实际上与另一人格因素关系密切。如此，被试不易猜测每一题目的用意而作出如实回答。

题目举例：
（1）我喜欢看球赛
 a. 是的   b. 偶尔的   c. 不是的
（2）金钱不能使人快乐
 a. 是的   b. 介于a与c之间   c. 不是的
（3）"妇女"与"儿童"就像"大猫"与
 a. 小猫   b. 狗   c. 男孩

16PF属于团体实施的量表，当然也可以个别实施。测验时，每个被试一本试题、一份答卷纸，没有时间限制，但被试应以直觉性的反应，依次作答，无须迟疑不决，拖延时间。凡是有相当于初中以上文化程度的青、壮年和老年人都可以适用。

三　测验的计分

每一测题有a、b、c三个答案，可得0、1或2分。聪慧性（因素B）量表的题目有正确答案，每题答对得1分，答错得0分。测验一般用模板计分，模板有两张，每张可为8个量表计分。未计分前，应先检查答案有无明显错误及遗漏，若遗漏太多或有明显错误，则必须重测以求真实可信。

使用计分模板只能得到各个量表的原始分数，尚需要通过查常模表将其换算成标准分数（标准10分）。然后按各量表标准10

分在剖析图（图14-3）上找到相应圆点，将各点连接成曲线，即可得到被试的人格剖析图。

人格因素	原分	标准分	低分者特征	标准10 1 2 3 4 5 6 7 8 9 10	高分者特征
A			缄默孤独	· · · · ·A· · · · ·	乐群外向
B			迟钝、学识浅薄	· · · · ·B· · · · ·	聪慧、富有才识
C			情绪激动	· · · · ·C· · · · ·	情绪稳定
E			谦逊顺从	· · · · ·E· · · · ·	好强固执
F			严肃审慎	· · · · ·F· · · · ·	轻松兴奋
G			权宜敷衍	· · · · ·G· · · · ·	有恒负责
H			畏怯退缩	· · · · ·H· · · · ·	冒险敢为
I			理智、着重实际	· · · · ·I· · · · ·	敏感、感情用事
L			信赖随和	· · · · ·L· · · · ·	怀疑、刚愎
M			现实、合乎成规	· · · · ·M· · · · ·	幻想、狂放不羁
N			坦白直率、天真	· · · · ·N· · · · ·	精明能干、世故
O			安详沉着、有自信心	· · · · ·O· · · · ·	忧虑抑郁、烦恼多端
Q_1			保守、服从传统	· · · · ·Q_1· · · · ·	自由、批评激进
Q_2			依赖、随群附众	· · · · ·Q_2· · · · ·	自立、当机立断
Q_3			矛盾冲突、不明大体	· · · · ·Q_3· · · · ·	知己知彼、自律谨严
Q_4			心平气和	· · · · ·Q_4· · · · ·	紧张因扰

卡氏16PF。A、B种修订合订本

修订者：刘永和　梅吉瑞

标准分	1	2	3	4	5	6	7	8	9	10	依统计
约等于	2.3%	4.4%	9.2%	15.0%	19.1%	19.1%	15.0%	9.2%	4.4%	2.3%	之成人

图 14-3　16PF 测验结果剖面图

四　结果解释及应用

（一）因素分解释

本测验的16种人格因素中，1~3分为低分，8~10分为高分。16个因素的名称和高分、低分所表示的人格特征如表14-1所示。

表 14-1 16PF 的因素、名称、特征

因素	名称	低分特征	高分特征
A	乐群性	缄默、孤独、冷淡	外向、热情、乐群
B	聪慧性	思想迟钝、学识浅薄、抽象思维能力弱	聪明、富有才识、善于抽象思维
C	稳定性	情绪激动、易烦恼	情绪稳定而成熟、能面对现实
E	恃强性	谦逊、顺从、通融、恭顺	好强、固执、独立、积极
F	兴奋性	严肃、审慎、冷静、寡言	轻松兴奋、随遇而安
G	有恒性	苟且敷衍、缺乏奉公守法的精神	有恒负责、做事尽职
H	敢为性	畏怯退缩、缺乏自信心	冒险敢为、少有顾虑
I	敏感性	理智的、着重现实、自恃其力	敏感、感情用事
L	怀疑性	信赖随和、易与人相处	怀疑、刚愎、固执己见
M	幻想性	现实、合乎成规、力求完善合理	幻想的、狂妄、放任
N	世故性	坦白、直率、天真	精明强干、世故
O	忧虑性	安详、沉着、通常有自信心	忧虑抑郁、烦恼自扰
Q_1	实验性	保守的、尊重传统观念和行为标准	自由的，批评激进，不拘泥于成规
Q_2	独立性	依赖、随群附和	自立自强、当机立断
Q_3	自律性	矛盾冲突、不顾大体	知己知彼、自律谨严
Q_4	紧张性	心平气和、闲散宁静	紧张困扰、激动挣扎

（二）次级人格因素

除了以上 16 种人格因素外，还可以根据实验统计的结果所得的公式，推算出许多种能够描述人格类型的双重因素，如适应与焦虑性、内向与外向性、感情用事与安详机警性、怯懦与果断性。

（1）适应与焦虑性 = $(38 + 2L + 3O + 4Q_4 - 2C - 2H - 2Q_3) \div 10$

式中字母分别代表相应量表的标准分（下同），由公式求得的最后分数即表示"适应与焦虑性"之强弱。低分者生活适应顺利，通常感觉心满意足；但极端低分者可能缺乏毅力，事事知难而退，

不肯奋斗与努力。高分者并不一定有神经症，但通常易于激动、焦虑，对自己的境遇常常感到不满，高度的焦虑不但减低工作效率，而且会影响身体健康。

(2) 内向与外向性 = $(2A + 3E + 4F + 5H - 2Q_2 - 11) \div 10$

低分者内向，通常羞怯而审慎，与人相处多拘谨不自然；高分者外向，通常善于交际，不拘小节，不受约束。内、外向性格无所谓利弊，须以工作性质为准，例如，内向者较专心，能从事较精确的工作；外向者适合于从事外交和商业工作，而对于学术研究却未必有利。

(3) 感情用事与安详机警性 = $(77 + 2C + 2E + 2F + 2N - 4A - 6I - 2M) \div 10$

低分者感情丰富，情绪多困扰不安，通常感觉挫折气馁，遇到问题经反复思考才能决定，平时较为含蓄敏感，温文尔雅，讲究生活艺术。高分者安详机警，果断刚毅，有进取精神，但常常过分现实，忽视了许多生活的情趣，遇到困难有时会不经考虑，不计后果，贸然行事。

(4) 怯懦与果断性 = $(4E + 3M + 4Q_1 + 4Q_2 - 3A - 2G) \div 10$

低分者常常人云亦云，优柔寡断，受人驱使而不能独立，依赖性强，因而事事迁就，以获得别人的欢心。高分者独立、果断、锋芒毕露、有气魄，常常自动寻找可施展所长的环境或机会，以充分表现自己的独创能力。

(三) 特殊应用演算公式

卡特尔及其同事搜集了7500名从事80多种职业及5000名有各种生活问题者的人格因素测验答案，详细分析他们人格因素的特征和类型，并以此拟定其他一些演算公式用于心理咨询及就业指导。

1. 心理健康者的人格因素

其推算公式为 $C + F + (11 - O) + (11 - Q4)$。

心理健康标准分通常介于0~40分，均值为22分，一般不及12分者情绪很不稳定，仅占人群的10%。担任艰巨工作的人都应该有较高的心理健康标准分。

2. 专业有成就者的人格因素

其推算公式为 $2Q_3 + 2G + 2C + E + N + Q_2 + Q_1$。

通常总和分数介于 10~100 分，均值为 55 分，60 分约等于标准分 7 分，63 分以上者标准分大于 8 分，67 分以上者一般应有所成就。

3. 创造力强者的人格因素

其推算公式为 $2(11-A) + 2B + E + 2(11-F) + H + 2I + M + (11-N) + Q_1 + 2Q_2$。

由上式得到的因素总分可换算成相应的标准分，标准分越高，其创造能力越强。一般因素总分在 88 以上，即标准分在 7 分以上者为创造能力强的个性。

4. 在新的环境中有成长能力的人格因素

其推算公式为 $B + G + Q_3 + (11-F)$。

总分介于 4~40 分，均值为 22 分。17 分以下者（约占 10%）不太适应新环境，27 分以上者，则有成功的希望。

第四节 艾森克人格问卷

一 背景知识

艾森克人格问卷（Eysenck Personality Questionnaire，EPQ）是英国伦敦大学心理系和精神病学研究所艾森克（H. J. Eysenck）教授和其夫人编制的，问卷分为成人版和儿童版，分别适用于16岁以上成人和7~15岁儿童，施测仅需要 10~15 分钟。经过多次修订，在不同人群中测试，已经获得可靠的信度和效度，在国际上广泛应用。这一问卷于20世纪40年代末已开始拟定，1952年正式发表，称 Maudstey 医学问卷。随后又于1959年及1964年进行增改和修订，最后于1975年再次修订并命名为艾森克人格问卷（EPQ）。

艾森克人格问卷的编制是以特质论为理论基础的。艾森克认为，虽然人格在行为上的表现形式是多样的，但真正支配人行为的人格结构却是由少数几个人格维度构成的。在早期的研究中，艾森克通过因素分析抽取出两个维度，即神经质（Neuroticism，又称情绪性）和外倾性（Extroversion），以后在艾森克人格问卷中又增加了第三个维度精神质（Psychoticim）。艾森克认为，神经质、内外倾性和精神质是决定人格的三个基本因素，人们在这三方面的不同倾向和不同的表现程度，便构成了不同的人格特征。E、N、P三个人格维度不但经过许多数学统计和行为观察方面的分析，而且也得到多种心理实验的考证。这就使得EPQ在分析人格结构的研究中受到人们的重视，并被广泛应用于医学、司法、教育等实际领域。一般认为，此量表的项目较少，易于测查。我国修订本的研究和使用情况表明，项目内容较适合我国国情，有一定的信度和效度。

目前，艾森克人格问卷已在许多国家被广泛应用，获得了较确定的信度和效度。中国心理学家龚耀先和陈仲庚先后修订了艾森克人格问卷的中文版。陈仲庚修订的成人问卷和儿童问卷，最后修订本为85个项目。

二 测验内容

英文原版的成人问卷中有101个项目，儿童问卷中有97个项目。中国版由龚耀先教授主持修订，修订后的儿童问卷和成人问卷各由88个项目组成。每个项目都有"是"和"否"两个选项，供被试根据自己的情况进行选择，然后按E（内向—外向）、N（神经质）、P（精神质）和L（掩饰性）四个量表计分。最后，再根据被试在四个量表所获得的粗分，按被试的年龄、性别常模换算出标准T分，以分析被试的个性特征。

各量表得分的意义简要解释如下。

E（内向—外向）：分数高表示人格外向，这种人往往好交际、健谈、渴望寻求刺激和冒险，回答问题不假思索，乐观、好动。

分数低则表示人格内向，这种人表现安静，不喜过多交往，富于内省，不喜欢刺激、冒险，偏保守，情绪比较稳定。

N（神经质，又称情绪性）：分数高，表现为情绪不稳定，常表现出高焦虑、忧心忡忡，易激动，对各种刺激反应强烈，易感情用事。与此相反，分数低的人，情绪反应缓慢且轻微，容易平静，善于自控，稳重，性情温和，不易焦虑。

P（精神质，又称倔强性）：并非指精神病，它在所有人身上都存在，只是程度不同而已。具有突出精神质的人性情孤僻，对他人不关心，缺乏同情心，常表现出攻击性。如果是儿童，则表现为古怪、孤僻，对同伴和动物缺乏同情心，不关心人等。

L（掩饰性）：是后来加进的一个效度量表，测定受测者的掩饰、假托或自身隐蔽等情况。但也代表一种稳定的人格功能，即反映被试的社会朴实或幼稚水平。

EPQ 的测题经因素分析测定，每个测题只负荷一个维度因素。每个测题只要求受测者回答一个"是"或"否"。一定要作一回答，而且只能回答"是"或"否"。发卷后向受测者说明方法，便由他自己逐条回答。既可个别进行，也可以团体进行。

EPQ 的题目形式如：
- 你是否有广泛的爱好？
- 在做任何事之前，你是否都要考虑一番？
- 你的情绪经常波动吗？
- 你是一个健谈的人吗？

三　测验的计分与结果解释

本测验采用 0、1 计分的方式，有正向题和反向题，正向题选"是"计 1 分，选"否"计 0 分；反向题选择选"否"计 1 分，选"是"计 0 分。将四维度所属的题目得分相加，即得到四个维度的分数。查常模表或利用公式，将原始分数转化为 T 分数。

在中国修订版的 EPQ 结果报告单上一般有两个解释图，一个是 EPQ 剖析图（图 14-4），一个是 E、N 关系图（图 14-5），据此可直观地判断出被试的内外向性、精神质以及情绪稳定性，还可判断其气质类型。

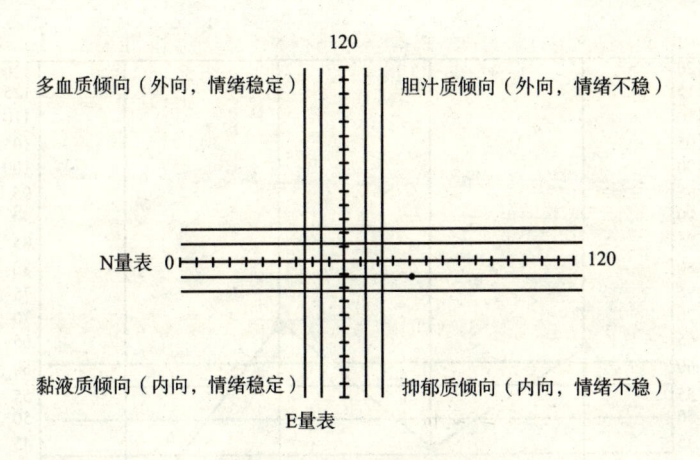

图 14-4 EPQ 量表剖析图

剖析图中两侧纵轴的 T 分数在 38.5、43.3、50、56.7 和 61.5 五个点上各有一条横线。居中的一条横线为各常模群体的 T 分均值线（T=50）。在 T 分均值线上下各 0.67 个标准差的范围内，亦即在 43.3~56.7 的两条线之间，约有相应常模群体 50% 的人数。在均值线上下各 1.15 个标准差的范围内，即在 38.5~61.5 的两条线之间，约有相应常模群体 75% 的人数。分析时，将 T 分数落在 ±0.67 个标准差之内的点作中间型解释，将 T 分数落在 ±0.67 个标准差之外、±1.15 个标准差之内的点作倾向型解释，将 T 分数落在 ±1.15 个标准差之外的点作典型型解释。

在 E、N 二维关系图中，将 E 和 N 量表联系起来，就被试两量表 T 分落在图中的坐标点的象限进行分析。图中画出的中间、倾向和典型的划界线，其含义与 EPQ 剖析图中的含义相同。得知某人的 E 分和 N 分后，在二维图上找到 E 和 N 的交点，便可得知其人格特点。

一般结果认为，此量表的项目较少，易于测查，项目内容较适合我国的情况，被认为是较好的人格测定方法之一。

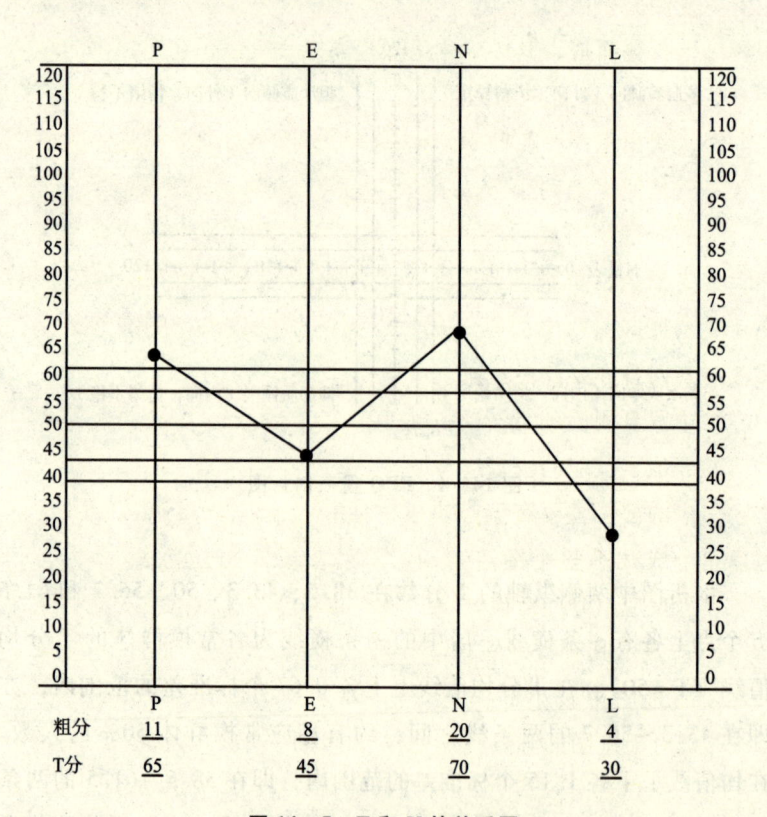

	P	E	N	L
粗分	11	8	20	4
T分	65	45	70	30

图 14-5 E 和 N 的关系图

第五节　投射测验

一　罗夏测验

罗夏测验（Rorschach Test）是一种投射技术。它是由瑞士精神病学家罗夏（H. Rorschach）于1921年首创的一种测验。多数心理学家认为它是适合于成人和儿童的良好人格投射测验,对于诊断、了解异常人格均有一定的实用价值,所以曾受到心理学家和精神病学家的欢迎,至今仍被认为是传统的心理测验之一。

罗夏测验是由10张墨迹图组成,所以又称墨迹测验。图是用墨置纸上折叠而成,其中5张为黑白墨迹图,2张在黑白墨迹图上附有红色墨迹,3张全为彩色墨迹。这10张图片编有一定的顺序,施测时每次出示一张,同时问被试:"请你告诉我在图片中看到了什么?或是使你想到了什么?"主试对被试的回答要做详细记录,并记录下对每一图片回答的时间及完成此测验的全部时间。全部图片看完以后,再把图片逐一递交被试,并进行询问,包括:每一反应是根据图片中的哪一部分作出的?引起该反应的因素是什么?对其回答亦要详做记录。

关于罗夏测验的计分方法尚存在不同意见,不过一般都包括反应的部位、反应的决定因素和反应的内容等三方面的计分。

反应的部位主要有五个类别:整体反应(W)指被试的反应包括整个或几乎整个墨迹图,可能提示思维有过分概括的倾向;明显局部反应(D)指被试以一般的局部作为反应部位,相当数量的D反应表示其有良好的知识水平;细微局部反应(d)指被试只利用了墨迹图中较小的但仍可明显区分的部分;特殊局部反应(Dd)指对墨迹图的不寻常部分作答,可能提示刻板的或不依习俗的思维;空白部分反应(S)指回答包括墨迹图中的空白部分,或是一个单独的空白处,或是几个空白相连。

反应的决定因素一般注意这样四个因素:形状(F),指被试由于墨迹的整体或局部像某种事物而引起某种反应,依据形状的相似程度有F_+、F、F_-之分;动作(M),指被试在墨迹图中看到的人或动物的运动,通常是想象的或移情作用的象征;彩色(C),被试的反应由墨迹的色彩决定,可以说明情绪健康;阴影(K),指被试的反应决定于墨迹图的阴影部分,可视为焦虑的指标。

反应的内容根据已有资料,通常出现的反应可归入下列类别:

整个动物（A）或某一部分（Ad）、人的整体（H）或某一部分（Hd）、内脏器官（At）、性器官（Sex）、自然景物（N）、物体（Obj）、地理（Geo）、建筑物（Arch）、艺术品（Art）、植物（Pl）和抽象概念等。

此外，反应的普遍性也较常进行评分。P 表示大部分人共有的回答，Q 表示个人的回答。P 回答多说明对事物的看法与众相同，这种人是比较合群的；Q 回答多说明对事物有独特的见解，在病理时往往也多这一类回答，但多属离奇的。

每一回答均应用上述变量计分，然后作总的分析。例如，如果对第一幅图片（图 14-6）的回答是蝙蝠，便作如下计分：

图 14-6 罗夏墨迹测验图形示例

蝙蝠：WF_+AP

此处 W 是指回答在询问时得知指整体，并得知因形状像蝙蝠，确实很像，所以用 F_+ 表示。蝙蝠属动物，故记作 A，这是许多人的共同回答，所以用 P 标明。

其他回答都一一如此计分，统计所有变量，最后作综合解释。

二 主题统觉测验

主题统觉测验（Thematic Apperception Test，TAT）是投射测验中与罗夏测验齐名的一种测验工具，由美国哈佛大学默里

(H. A. Murray) 与摩尔根 (C. D. Morgan) 等于 1935 年编制而成。后来经过多次修订,逐渐推广应用,故成为一种重要的人格投射技术。

测验材料由 29 张图片和 1 张空白卡片组成,图片都是含义隐晦的情景 (图 14-7)。依被试的年龄和性别把图片组合为四套,分别用于男人 (M)、女人 (F)、男孩 (B) 和女孩 (G)。每套包括图片 20 张,分两个系列进行测验,故每个系列实际上只用 10 张图片。施测时每次给予被试一张图片,让其编制一个 300 字左右的故事,说明图片中所表现的是怎么回事,事情发生的原因是什么,将来演变下去可能产生的结果,以及个人的感想等。对其中一张空白的卡片,要求被试面对空白的卡片先想象出一幅图画,然后根据想象出的图画编制故事。一般可用 5 分钟讲完故事,要求故事愈生动、愈戏剧化愈好。测验完毕,和被试谈话一次,以求深入了解和澄清故事的内容,并要注意被试在测验时的行为反应。

图 14-7　主题统觉测验图形示例

关于 TAT 的分析,早期的研究者往往只注重故事的内容分析,后来认识到必须同时考虑内容分析、形式分析和症状分析,但其中最重要的是有关内容的分析,尤其以默里的"欲求—压力"分析为代表。分析的方式大致表现为以下几个方面。

(1) 对 TAT 中的每一个故事,要明确其主题,详细记述中心主题和内容,然后分析故事长短,以及故事叙述中是否有言语异常和语句文理方面的紊乱,有的故事还要分析两层或三层的次要主题。

(2) 分析故事中的主人公,即被试把故事中人物视为与自己一样的人物,尤其是被试情感色彩强烈的动机被投射的时候,故事中主人公所表现出的情况就是被试人格的真实面目。

(3) 分析和确认主人公具有什么样的欲求,何种环境和事态对主人公的影响最大,即环境所产生的压力。

(4) 通过对被试在故事描述过程中有关言语方面的表现进行分析,来获得有关情感方面的资料。是成功、满足、幸福还是失败、自杀、死亡;是抱负、安定情感还是挫折、孤独,以及只是一般的行为反应。

(5) 分析故事的结局是如何的,其中包括:完全的成功、胜利的结果;一般的成功,从困境中解脱;平凡的结局;轻微的失败、不满足的结果;彻底失败、绝望及灭亡的结果。

主题统觉测验除了作为一种临床诊断工具,还常被用作心理治疗时的刺激联想材料,以利于同病人沟通关系。

三 绘画测验

在投射测验中,除了需要口头或书面的反应方法外,还有一些使用非语言材料的任务的测验,其中应用最普遍的是画人测验、画树测验和屋—树—人测验。

(一) 画人测验

画人测验(Draw-a-person test)由麦柯弗(Machower)于 1949 年首先使用,是非言语材料任务的测验中最受注意的一种。

画人测验的实施程序十分简单,通常是要求被试在一张 20×28 厘米的白纸上画一个人,随便他怎样画,主试不加干预和指导,然后再请被试画一个与前者性别相反的人。主试就以这两张画为评分和解释的依据。

主试在分析该画时，注意的项目包括人像的大小、在纸上的位置、线条的粗细轻重、正面或侧面、身体各部分的状况，以及各部分的比例、阴影、涂抹情况、姿势、衣服等。对于这些项目的意义，研究者提出了各种解释。例如，人像画在左方者处事多从自我的立场出发，人像画在右方者则属抑郁性格；用笔非常轻，被认为可能是人格障碍；大眼或大耳表示多疑；强调纽扣，暗示依赖性、幼稚；琐碎的衣着被认为是神经症的表现；等等。

上述的解释方法是相当有趣的，但给人总的印象是证据不足。

(二) 画树测验

画树测验（Draw-a-tree test）由瑞士心理学家卡尔柯齐设计。其方法是让被试随意画一棵果树，把画好的树与柯氏事先订好的20种标准比较，看他画的树和哪一棵标准最接近，便可发现被试的人格特征。

例如，画的树有根则表示被试稳重、不投机、不作轻率之举；树无根且无横线来表示地面，则说明被试缺乏自觉，行动无一定规律；树干短、树冠大，则表示被试有雄心、有要求赞许的态度倾向、傲慢；树干由两根平行直线构成，则表示被试斤斤计较、少有想象力、倔强固执；树干由同心圆组成，表示被试富有神秘感、缺乏活动、自满自大、性格内向；等等。

(三) 屋—树—人测验

屋—树—人测验（House-Tree-Person technique，H-T-P）是由布克（Buck）1948年设计，是另一种形式的绘画测验。该测验要求被试随意画一座房子、一棵树和一个人，被试还可以描述和解释所画图形及其背景。人像的解释类似画人测验，常代表有意识的自我形象和与人相处的情形。树的形态据说能反映被试对生活及自身的深刻或无意识的态度，例如，一棵死树反映情绪冷漠，一棵茂盛的树反映生活充满活力，一棵垂柳表明虚弱，而一棵尖尖的树则表示侵犯。屋的图像通常不能揭示很多的心理学意义，不过能引起被试对家庭和家人关系的联想。

练习与思考

1. 下面是某被试的MMPI测验结果：

量表	Q	L	F	K	Hs	D	Hy	Pd	Mf	Pa	Pt	Sc	Ma	Si
原始分	7	4	22	10	15	35	26	25	35	15	30	31	16	45
K校正分					20			?			40	41	18	
T分	45	47	61	43	59	68	57	61	41	57	64	58	48	61

试分析：表中的？处的数值应该是多少？该被试有哪些症状表现？

2. 某被试16PF测验的结果如下表：

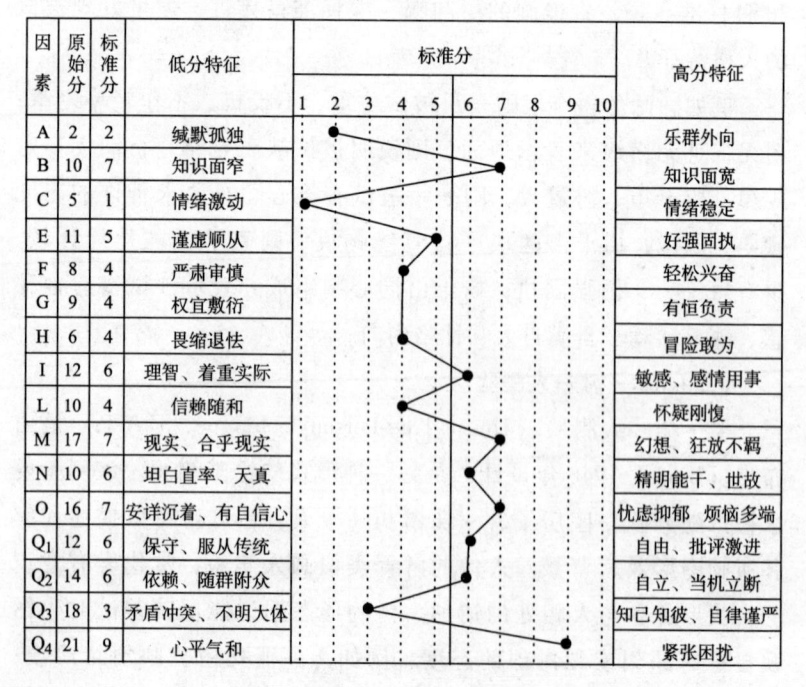

因素	原始分	标准分	低分特征	标准分 1 2 3 4 5 6 7 8 9 10	高分特征
A	2	2	缄默孤独		乐群外向
B	10	7	知识面窄		知识面宽
C	5	1	情绪激动		情绪稳定
E	11	5	谨虚顺从		好强固执
F	8	4	严肃审慎		轻松兴奋
G	9	4	权宜敷衍		有恒负责
H	6	4	畏缩退怯		冒险敢为
I	12	6	理智、着重实际		敏感、感情用事
L	10	4	信赖随和		怀疑刚愎
M	17	7	现实、合乎现实		幻想、狂放不羁
N	10	6	坦白直率、天真		精明能干、世故
O	16	7	安详沉着、有自信心		忧虑抑郁 烦恼多端
Q₁	12	6	保守、服从传统		自由、批评激进
Q₂	14	6	依赖、随群附众		自立、当机立断
Q₃	18	3	矛盾冲突、不明大体		知己知彼、自律谨严
Q₄	21	9	心平气和		紧张困扰

试综合分析该被试的人格因素特征。

3. 某被试 EPQ 测验的结果如下表：

维度	粗分	T分	维度	粗分	T分
P	7	60	N	19	65
E	10	50	L	4	35

试分析该被试的人格特征，并绘制 E、N 关系图，描述其气质类型。

4. 试比较人格自评量表与投射测验应用的差异。

本章小结

　　本章着重介绍人格理论和不同人格施测的方法及其结果解释。

　　心理测验领域中，人格指个性中除能力以外的部分，亦即特指那些不同于人的认知能力的情感、需要、动机、态度、气质、性格、兴趣、品德、价值观等。人格测验的设计方法有四种：合理建构法、经验标准法、因素分析法、综合技术。人格测验的类型主要有自陈量表、评定量表和投射测验。

　　明尼苏达多项个性调查表（MMPI）是自陈法人格测验发展史上的一个重要里程碑，对人格测验的研究进程产生了巨大影响，是根据经验性原则建立起来的自陈量表。MMPI 包括 566 个自我报告式的题目，26 个方面的内容，其内容范围很广。适用于年满 16 岁、具有小学毕业以上文化水平，没有什么影响测验结果的生理缺陷者。MMPI 的结果通常首先分析每个效度量表和临床量表的得分；然后采用二点编码的形式解释测验结果。有卡片式和手册式两种施测形式，微电脑计分和模板计分两种计分方法。

　　卡氏 16 种人格因素测验（16PF）是一种精确可靠的测验。与其他类似的测验相比较，它能以同等的时间（约 40 分钟）测量更多方面主要的人格特质，可作为了解心理障碍的个性原因及心身疾病诊断的重要手段，也可用于人才的选拔。16PF 英文原版共有 5 种版本，中文修订合并本共有 187 个测题，分 16 个因素，每个因素包括 10 个或 13 个测题。16PF 属于团体实施的量表，也可以个别实施。凡是有相当于初中以上文化程度的青、壮年和老年人都可以适用。计分时使用计分模板得到各个量表的原始分数，然后通过查常模表将其换算成标准分数（标准 10 分）。

艾森克人格问卷的编制是以特质论为理论基础的。分别适用于 16 岁以上成人和 7~15 岁儿童，施测仅需要 10~15 分钟。此量表的项目较少，易于测查。我国修订本的研究和使用情况表明，项目内容较适合我国国情，有一定的信度和效度。艾森克人格问卷的中文版。陈仲庚修订的成人问卷和儿童问卷，最后修订本为 85 个项目。测验采用 0、1 计分的方式，有正向题和反向题。查常模表或利用公式，将原始分数转化为 T 分数。

常用的投射测验有罗夏测验、主题统觉测验和绘画测验。其中罗夏测验是传统的心理测验之一。适合于成人和儿童的良好人格投射测验，对于诊断、了解异常人格均有一定的实用价值。罗夏测验由 10 张墨迹图组成，又称墨迹测验。计分方法有反应部位、反应决定因素和反应内容三方面计分。

主题统觉测验是投射测验中与罗夏测验齐名的一种测验工具，测验材料由 29 张图片和 1 张空白卡片组成，图片都是含义隐晦的情景。主题统觉测验同时考虑内容分析、形式分析和症状分析，其中最重要的是有关内容的分析。在投射测验中，除了需要口头或书面的反应方法外，还有一些使用非言语材料的任务的测验，其中应用最普遍的是画人测验、画树测验和屋—树—人测验。

第十五章 职业倾向测验

本章学习目标
- 了解职业倾向测验特点
- 了解特殊职业能力测验的特征
- 熟悉霍兰德的职业心理类型说及其应用

第一节 职业倾向测验概述

职业倾向测验是指测量从事某种职业或活动的潜在能力,或预测未来作为水平的评估工具。它可用于学术研究、职业咨询和职业安置等,这种测验的分数可以帮助决策者和被试自己选择合适的训练程序或职业。

一 职业倾向测验的产生

职业倾向测验的产生主要可以归结为以下四个原因。

(一) 智力测验的局限

早期智力测验的编制者,希望通过广泛地测量心理功能,从而估计个体的总体智力水平。但是，他们很快发现这些测验不能包括所有重要的功能，大部分的智力测验只不过测量了言语能力和数目及抽象符号关系能力。因此所谓的智力测验只是涉及智力的某些方面而已。于是为了名副其实，不少测验作了名称上的改变，例如一些智力测验只不过测量了与学校教育有关的各种能力，所以它们改称为学业能力倾向测验（scholastic aptitude test）。在第一次世界大战前，心理学家就已认识到特殊职业能力测验可以补充笼统的智力测验。

（二）个体能力倾向的差异

个体在某一测验的各部分上的作业，常常表现出显著的差异。这种个体内变异在智力测验上表现为分测验得分的差异，例如有人对所有的言语分测验都感到困难，但对图画或几何图形项目却得心应手。更细微的差别还可以发生在言语部分或操作部分以内。利用这种比较，心理学家和临床工作者能对个体的心理构成作深入的分析。但由于各分测验的项目太少，智力测验往往不足以作出这种能力倾向差异的分析。

（三）因素分析技术的发展

从 Spearman 到 Thurstone 再到 Guilford，对智力本质的统计研究，使我们能分析特质的组成，从而为编制区分性的职业倾向测验提供了帮助。因素分析使我们能够编制多重职业倾向测验，从而为个体各种能力倾向的强弱提供比较，不只是一个总分或智商，而是一系列分数，如语言能力、空间能力、数学推理能力、机械操作能力等。

（四）来自实际的需要

随着科学管理，尤其是人事选拔和测评的发展，对个体的能力倾向进行评估的工具越来越受重视。不仅在工商业领域，军事上为了使新兵更能适应各种岗位，教育上为了使学生更好地接受训练，都需要这样的测验。因此，职业倾向测验飞速发展了。

二 职业倾向测验的特点

(一) 职业倾向测验预测失败比预测成功更为正确

职业倾向测验只是测量某方面的潜在能力，只预测一个人将来在某方面的"可能"成就，并不保证他在该方面的"必然"成就，因为，一个人的职业倾向能否获得充分的发展还与他的性格、兴趣、学习态度、技巧、机会等条件都有关联。具有某种能力倾向的个体，不一定在某方面很成功，但缺乏这种能力，则必然没有成功的机会。就像智力优异的人，可能念到博士，而智力低者则毫无疑问没有这种可能。

(二) 必须审慎解释各种特殊能力分数间的差异

这是因为各种职业倾向测验的标准化样本，很少有两个是完全相同的，尤其是那些从特殊职业团体进行取样。因此，测验分数间的差异也许只是标准化团体的差异，而不是能力上的不同；被试施测某种职业倾向测验的结果应该与实际从事这种活动的团体相比较。例如，某人做了音乐职业倾向测验，则应该把他的结果与从事音乐工作的人在该测验上的得分进行比较，这样才能看出他是否适于从事音乐工作，如果同一般人的测验结果进行比较，无论得分如何，均没有意义。所以，特殊职业能力测验应重视特殊团体常模的建立。

(三) 职业倾向测验在训练计划中应审慎运用

有些能力倾向要到15、16岁之后才能逐渐成熟，如果将这些测验用于未成熟的被试，可能会出现误导；许多职业倾向测验的预测能力尚未得到证实，或者没有进行过预测性研究，或者没有证实这种相关。所以有时各种研究资料齐全的旧测验，反而比新测验更好。

第二节 特殊职业能力测验

特殊职业能力测验是鉴别个体在某一方面是否具有特殊潜能的一种工具。这类测验最初是为了弥补智力测验的不足而编制和使用的,最早出现的特殊职业能力测验是机械职业倾向测验。由于职业选拔与咨询的需要,各种机械、文书、音乐及艺术职业倾向测验纷纷出现,同时视觉、听觉、运动灵敏度等方面的测验也广泛应用于工业、军事上的人事选拔与分类。

一 感知觉和心理运动能力测验

严格地讲,感知觉和心理运动能力测验都不能归为心理学的测验。但这些测验能提供给我们有关个体机能的重要信息,当工作成绩的高低依赖于感知觉和心理运动能力时,则有必要使用此类测验作为人员筛选、安置、咨询及诊断的重要依据。

(一)感知觉测验

某些学校或工作部门的成绩受个体听觉和视觉的影响,在此情况下,可以采用视觉和听觉测验筛选出视力或听力不足的被试。有些情况下,视觉和听觉测验是作为对被试不同机能的复杂的评估工具的补充。

感知觉测验又分为单一目的测验和多重目的测验。前者指每种测验只测量一种功能,后者指测量更综合的感知觉能力的测验。单一目的测验又可分为视觉敏锐度测验、听觉敏锐度测验和颜色视觉测验。

1. 单一目的感知觉能力测验

视敏度测验使用最普遍而又最古老的视敏度测验是大家熟悉的视力检查表。标准测验情况,是要求被试站在距视力表20码的位置,检查其看清表中字母的能力。视敏度采用一种比率关系表示。如果被试站在20码远的位置,能够看清大多数被试所能看清的行数，则其视力为 20/20 = 1.0；如果只能看清较大字母，而这个字母是大多数被试在 40 码处就能看清的，则其视力为20/40 = 0.5；如果能看清大多数被试在 15 码处才能看清的字母，则其视力为 20/15 = 1.3。由此可见，比率在 1.0 以上表示高于平均数；在1.0 以下则表示视敏度低于正常水平。

听敏度测验测量听敏度最常用的工具为听觉测定器。它是一种电子仪器，能发出正常听力范围内不同强度和频率的纯音。在测量过程中，主试不断变化声音的频率和强度，直至测出被试的阈限为止。这种结果可以绘制成听力图（audiogram），它表示被试每只耳朵在每一种频率下的听觉敏锐度。由于人耳对频率为2000赫兹左右的声音感受性最高，因此这种听力图将会是一条 U 形曲线，最低点位于 2000 赫兹附近，其范围将从 20 赫兹到 20000 赫兹。如果被试有听力损伤，就会对某种频率的声音相对不敏感，其听力曲线的形状就会与正常被试的有所不同。

颜色视觉测验能够区别不同色彩的能力对于许多职业来说是个基本要求，例如，飞行员、纺织工和化学实验员等。测量彩色视觉的最古老的工具是检验色盲的石原测验（Ishihara test）。这套测验由一组卡片构成，用于检验先天性彩色视觉缺陷，每张卡片上的图案由不同颜色的彩点构成。一个具有正常颜色视觉的被试将会从中看到一个数字或某个形状的图形，而色盲者不能辨认。根据缺陷的本质及严重性，被试看到的图形会有所不同。

2. 多重目的感知觉能力测验

视觉检测仪视觉多目标的检测仪器有 B&L 视觉检测仪、视力检测器和远距双目镜等。这些仪器可以提供一组目标刺激，从而测定个体的视觉。B&L 视觉检测仪有 12 个测验，分为四类：远近距离眼肌平衡、视敏度、深度知觉（立体感）和颜色辨别。

弗劳斯蒂格视知觉发展测验弗劳斯蒂格（M. Frostig）编制的视知觉发展测验（Frostig Developmental Test of Visual Perception, DTVP）适用于 3~8 岁的儿童，是测量幼儿感知觉发展的一套纸笔分测验，特别适合于学习困难或有神经障碍的儿童。DTVP已在全球范围内施测了500多万儿童，属于弗劳斯蒂格视知觉能力发展和矫正计划中的诊断工具。DTVP可以得出眼动作协调、图案背景恒定性（figure ground constancy）、形状知觉、空间位置和空间关系等5个分数。

（二）心理运动能力测验

心理运动能力测验属于较早设计出来的特殊能力测验，许多测验在20世纪20年代和30年代广泛应用于工作和职业成绩的预测。以后，美国空军人事和训练研究中心编制了心理运动能力的综合分析方法，有些技能包括到飞行员训练和空战模拟之中。20世纪50~70年代，弗莱施曼（E. A. Fleishman）及其助手对心理运动能力测验进行了认真的研究，结果表明，心理运动能力测验具有很高的特殊性，这种能力的操作测验和纸笔测验之间的相关、运动的速度和质量之间的相关都很低。从各种测验的相关形态分析中，弗莱施曼发现了11种心理运动因素，它们是瞄准、手/臂稳定、准确控制、手指敏捷、手工操作敏捷、四肢协调、速度控制、反应时、反应倾向、手臂运动速度和腕/手速度。他还发现，心理运动测验的信度（0.70~0.87）一般比其他特殊能力测验要低。信度较低的原因可能是心理运动能力测验的成绩易受练习或实践的影响。此外，从初级练习到被试基本熟练的过程，这种测验在心理运动因素上的负荷是显著变化的。因此，心理运动测验的分数及其意义都要受到练习的影响。

除了受实践的影响之外，心理运动能力测验的效度也比那些机械和文书能力测验低。心理运动测验对于预测训练计划中的成绩更有用，对于预测工作成就相对较差。在预测重复性工作（如装配和机器操作）的绩效方面更有效，而对预测某些需要较高级的认知和知觉能力的复杂工作的成功方面相对较差。因此，心理运动能力测验在职业咨询方面并无特殊帮助。

心理运动能力测验又分为大运动测验、精细运动测验和二者结合的测验。大多数这类测验的分数都要考虑完成任务的时间,因此具有速度测验的性质,对于青少年和成人都是适用的。现举几例如下。

(1) 大动作运动指测量手指、手和手臂大幅度运动的速度及准确性的测验,例如斯特拉姆伯格敏捷测验(Stromberg Dexterity Test,由 E. L. Stromberg 编制),该测验要求被试尽可能迅速地将 54 个饼干大小的彩色圆盘按指定顺序排列;另一个常见测验是明尼苏达操作速度测验(Minnesota Rate of Manupulation Test),这是一种手工敏捷测验,材料是一块 60 个孔的木板和一头红一头黄的小木栓。分成五种分测验,即安放测验、翻转测验、撤换测验、单手翻转和安放测验、双手翻转和安放测验。在这些分测验中,分别要求将木栓按指定方式翻转、移动和安放,例如安放测验,要求将木栓放进木板的孔中;翻转测验要求将木栓颜色掉转并重新安放在孔中。测验成绩按完成的时间计算。

(2) 小动作运动测量被试小动作的运动速度及准确性。例如,欧康诺(O'Connor)测验要求被试用手指或一对镊子将很小的铜钉放入一个纤维板的小孔中。另外还有克劳福德小部件敏捷测验(Crawford Small Parts Dexterity Test),如图 15-1 所示,测验的第一部分,被试使用镊子将钉子插入孔内并给每个钉子放一小环;第二部分,将小螺丝放入螺纹孔内并用改锥拧紧。测验成绩以完成每个部分的时间来计算。测验的分半信度为 0.85 左右,但第一部分和第二部分之间的相关仅为 0.40。

图 15-1 克劳福德小部件手指灵活测验

资料来源:A. Anastasi, Psychological Testing, p. 462。

（3）大小动作运动包括对手臂和手的大运动、手指灵活性的综合测试。常见的有宾夕法尼亚双重动作工作样本（Pennsylvania Bi-manual Worksample，由 J. R. Robert 编制）和本纳特手——工具敏捷性测验（Bennett Hand—Tool Dexterity Test，由 G. K. Bennett 编制）。这两个测验都要使用螺母和螺栓，前者是被试将 100 个螺母拧入 100 个螺栓中，然后将它们插入 8×24 英寸的孔中；后者则要求被试先将工具箱左板上的三种不同规格的 12 个螺母从螺栓上拧下，然后将它们安装到右板上，分数以完成测验的时间计算。

二 机械能力测验

一定水平的心理运动能力是所有工业职业的基本要求，但空间知觉、机械知识和其他心理能力是决定工作成功更为重要的因素，其中最早和最经常使用的是机械职业倾向测验（mechanical aptitude test）。现在的研究者分析认为，机械能力并非单一的能力。海瑞尔（Harrell，1940）曾用因素分析法对多种测验进行了分析，发现主要有三种因素，即知觉因素、空间因素和手的敏捷与手的灵活性因素。

在机械能力测验分数上还发现了性别差异，男性通常在空间和机械理解题上得高分，而女性通常在要求精细的动作敏捷性题目和知觉鉴别的某些方面得高分，且这种差异与年龄成正比，这可能有文化因素的作用。

（一）空间关系测验

在 20 世纪 20 年代后期，帕特森（D. G. Paterson）及其同事在明尼苏达州立大学对机械能力作了严格的分析，结果产生了三个测验：明尼苏达机械拼合测验（Minnesota Mechanical Assembly Test）、明尼苏达空间关系测验（Minnesota Spatial Relations Test）和明尼苏达书面形状测验（Minnesota Paper Form-board Test）。第一个为工作样本测验，要求被试拼排随机排放的机械物体，测量动作敏捷性、空间知觉和机械理解。后两种测验为空间知觉测验。在机械职业中已经发现，空间知觉是非常重要的因素，这种测验主要测量立体视觉及操作产生某种具体形状的能力。

(1) 明尼苏达空间关系测验由特拉布（M. R. Trabue）等修订，包括 A、B、C、D 四块板，两套几何形状的木块，一套插在 A 板和 B 板的凹陷处，另一套插在 C 板和 D 板的凹陷处。测验开始时，这些木块是零散摆放的，被试的任务是捡起木块并尽可能快地放入板中的特定凹陷处。完成所有木块所需时间为 10~20 分钟，成绩按时间和错误次数计分。测验的信度高达 0.80，测验与特定工作的相关在 0.50 左右。

(2) 明尼苏达书面形状测验由里克特（R. Likirt）和夸沙（W. H. Quasha）修订，为明尼苏达空间关系测验的纸笔形式，采用多重选择题，每题包括一个分解几何图案题和五个拼凑成整体的选项图案（图 15-2），要求被试在 5 个选项图案中选择出一个图案，正好为分解图案拼凑成整体的形状。测验的复本信度为 0.80~0.89，在预测工厂工作和工程课程成绩、上级评定及在检验、包装、机械操作等工业职业的实际成就方面很有用处。测验分数也与牙科医生和艺术的成就有关。虽然编者原意是设计出一个比明尼苏达空间关系测验更能有效实施的一种修订形式，但结果发现二者的相关相对于它们自身的复本信度要低。

(二) 其他机械能力的纸笔测验

对机械能力的测量除了空间关系，还有一种是对机械理解的测量。所谓机械理解即指被试理解实际生活情境中的机械原理的能力。可由下面测验加以说明。

1. 本纳特机械理解测验

本纳特机械理解测验（Bennett Mechanical ComprehensionTest, BMCT）由 G. R. 本纳特等编制。BMCT 测量对实际情境中的机械关系和物理定律的理解能力。测验题目包括一些有关这种关系和定律操作的图画和问题（图 15-3）。

请看例题 X，两人用一长条木板担一重物，问"哪个人担的分量更重？"因为重物距 B 更近，所以 B 担的更重，应将答案纸上

B下面的圆涂黑。依此例来作题目Y。

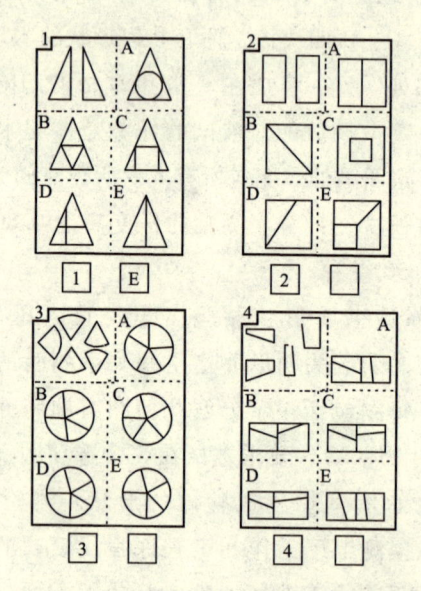

图15-2 明尼苏达书面形状测验题例

X：哪个人担的分量更重？（如果相等的话，选择C）Y：A、B、C三个座位哪个坐起来更平稳些？

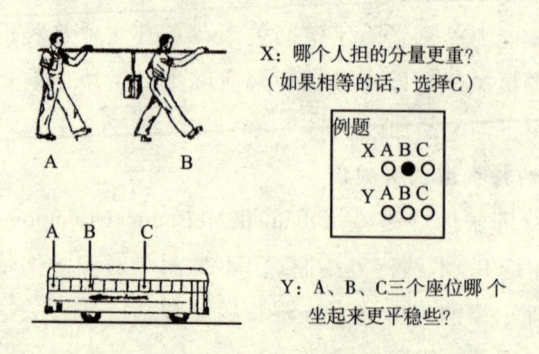

图15-3 本纳特机械理解测验题例

资料来源：彭凯平：《心理测验——原理与实践》，华夏出版社，1989，第314页。

测验有两种形式（S 和 T），信度为 0.80~0.89。由于女性的平均分数及测验信度都低于男性，因此需根据性别分别报告常模。BMCT 的效度（0.30~0.60）居中，即测验与各种需要机械能力的职业业绩的相关在中等水平。因此该测验在特殊能力测验中属于编制较好的一种。它的一种形式包括在 DAT 成套职业倾向测验中，后者也许是最常用的机械能力测验。

2. SRA 机械概念测验

SRA 机械概念测验（SRA Test of Mechanical Concept）由斯坦纳德（S. S. Stanard）和鲍德（K. A. Bode）编制。包括三个分测验：机械关系、机械工具及使用、空间关系。测验有 A、B 两种形式，无时间限制。小样本的研究发现测验对机械操作员、机器维修员和其他机器操作的学员是有效的。

三 文书能力测验

尽管在文书工作中必须具有动作敏捷性和察觉异同的快速度，但言语和数学能力也同样重要，故文书能力不能认为是区别于智力的一种单一能力。因此，许多文书能力测验包括与智力测验类似的题目以及测量知觉速度和准确性的题目。

文书能力测验又分为文书能力的一般测验，及测量速记能力、学习复杂文书及编制解决问题的计算机程序与操作能力的测验。

（一）一般文书能力测验

这类测验在内容上，既有简单形式也有复杂形式。我们以两种测验为例。前一种为简单的数字和姓名检查，后一种既包括知觉运动的任务，也包括一般智力测验的任务。

1. 明尼苏达文书测验

明尼苏达文书测验（Minnesota Clerical Test）由安得鲁（D. M. Andrew）和 D. G. 帕特森编制。测验主要用于选拔职员、检验员和其他要求知觉和操纵符号能力的职业的人员。测验包括两个部分——数字比较和姓名比较，要求被试检查 200 对数字和 200

对姓名的匹配正误。下面是两种类型的题目样例。

题示：如果每对中两个数字和姓名完全相同，请在中间线上作√；如果不同，不用作记号，例如：

79542　79524　　Johc　C. Linder　　John　C. Lender

5794367　5794367　　Investors Syndicate　　Investors Syndicate

测验以正确题数减去错误题数计分，其重测信度为 0.70 ~ 0.89，测验分数与教师和上级评定有中等相关。

2. 一般文书测验

一般文书测验（General Clerical Test）是由美国心理公司发行的一种综合的文书能力测验，包括九个部分，按三种不同能力分三组计分。

①文书速度和准确性：有校对和字母排列两个分测验组成，目的在于测量一般的文书才能；

②数字能力：由简单计算、指出错误、算术推理三个分测验组成，旨在测量被试的算术潜能；

③言语流畅性：由拼字、阅读理解、字词和文法三个分测验组成，目的在于测量语文的流利能力。

测验时间约为 50 分钟，测验结果除总分外，还有三个组的分数。

（二）计算机程序编制与操作能力

显而易见，计算机在办公室自动化中的作用愈来愈重要，要求文书人员具有一定的程序编制和计算机操作能力恐怕只是时间的问题了。实际上在国外已经开始实施测量被试是否具有学习计算机的职业倾向测验。例如，帕洛摩（J. M. Palormo）编制的计算机程序员能力倾向成套测验（Computer Programmer Aptitute Battery），包括五个分测验：言语意义、推理、字母系列、数字能力和制图能力，该测验需时 75 分钟，主要用于评估和选择学习计算机课程的申请者。在题目编制时，主试对初学者和有经验的程序员的测验结果进行统计分析，选择合适的测题编成测验，常模以百分位表示。我们认为，由于计算机程序编制任务的性质在不同情况下是千差万别的，因此在编制我国的程序员测验时有必要形成具体特殊常模。此外还必须注意，计算机方面的知识更新是很快的。

心理学家还编制了测量计算机操作能力的测验，例如计算机操作人员能力倾向成套测验（Computer Operator Aptitude Battery），由赫罗威（A. J. Holloway）编制，包括三个分测验，用以评估在学习计算机操作时重要的能力倾向。这三个分测验是顺序辨认（迅速辨认顺序的能力）、形式核对（发现数字、字母、版式之间一致的能力）和逻辑思维（根据逻辑分析解决问题的能力）。测验需时45分钟。百分位数常模依据的是有经验的计算机操作人员和无经验的申请者和受训人员。

四 美术能力测验

艺术情趣在不同个体、不同文化和不同年龄之间存在着很大差别，因此艺术能力的判断标准也是很难确定的。尽管在寻找可靠的标准和使用测验预测方面存在许多问题，但从20世纪20年代起仍有许多视觉艺术能力测验产生。

编制美术能力测验，首先必须分析美术创作应具备的条件和能力，然后再设计测量这些能力的测验，并经过有效性的考验。但判断美术能力的强弱，并无完美而客观的标准，所以美术测验的编制很困难。

梅尔（N. C. Meier）经过长期的研究，分析出构成美术能力的要素有以下六种。

（1）手艺技巧（Manual Skill）：眼、手的动作协调良好。

（2）坚定的意志（Volitional Perseverance）：注意力集中，精力充沛，坚决完成有目的的工作，一直到他的作品达到完美的目标为止。

（3）美术的智力（Aesthetic Intelligence）：具有一般智力与美术的基本智力。

(4) 敏锐的知觉（Perceptual Facility）：敏锐精细的观察力。普通人看见一棵树，他只看到一个物体的形象；美术家看到同一棵树，他看到的是一首诗或一幅画，或一个美的物体。

(5) 创造性的想象（Creative Imagination）：具有由经验发展到创作出一件"美的特征的作品"的能力。

(6) 美的判断（Aesthetic Judgement）：辨认客观情境中的统一、和谐等审美的能力。

美的判断含有理解与价值判断，美术活动往往包括鉴赏、批评、表现等方面的活动。一个具有较高艺术评鉴能力的个体并不意味着他一定会创造出较好的作品。因此，有必要区分艺术鉴赏力和艺术创造力的测量。

(一) 艺术判断和知觉测验

1. 梅尔艺术测验

梅尔艺术测验（Meier Art Tests）由 N.C. 梅尔编制，分为艺术判断和审美知觉两个分测验，一个出版于 1929 年，另一个出版于 1963 年，它们都与艺术欣赏力测量有关，包括 100 对著名艺术品的图片，每对中有一张是另一张稍稍改动的形式，要求被试判断哪一张更好（图 15-4），测验分半信度为 0.70~0.84，评分者信度不高，艺术判断测验的分数与艺术课程的成就和艺术创造

图 15-4 梅尔艺术鉴赏测验例题

力评定的相关为 0.40~0.69。审美知觉测验包括 50 道题目，每题为一件艺术作品的四种形式，每一种形式相对于另外三种在比例、整体性、形状、设计及其他特征上有不同，要求被试按其优劣排出等级。不过还未见关于这一测验用途的研究。

说明：上面两图中，其一为名画原本，另一为修改后在艺术上较差者，让被试选择出原本。

2. 格拉伏斯图案判断测验

格拉伏斯图案判断测验（Graves Design Judgment Test）由 M. 格拉伏斯编制，与梅尔艺术判断测验不同，不使用名家作品，而是用 90 套二维和三维空间的抽象图案，每题包括 2~3 个同一图案的变式，它们在整体性、平衡性、对称性及其他艺术特性上有所不同，要求被试判断最好的一种形式。分半信度的估计值为 0.80~0.90，但没有足够的效度研究。我们从图 15-5 可见该测验的题目形式。

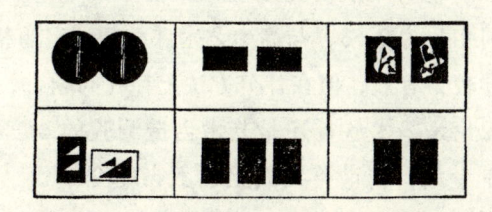

图 15-5　格拉伏斯图案判断测验题例

资料来源：黄元龄：《心理及教育测验的理论与方法》，台湾大中国图书公司，1989，第 315 页。

（二）艺术能力操作测验

常见的有洪恩艺术能力倾向问卷（Horn Art Aptitude Inventory），它是由 C. A. 洪恩等编制，系艺术能力的工作样本测验，由两部分组成，第一部分要求被试绘出 20 种常见物体和几何图形；第二部分要求在长方框规定的基本线条内绘图（图 15-6）。

图15-6 洪恩艺术能力倾向问卷例题

资料来源：黄元龄：《心理及教育测验的理论与方法》，
台湾大中国图书公司，1989，第317页。

有关洪恩问卷的效度研究发现，测验分数与艺术院校成绩的专家评定之间相关为0.53，与高中艺术课教师评定的相关为0.66。结果表明问卷较为有效，但在计分方法上存在问题。

当然，无论是艺术欣赏还是艺术创造测验的效度都是很难确定的，即使是专家，在审美判断上也不会完全一致。此外，艺术家和音乐家的成功也不完全由才能决定，许多个人和社会因素（如气质、机会、意外事件等）都起着相当重要的作用。

五 音乐能力测验

如同其他审美能力，音乐能力测验和音乐造诣的标准之间相关并不很高，所测量的音乐能力的一般因素也并不很明显，虽然测验分数与智力测验分数间有正相关，但较高的智力水平并不一定是音乐能力的基础。有些幼儿甚至智力落后者都可能会有相当的音乐能力。

（一）音乐能力的分析评估

在 20 世纪 20 年代和 30 年代，爱荷华大学的西肖尔（Carl Seashor）及其同事对音乐能力进行了开创性的研究，从而产生了最早的也是最为突出的音乐能力测验（1939）。与后来发展的音乐测验比较，西肖尔测验的刺激材料主要是一系列音乐调式或音符刺激，而后来的测验多采用有意义的音乐选段。

西肖尔音乐才能测验（Seashor Measures of Musical Talents）刺激由唱片或磁带呈现，主要评估听觉辨别力的六个方面：

（1）音调辨别力：判断两个调子哪一个较高；
（2）音量辨别力：判断两个声音哪一个较响；
（3）时间音程辨别力：判断两个音程哪一个较长；
（4）节奏判断力：判断两个节奏是否相同；
（5）音色判断力：判断两个音色哪一个较悦耳；
（6）音调记忆力：判断两首曲调是否相同。

西肖尔及其同事经过研究认为，这些能力是获得音乐全面发展的基础。六个测验的实施方式为呈现两个音符或两种音乐形式，要求被试判别两个音符的相对高低、强弱、长短，判断两个音调的音色是否相同，两种节奏的异同，或某种音符在两种音调顺序中有所不同等。西肖尔测验适于小学生到成人，每个测验约需 10 分钟。分半信度为 0.55~0.85。研究还发现，测验与音乐训练的标准有 0.30~0.40 的正相关。测验手册中有明确的信度分析，但总体来看，其效度材料还不够。

效度问题使西肖尔音乐才能测验受到批评与怀疑，并且它所选择的刺激材料被认为远离了真正的音乐题材，因而引致的争议更大。后期的音乐能力测验便趋向于采用更复杂的内容。值得一提的是，西肖尔测验中的音高辨别测验已经作为某些军事及民用职业的听觉筛选测验。

（二）使用有意义音乐的测验

西肖尔音乐测验所代表的分析方法后来被批评为原子主义

(atomistic) 的研究。结果使后期的音乐测验多采用更复杂的内容。现举两例为代表。

温格音乐能力标准化测验由温格 (H. D. Wing) 编制。该测验适用于 8 岁以上儿童，以钢琴音乐为材料，按八个方面计分：和弦分析（和弦中音调数目）、音高变化（在一个重复和弦中音符变化的方向）、记忆（哪个音符改变了）、节奏重音（哪个节奏较好）、和声（一个特定旋律哪个和声更好）、强度（哪部分适合被强调）、短句（哪种短句形式更合适）和总体评价。测验由录音磁带呈现，除"音乐年龄"外，常模还以 A、B、C……等级表示。幼儿的信度系数为 0.70，较大年龄儿童的信度系数为 0.90。效度研究很少，对 11 岁儿童的音乐能力的教师评估与温格测验分数有 0.60 左右的正相关。显然，它还需更多的效度证据。

音乐职业倾向测验（Musical Aptitude Profile, MAP）是戈登 (E. Gordon) 1965 年编制的，由录音机实施，包括 250 个原版的小提琴和大提琴短曲选段。不要求被试有音乐知识或任何音乐方面的个人史因素，所测量的三种基本音乐因素为音乐表达、听知觉和音乐情感动觉（kinesthetic musical feeling）。有以下三个分测验。

(1) T 测验——音调形象（旋律、和声）。在该测验的音乐表达方式上有两种演奏方法，让被试判断异同。

(2) R 测验——节奏形象（速度、节拍）。演奏有两个结尾，也要求被试判断异同。

(3) S 测验——音乐感受（短句、平衡、风格等）。要求被试判断两段音乐哪个更有韵味。

前两个分测验都有正确答案，后一个分测验采用多重计分。戈登对 MAP 的预测效度进行了三年的追踪研究（1967），因此可以算是音乐能力测验编制者中最认真的一位。他对 8 个班的 241 名四年级至五年级学生施测 MAP，然后给他们每周上一次乐器演奏课。结果发现，MAP 的最初成绩与儿童音乐演奏水平的判断评分的相关，在音乐教育一年后为 0.59，三年后为 0.74。该测验在技术上比西肖尔测验更为完善。

第三节 职业兴趣测验

兴趣研究最早的尝试始于第一次世界大战期间，但真正系统的兴趣研究是从迈纳（James Miner）开始的。1915年，迈纳在卡内基技术所工作期间编制了一个兴趣测量的问卷，并于1919年主持了著名的兴趣测量研究生讨论课。其中一位参加者是斯特朗，在20世纪20年代及其以后的岁月中，他对兴趣测量进行了大量的认真的研究。

一 概述

第一个职业兴趣量表是1927年斯特朗编制的斯特朗职业兴趣表（Strong Vocational Interest Blank，简称SVIB）。采取的方法是让两组被试接受测验，将两组被试反应不同的题目放在一起，构成特定的职业量表。1934年，库德编制了库德职业兴趣调查（Kuder Occupational Interest Survey，简称KOIS）。其方法是把所有职业分成10个兴趣领域，然后确定与之相应的10个同质性量表，被试的结果按这10个量表计分，通过得分高低决定重要的兴趣领域。采用的是三择一的迫选法。这两种方法都称为传统方法。

20世纪50年代开始的霍兰德职业爱好问卷（Holland Vocational Preference Inventory），不太重视纯粹的心理测量学指标。他把职业兴趣分成六个方面，与之相应的职业也有六个平行的领域。根据被试对160个职业标题反应的得分高低，在职业分类表中查找职业，可以获得大的职业领域，也可以得到具体的职业。

1965年以来，职业兴趣量表出现了一些明显的发展趋势，主要表现在：各量表之间互相吸收，首先是库德（1966）在KOIS中引入SVIB，其次是坎贝尔（D. Campbell，1968）把KOIS的同质性量表中引进SVIB；越来越倾向于采用大样本的实证资料库来解释测验分数,如利用《职业名称词典》(Dictionary of Occupational Titles,简称 DOT)或职业倾向模型(Occupational Aptitude Pattern,简称 OAP)里提供的资料,建立测验分数与实证的联系;越来越多的问卷同时提供较广泛的同质性兴趣量表以及特定的职业量表;越来越多的量表采用霍兰德的六种职业理论,扩大了所包括的职业水平。起初,兴趣问卷的主要重点在专门的职业,以及一些要求略低于大学或专科教育水平的职业,而现在的测验扩大到更广的范围(包括那些不需大学学历也可以从事的职业)。

二 霍兰德职业兴趣测验

(一)霍兰德的职业心理类型说

霍兰德在1959年提出了以人格类型学说为基础的职业指导理论。他于1973年指出,个体的人格特征和背景因素决定了他的职业选择方向,职业选择是个体人格的一种表现方式。霍兰德理论的核心思想是,个体趋向于选择最能满足个人需要、实现职业满意的职业环境。理想的职业选择是使人格类型与职业类型相互协调和匹配。

霍兰德认为,在美国社会中主要存在六种人格类型和六种与之相对应的环境模式:现实型(R)、研究型(O)、艺术型(A)、社会型(S)、企业型(E)和常规型(C)。各类型具有各自的主要特征。

(1)现实型的人:遵守规则、实际、安定,喜欢需要基本技能的具体活动。

现实型的职业:具有具体的规则和程序,需要特定的技术或技能,如机械、农林、机电、维修等。

(2)研究型的人:内省、理性、创造,喜欢独立分析与解决抽象问题。

研究型的职业:需要系统观察、科学分析和一定程度的创造性,如数学、物理、化学、生物、天文、生理学等。

(3) 艺术型的人：想象、直觉、冲动、无序，喜欢用艺术形式来表现自己的思想与情感。

艺术型的职业：通过非系统化的自由活动进行艺术表现，如绘画、音乐、写作、表演等。

(4) 社会型的人：助人、合作、责任感、同情心，喜欢并善于社会交往，乐善好施。

社会型的职业：对人进行说服、劝导、帮助、教育和治疗活动，如心理咨询、教育、法律、宗教和社会服务等。

(5) 企业型的人：支配、自信、精力旺盛，喜欢指挥、劝导别人接受自己的意见。

企业型的职业：需要动员、组织和领导他人实现既定目标，如工商与行政管理、市场营销、保险业等。

(6) 常规型的人：有条理、稳定、顺从、有序，喜欢程序化的条理性工作。

常规型的职业：具有固定规则的习惯性、重复性工作，如秘书、档案、会计、出纳、总务、数据录入等。

霍兰德认为：环境造就了人格，反过来人格又影响个体对职业环境的选择与适应；人们总是寻找能够施展其能力与技能、表现其态度与价值观的职业；职业满意感、稳定性和职业成就取决于个体人格类型和职业环境的匹配与融合；职业行为是人格与环境相互作用的结果。人格与职业环境的匹配是形成职业满意度、成就感的基础。其理论来源主要基于以下的七个假设。

(1) 大部分的人可被归于六种人格类型（RIASEC）的一种。

(2) 现实社会中存在六种不同的工作环境（RIASEC）。

(3) 人们倾向于寻找和选择那种有利于他们技术、能力的发挥、能充分表达他们的态度、实现他们的价值并使自己能扮演满意角色的环境。

(4) 一个人的行为是他本人个性和环境特征相互作用的结果。

(5) 个体类型和环境类型的一致性、和谐度的程度可由一个六角形模型来解释和评估。

（6）个体内部或环境内部自己的相容性程度也可以用一个六角形模型来决定。

（7）个体或者环境的区分度可由职业的编码、所绘的结果剖面图以及两者共同来解释。六种兴趣类型及其所适宜的职业环境如表15-1所示。

表15-1 各个兴趣类型适宜的职业环境

类型	特点	职业环境
现实型	愿意使用工具从事操作性工作；动手能力强，做事手脚灵活，动作协调；不善言辞，不善交际	主要是指各类工程技术工作、农业工作。通常需要一定体力，需要运用工具或操作机器。主要职业有工程师、技术员；机械操作、维修、安装工人，矿工、木工、电工、鞋匠等；司机、测绘员、描图员；农民、牧民、渔民等
研究型	抽象思维能力强，求知欲强，肯动脑，善思考，不愿动手；喜欢独立的和富有创造性的工作；知识渊博，有学识才能，不善于领导他人	主要是指科学研究和科学实验工作。主要职业：自然科学和社会科学方面的研究人员、专家；化学、冶金、电子、无线电、电视、飞机等方面的工程师、技术人员；飞机驾驶员、计算机操作员等
艺术型	喜欢以各种艺术形式的创作来表现自己的才能，实现自身的价值；具有特殊艺术才能和个性；乐于创造新颖的、与众不同的艺术成果，渴望表现自己的个性	主要是指各类艺术创作工作。主要职业：音乐、舞蹈、戏剧等方面的演员、艺术家编导、教师；文学、艺术方面的评论员；广播节目的主持人、编辑、作者；绘画、书法、摄影家；艺术、家具、珠宝、房屋装饰等行业的设计师等
社会型	喜欢从事为他人服务和教育他人的工作；喜欢参与解决人们共同关心的社会问题，渴望发挥自己的社会作用；比较看重社会义务和社会道德	主要是指各种直接为他人服务的工作，如医疗服务、教育服务、生活服务等。主要职业：教师、保育员、行政人员、医护人员；衣食住行服务行业的经理、管理人员和服务人员；福利人员等

续表 15 – 1

类型	特点	职业环境
企业型	精力充沛、自信、善交际，具有领导才能；喜欢竞争，敢冒风险；喜爱权力、地位和物质财富	主要是指那些组织与影响他人共同完成组织目标的工作。主要职业：经理企业家、政府官员、商人、行业部门和单位的领导者、管理者等
常规型	喜欢按计划办事，习惯接受他人指挥和领导，自己不谋求领导职务；不喜欢冒险和竞争；工作踏实，忠诚可靠，遵守纪律	主要是指各类与文件档案、图书资料、统计报表之类相关的各类科室工作。主要职业：会计、出纳、统计人员；打字员、办公室人员；秘书和文书；图书管理员；旅游、外贸职员、保管员、邮递员、审计人员、人事职员等

霍兰德所划分的六大类型，并非是并列的、有着明晰的边界的。霍兰德用六边形模型来表示六种人格、职业类型的相互关系，边和对角线的长度反映六种人格类型之间心理上的一致性程度，同时也代表着六种职业类型之间的相似与相容程度。人、职适应与匹配也可从该模型中得以体现。大多数人都属于六种职业类型中的一种或两种以上类型的不同组合，某种人格类型（或类型组合）的个体在与之相对应的职业类型（或类型组合）中最能满足其职业需求，表现职业兴趣，发挥职业能力。霍兰德的职业、人格类型理论六边形模型如图 15 – 7 所示。

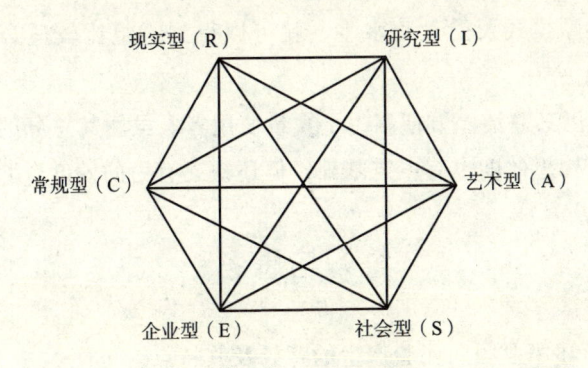

图 15 – 7　霍兰德职业、人格类型理论的六边形模型

（二）自我指导探测系统（SDS）

自我指导探测系统（Self-Directed Search，简称 SDS）为霍兰德设计。他根据自己所提出的职业类型六边形模型，设计了采用自我施测、自我计分、自我解释的 SDS。SDS 包括一个测验问卷和一本《就业指南》小册子，通过回答问卷可以得到被试的个性类型模式。对照《就业指南》，就可以得到一组较适合自己的职业。

测验问卷共包括 228 道题，有四个部分。

第一部分是活动，共列出了 66 种活动，要求被试选择"喜欢"或"不喜欢"。

第二部分是能力，共包含 66 个关于人的能力的陈述，要求被试根据自己的能力情况回答"符合"或"不符合"。

第三部分是职业名称，共包含 84 种职业名称，要求被试回答"喜欢"或"不喜欢"。

第四部分是自我评价，要求被试就 12 种能力或技能进行自我评价。

经过汇总计算，可以得到被试在六个方面的得分，其中三个方面构成了被试的个性类型模式，以三个字母来表示，这三个维度的排列方式称为《职业三字母码》，如 RIA、ASE 等。

《就业指南》中列出了 414 种不同的职业，并列出了从事这些职业的人的典型个性类型模式以及一般的受教育水平。对照自己的个性类型模式及受教育水平，就可以得到一组比较适合自己特点的职业。

SDS 以其简洁、方便赢得了大量使用者。虽然其总分的信度令人满意，构想效度也有一定基础，但还缺乏有力的效度资料。

练习与思考

1. 简述职业倾向测验产生的背景及其特点。
2. 试分析各种特殊职业能力测验的应用领域。

3. 试述霍兰德职业心理类型说及其应用价值。

本章小结

本章着重介绍职业倾向测验和特殊职业能力测验以及霍兰德的职业心理类型。

职业倾向测验是指测量从事某种职业或活动的潜在能力，或预测未来作为水平的评估工具。它可用于学术研究、职业咨询和职业安置等，这种测验的分数可以帮助决策者和被试自己选择合适的训练程序或职业。职业倾向测验预测失败比预测成功更为正确，必须审慎解释各种特殊能力分数间的差异，职业倾向测验在训练计划中应审慎运用。

特殊职业能力测验是鉴别个体在某一方面是否具有特殊潜能的一种工具。常用的特殊职业能力测验有感知觉和心理运动能力测验、机械能力测验、文书能力测验、美术能力测验和音乐能力测验。

霍兰德职业兴趣测验的核心思想是，个体趋向于选择最能满足个人需要、实现职业满意的职业环境。理想的职业选择是使人格类型与职业类型相互协调和匹配。霍兰德认为社会中主要存在六种人格类型和六种与之相对应的环境模式：现实型（R）、研究型（O）、艺术型（A）、社会型（S）、企业型（E）和常规型（C）。各类型具有各自的主要特征。霍兰德用六边形模型来表示六种人格、职业类型的相互关系，边和对角线的长度反映六种人格类型之间心理上的一致性程度，同时也代表着六种职业类型之间的相似与相容程度。人、职适应与匹配也可从该模型中得以体现。

根据职业类型六边形模型，霍兰德还设计了采用自我施测、自我计分、自我解释的自我指导探测系统（SDS）。包括一个测验问卷和一本《就业指南》小册子，通过回答问卷可以得到被试的个性类型模式。对照《就业指南》，就可以得到一组较适合自己的职业。

第十六章　心理健康评定量表

本章学习目标
- 了解心理健康的概念及其相关理论
- 掌握90项症状清单的施测和结果解释方法
- 掌握抑郁自评量表和焦虑自评量表的施测和结果解释方法

第一节　心理健康与评定量表

一　心理健康

对于心理健康，历来有许多的看法，从不同的侧面来描述怎样才能叫作心理健康。1989年联合国世界卫生组织（WHO）对健康作了新的定义，即"健康不仅是没有疾病，而且包括躯体健康、心理健康、社会适应良好和道德健康"。由此可知，健康不仅仅是指躯体健康，还包括心理、社会适应、道德品质相互依存、相互促进、有机结合。当人体在这几个方面同时健全，才算得上真正的健康。

一般而言，心理健康概念是指个体的心理活动处于正常状态下，即认知正常，情感协调，意志健全，个性完整和适应良好，能够充分发挥自身的最大潜能，以适应生活、学习、工作和社会环境的发展与变化的需要。

目前最常用的心理健康区分标准主要有如下几种。

1. 自我评价标准

如果自己认为有心理问题，这个人的心理当然不会完全正常，但一般不可能存在大问题。心理基本上正常的人，完全可以察觉到自己心理活动和自己以前的差别、自己的心理表现和别人的差别等。这种自我评价在精神科叫自知力。

2. 心理测验标准

心理测验通过有代表性的取样、成立常模样本、检测信度、检测效度和方法的标准化，才能形成测评量表，可以在一定程度上避免专家的主观看法。但是，心理测验也存在误差，目前并不能代替医生的诊断。

3. 病因病理学分类标准

这种标准最客观，是将心理问题当做躯体疾病看待的医学标准。如果一个人身上表现的某种心理现象或行为可以找到病理解剖或病理生理变化的依据，那么认为此人有精神疾病。其心理表现则被视为疾病的症状，其产生原因则归结为脑功能失调。

4. 外部评价标准

人的心理活动总是表现在生活的各个方面，如果大家都认为某个人有问题，一般就是正确的。即使旁边人没有看出来，专业人员也可以通过各种表现判断当事人是不是有问题。

5. 社会适应性标准

在正常情况下，人体维持着生理心理的平衡状态，人能依照社会生活的需要适应环境和改造环境。因此，正常人的行为符合社会的准则，能根据社会要求和道德规范行事，也即其行为符合社会常模，是适应性行为。如果由于器质的或功能的缺陷使得个体能力受损，不能按照社会认可的方式行事，致使其行为后果与本人或社会不相适应,则认为此人心理异常。

二 评定量表

评定量表是评定个人行为的常用工具,是心理健康评估的重要手段。它具有心理测验的特征,在形式上又有所区别。目前这类量表已越来越多地应用于门诊心理咨询和治疗、心身疾病的调查以及科研等领域,应用之广已超过心理测验。

(一) 量表的基本原理

评定量表中量表一词的原文是"scale"。这个词,可以用作"尺度"、"标度"、"刻度"、"等级"和"比例尺"等。换句话说,是表示数量的概念。例如我们在评价一个人好坏时,我们会把这个具体的人和一般的人比较,并分成若干等级,如最好、很好、比较好、一般、较差、很差和最差等。这便是好—差系列的7级评定法。把这样的方法规范化,应用于精神症状或其他医学心理情况的评定,便成为精神科评定量表。

(二) 量表的种类

1. 按量表结构及标准化程度分

自我评定量表。让病人填写规定好的问卷,能完全排除了检查者的主观影响。但是,可能病人由于文化水平对问题的理解不一致,而影响评定结果。适用于自知力良好的神经症及各种心理障碍的病人。

定性检查量表。应用固定问题,采用固定问话的方式进行检查,检查者的主观成分受到严格限制,如各种筛选表。

半定性检查量表,又称探索性检查、观察者量表。这种量表有固定的检查程序,通常是先让病人讲完话,再酌情提问。其检查者的主观影响也能受到一定限制,并提高了真实性,如观察临床疗效多使用此类评定量表。

2. 按量表的功能和内容分

有人格量表、精神疾病筛选表、各种调查表、诊断量表及症状分级量表等。在临床工作中，常常将诊断量表（用于决定治疗）与症状分级量表（评定治疗效果）联合应用。有的量表既可作为症状学诊断量表又可作为观察疗效用的症状分级量表。

(三) 量表的内容与组成

1. 名称

任何一个量表，均赋予一个名称。可以是仅指量表的种类，也可以是既说明量表的类型又指明量表的作者或编制单位。在报告中，要写明应用量表的名称。

2. 项目

每一种量表，均包括若干个项目。所有项目都是临床医师根据他们的理论和经验，并参考其他有关量表内容编制而成。所编制的量表项目，除了要包括特异性和非特异性的症状以外，还要经过严格的信度、效度检验。只有信度和效度均良好的量表，才是符合临床实际要求及反映疾病特点及严重程度的好的量表。

3. 项目的评分标准及内容

每个项目都要给予一个明确的定义，有具体的评分内容及评分标准，或是根据症状的严重程度评定，或是根据症状的持续时间评定，也可以是两者的结合。当然，最好是有评定的操作性评分标准，这样才能使不同的检查者，对同一症状掌握同一的标准，评出的分数才不会有多大出入。

4. 分级

量表中的每一项目均分成若干等级。如按症状的严重程度分为轻、中、重、极重，或按症状出现的频度分为少有、常见、始终有。一般将一个症状项目分为 5~7 个等级最为合适。若分级太少，则量表的敏感性便降低；如果分级太多，分级标准不易掌握，较难得到评分者间的一致性。

一般由检查者通过检查和询问，根据病人的实际症状表现，判定每个评分项目的分数。使用量表以前需经过学习培训，不同检查者面对同一病人的评分结果一致性良好才能独立进行评定。

(四) 量表的应用

每个量表都有其固有的特点，但也有其局限性，在具体应用中可因病而异，可单独应用某一个量表，也可选择几种量表联合使用，使评定结果更为全面。在应用量表进行评定后，对其评定结果要从以下几个方面进行分析。

1. 单项分的分析

量表的单项分反映具体症状的分布。如在药物疗效的研究中，比较治疗前后的症状动态变化，即可反映疗效如何。治疗前后的分数差又可作为药物疗效的判定依据。

2. 总分的分析

总分可表示疾病的严重程度，如总分愈高，说明病情愈严重。从总分的均值、标准差又可分析研究该组病人疾病的严重程度。总分在治疗前后的变化，也可反映疾病在治疗过程中的动态变化。如果是进行组间比较，即可显示不同治疗方法的疗效差异。

3. 因子分的分析

因子分的分析，比单项分更有意义，因子分可以简单明了地反映病人症状组合的特点。可把治疗前后的因子分变化作 t 检验，来分析是否有统计学意义。

4. 轮廓图的使用

在应用量表进行检查测量后，所测得的单项分、因子分等数据，可描制成图，如同体温表的曲线图，来表示量表所测得的结果。这种使用廓图的表示方法，可使人一目了然。在研究中，反映治疗时间与各变量之间的关系等，均可用这种表示方法。

5. 统计学分析

对使用量表所测得的数据、资料，进行必要的统计学分析、处理，这是一般研究工作中必不可少的研究程序。在临床研究中，常常使用两种以上的量表进行检查、评定，这就更需要做量表之间的相关检验及量表信度、效度检验等。要根据不同的研究目的和不同的资料来进行一系列的统计学分析和统计处理。

第二节　症状自评量表

精神科有许多病人，如神经症、适应障碍以及其他非精神病性的心理障碍患者，他们的主要问题是内心或精神上的痛苦。对于这类患者，他们对自己的问题或痛苦最清楚，故可应用自评量表让他们自己来衡量有哪些症状及其严重程度。这里介绍在自评量表中用得最广泛的90项症状清单（SCL-90）、抑郁自评量表（SDS）和焦虑自评量表（SAS）。

一　90项症状清单

90项症状清单（Symptom Checklist 90，SCL-90），又名症状自评量表，有时也叫作Hopkin's症状清单。现版本由Derogatis编制于1973年。

本量表共有90个项目，包含较广泛的精神症状学内容，从感觉、情感、思维、意识、行为直至生活习惯、人际关系、饮食睡眠等。它的每一个项目均采取5级评分制，具体说明如下。

（1）没有：自觉无该项症状。

（2）很轻：自觉有该项症状，但对受检者并无实际影响，或影响轻微。

（3）中度：自觉有该项症状，对受检者有一定影响。

（4）偏重：自觉常有该项症状，对受检者有相当程度的影响。

（5）严重：自觉该症状的频度和强度都十分严重，对受检者的影响严重。

在开始评定前，先由工作人员把总的评分方法和要求向受检者交代清楚，然后让其作出独立的、不受任何人影响的自我评定。由本人或临床医生逐一查核，根据"现在"或"最近一个星期"的实际感觉进行5级评分。1=从无，2=轻度，3=中度，4=相当重，5=严重。有的也用0~4级，在计算实得总分时，应将所得总分减去 90。SCl-90 除了自评外，也可以作为医生评定病人症状的一种方法。

SCL-90 的统计指标主要有两项，即总分和因子分。

(1) 总分：90 个项目单项分相加之和，能反映其病情严重程度。

总均分：总分/90，表示从总体情况看，该受检者的自我感觉位于 1~5 级的哪一个分值程度上。

阳性项目数：单项分 ≥2 的项目数，表示受检者在多少项目上呈现"症状"。

阴性项目数：单项分 =1 的项目数，表示受检者"无症状"的项目有多少。

阳性症状均分：（总分 - 阴性项目数）/阳性项目数，表示受检者在"有症状"项目中的平均得分。反映该受检者自我感觉不佳的项目，其严重程度究竟介于哪个范围。

(2) 因子分：共包括 10 个因子，即所有 90 项目分为十大类。每一因子反映受检者某一方面的情况，因而通过因子分可以了解受检者的症状分布特点，并可作廓图（profile）分析。因子含义及所包含项目如下。

躯体化（Somatization）：包括 1，4，12，27，40，42，48，49，52，53，56，58 共 12 项，该因子主要反映身体不适感，包括心血管、胃肠道、呼吸和其他系统的主诉不适和头痛、背痛、肌肉酸痛，以及焦虑等其他躯体表现。

强迫症状（Obsessive-Compulsive）：包括 3，9，10，28，38，45，46，51，55，65 共 10 项，主要指那些明知没有必要，但又无法摆脱的无意义的思想、冲动和行为，还有一些比较一般的认知障碍的行为征象也在这一因子中反映。

人际关系敏感（interpersonal sensitivity）：包括 6，21，34，36，37，41，61，69，73 共 9 项，主要指某些个人不自在与自卑感，特别是与其他人相比较时更加突出。在人际交往中的自卑感，心神不安，明显不自在，以及人际交流中的自我意识、消极的期待便是这方面症状的典型原因。

抑郁（depression）：包括 5，14，15，20，22，26，29，30，31，32，54，71，79 共 13 项。苦闷的情感与心境为其代表性症状，还以生活兴趣的减退、动力缺乏、活力丧失等为特征。以反映失望、悲观以及与抑郁相联系的认知和躯体方面的感受。另外，还包括有关死亡的思想和自杀观念。

焦虑（anxiety）：包括 2，17，23，33，39，57，72，78，80，86 共 10 项。一般指那些烦躁、坐立不安、神经过敏、紧张以及由此产生的躯体征象，如震颤等。测定游离不定的焦虑及惊恐发作是本因子的主要内容，还包括一项躯体感受的项目。

敌对（hostility）：包括 11，24，63，67，74，81 共 6 项，主要从三个方面来反映敌对的表现，即思想、感情及行为。其项目包括厌烦的感觉、摔物、争论直到不可控制的脾气暴发等各方面。

恐怖（Photic anxiety）：包括 13，25，47，50，70，75，82 共 7 项。恐惧的对象包括出门旅行、空旷场地、人群，或公共场所和交通工具。此外，还有反映社交恐怖的一些项目。

偏执（Paranoid ideation）：包括 8，18，43，68，76，83 共 6 项。本因子是围绕偏执性思维的基本特征而制定，主要指投射性思维、敌对、猜疑、关系观念、妄想、被动体验和夸大等。

精神病性（psychoticism）：包括 7，16，35，62，77，84，85，87，88，90 共 10 项。反映各式各样的急性症状和行为，有代表性地视为较隐讳、限定不严的精神病性过程的指征。此外，也可以反映精神病性行为的继发征兆和分裂性生活方式的指征。

其他：包括 19，44，59，60，64，66，89 共 7 个项目。主要是关于饮食和睡眠方面的问题。

结果解释

量表作者并未提出分界值，按全国常模结果，总分超过 160 分，或阳性项目数超过 43 项，或任一因子分超过 2 分，可考虑筛选阳性，需进一步检查。

量表也可经过前后几次测查，以观察病情发展或评估治疗效果。按 SCL-90 的原设计者的规定，该量表适用于精神科或非精神科门诊的成年病人。根据国内学者的研究体会，它对于神经症及综合医院住院病人或心理咨询门诊的受检者，都有较好的自评效果，是能很快了解病人自觉症状的有力工具。

二 抑郁自评量表

抑郁自评量表（Self-Rating Depression Scale, SDS）由张（Zung）编制于 1965 年，为美国教育卫生福利部推荐的用于精神药理学研究的量表之一，因使用简便，能相当直观地反映病人抑郁的主观感受，目前广泛应用于门诊病人的粗筛、情绪状态评定以及调查、科研等。

SDS 共包含 20 个项目，按症状出现的频度分 4 级评分：没有或很少时间、少部分时间、相当多时间、绝大部分或全部时间。若为正向评分题，依次粗评为 1、2、3、4 分，反向评分题（题号前加 *）则评为 4、3、2、1 分。

SDS 主要适用于具有抑郁症状的成年人。除了对有严重阻滞症状者评定起来有困难外，一般来讲，无论对门诊还是住院病人都是可以接受的。

评定表格由评定对象自行填写，在自评者评定以前，一定要把整个量表的填写方法及每条问题的含义都弄明白，然后作出独立的、不受任何人影响的自我评定。评定的时间范围是自评者过去一周的实际感觉。

SDS 分析方法简单，主要统计指标是总分，但要经过一次转换。待评定结束以后，把 20 个项目中的各项分数相加，即得到总粗分，然后将粗分乘以 1.25 以后取整数部分，就得到标准分。按照中国常模结果，SDS 总粗分的分界值为 41 分，标准分为 53 分。

三 焦虑自评量表

焦虑自评量表（Self-Rating Anxiety Scale，SAS）由张（Zung）于1971年编制。该量表从结构形式到具体评定方法，都与抑郁自评量表（SDS）十分相似，用于评定焦虑病人的主观感受。按照中国常模结果，总粗分的正常上限为40分，标准分为50分。

练习与思考

1. 试利用 SCL-90、SDS 和 SAS 评定自己的心理健康状况。
2. 下面是某求助者的 SCL-90 测验结果：

总分 195

阳性项目数 58

因子名称	躯体化	强迫	人际关系敏感	抑郁	焦虑	敌对	恐怖	偏执	精神病性	其他
因子分	2.5	1.4	3.2	3.2	2.0	1.3	1.6	1.9	1.3	2.7

试分析该求助者的症状表现。

3. 某求助者 SDS 的总粗分为 45 分，SAS 为 32 分，试分析该求助者的症状表现。

本章小结

本章主要介绍心理健康以及90项症状清单、抑郁自评量表和焦虑自评量表的施测和结果解释。

心理健康指个体的心理活动处于正常状态，即认知正常、情感协调、意志健全、个性完整和适应良好、能够充分发挥自身的最大潜能。常用的心理健康区分标准有自我评价标准、心理测验标准、社会适应性标准。

心理健康常用自评量表进行，应用广泛的自评评量表有90项症状清单（SCL-90）、抑郁自评量表（SDS）和焦虑自评量表（SAS）。

90项症状清单又名症状自评量表。共有90个项目，包含较广泛的精神症状学内容，从感觉、情感、思维、意识、行为直至生活习惯、人际关系、饮食睡眠等，均有涉及。它的每一个项目均采取5级评分制，统计指标主要为总分和因子分两项。按全国常模结果，总分超过160分，或阳性项目数超过43项，或任一因子分超过2分，可考虑筛选阳性，需进一步检查。

抑郁自评量表（SDS）主要适用于具有抑郁症状的成年人。为美国教育卫生福利部推荐的用于精神药理学研究的量表之一，因使用简便，能相当直观地反映病人抑郁的主观感受，目前广泛应用于门诊病人的粗筛、情绪状态评定以及调查、科研等。共包含20个项目，按症状出现的频度分4级评分。SDS分析方法简单，主要统计指标是总分，但要经过一次转换。按照中国常模结果，SDS总粗分的分界值为41分，标准分为53分。

焦虑自评量表（SAS）从量表结构的形式到具体评定方法，都与抑郁自评量表（SDS）十分相似，用于评定焦虑病人的主观感受。按照中国常模结果，总粗分的正常上限为40分，标准分为50分。

参考文献

[1] 〔美〕安妮·阿娜斯塔西等：《心理测验》，缪小春等译，浙江教育出版社，2001。

[2] 〔美〕查尔斯·杰克逊：《了解心理测验过程》，姚萍译，北京大学出版社，2000。

[3] 戴忠恒编著《心理与教育测量》，华东师范大学出版社，1987。

[4] 戴海崎等：《心理教育测量》，暨南大学出版社，2003。

[5] 龚耀先等：《中国修订韦氏儿童智力量表手册》，湖南地图出版社，1993。

[6] 龚耀先等：《中国修订韦氏成人智力量表手册》，湖南地图出版社，1992。

[7] 龚耀先：《艾森克个性问卷手册》，湖南地图出版社，1984。

[8] 顾海根编著《学校心理测量学》，广西教育出版社，1999。

[9] 顾明远：《教育大辞典》，上海教育出版社，1998。

[10] 黄元龄：《心理及教育测验的理论与方法》，台湾大中国图书公司，1989。

[11] 金瑜主编《心理测量》，华东师范大学出版社，2001。

[12] 李丹、王栋：《瑞文测验联合型（CRT）中国修订手册》，华

东师范大学出版社,1989。

[13] 林传鼎、张厚粲:《韦氏儿童智力量表中国修订本测验指导书》,1988。

[14] 林文锉等:《心理测验法》,科学出版社,1988。

[15] 凌文辁、滨治世:《心理测验法》,科学出版社,1998。

[16] 〔美〕罗宾逊等主编《性格与社会心理测量总览》,杨中芳总校订,远流出版公司,1997。

[17] 彭凯平:《心理测验——原理与实践》,华夏出版社,1989。

[18] 宋维真、张瑶主编《心理测验》,科学出版社,1987。

[19] 宋杰等:《小儿智发育能检查法》,上海科学出版社,1985。

[20] 王垒等:《实用人事测量》,经济科学出版社,1999。

[21] 王书荃、张绪扬:《韦氏儿童智力量表得理论与应用》,人民教育出版社,1998。

[22] 汪明等:《心理试验和测量》,中国科学技术大学出版社,2002。

[23] 汪向东等编著《心理卫生评定量表手册》,中国心理卫生杂志社,1999。

[24] 吴天敏:《第三次订正中国比内测验说明书》,北京大学出版社,1980。

[25] 谢小庆等编著《洞察人生——心理测量学》,山东教育出版社,1992。

[26] 张厚粲:《瑞文渐进模型(标准本)中国修订本手册》,北京师范大学出版社,1989。

[27] 张继志主编《精神医学与心理卫生研究》,北京出版社,1994。

[28] 张明园主编《精神科评定量表手册》,湖南科学技术出版社,1998。

[29] 张世彗:《特殊学生鉴定与评量(第二版)》,心理出版社,2003。

[30] 郑日昌:《心理测量》,湖南教育出版社,1987。

[31] 郑日昌等:《心理测量学》,人民教育出版社,1999。

[32] Aiken, L. R, *Psychological Testing and Assessment*, Allyn and Bacon, Inc, 1988.

[33] American Psychological Association, "Ethical principles of psychologists", *American Psychologist*, 1990 (45).

[34] Anastasi, A et al. *Psychological Testing*, New Jersey: Prentice-Hall, 1997.

[35] Berg, M., "The feedback process in diagnostic psychological testing," *Bulletin of the Menninger Clinic*, 1985 (49).

[36] Finn, S. E. & Butcher, J. N., *The Clinical Psychology Handbook* (2nd ed.), New York: Pergamon Press, 1991.

[37] Finn, Stephen - E.; Tonsager, Mary E., "Therapeutic effects of providing MMPI - 2 test feedback to college students awaiting therapy," *Psychological-Assessment*, 1992 (9).

[38] Flynn, J. R., "Searching for justice: The discovery of IQ gainsover time," *American Psychologist*, 1999.

[39] Grahan, J. R et al., *Psychological Testing*, New, Jersey: Prentice-Hall, 1984.

[40] Groth-Marnat G. *Handbook of Psychological Assessment* (4rd ed.), New York: John Wiley & Sons, 2003.

[41] Hathaway, S. R., Mckinley, J. C., *MMPI Manual Revised*, New York: Psychological Corporation, 1976.

[42] Jackson C., *Understanding Psychological Testing*, UK: The British Psychological Society, 1996.

[43] Koper, Gerda, Van Knippenberg, Daan, Bouhuijs, Francien, Vermunt, Riel et-al., "Procedural fairness and self-esteem," *European Journal of Social Psychology*, 1993.

[44] Wechsler, D., *Wechsler Intelligence Scale for Children Fourth Edition: Technicaland Interpretive Manual*, San Antonio: The Psychological Corporation, 2003.

附表1　标准正态分布表

z	0	0.01	0.02	0.03	0.04	0.05	0.06	0.07	0.08	0.09
0	0.5000	0.5040	0.5080	0.5120	0.5160	0.5199	0.5239	0.5279	0.5319	0.5359
0.1	0.5398	0.5438	0.5478	0.5517	0.5557	0.5596	0.5636	0.5675	0.5714	0.5753
0.2	0.5793	0.5832	0.5871	0.591	0.5948	0.5987	0.6026	0.6064	0.6103	0.6141
0.3	0.6179	0.6217	0.6255	0.6293	0.6331	0.6368	0.6406	0.6443	0.6480	0.6517
0.4	0.6554	0.6591	0.6628	0.6664	0.6700	0.6736	0.6772	0.6808	0.6844	0.6879
0.5	0.6915	0.6950	0.6985	0.7019	0.7054	0.7088	0.7123	0.7157	0.7190	0.7224
0.6	0.7257	0.7291	0.7324	0.7357	0.7389	0.7422	0.7454	0.7486	0.7517	0.7549
0.7	0.7580	0.7611	0.7642	0.7673	0.7703	0.7734	0.7764	0.7794	0.7823	0.7852
0.8	0.7881	0.7910	0.7939	0.7967	0.7995	0.8023	0.8051	0.8078	0.8106	0.8133
0.9	0.8159	0.8186	0.8212	0.8238	0.8264	0.8289	0.8315	0.8340	0.8365	0.8389
1.0	0.8413	0.8438	0.8461	0.8485	0.8508	0.8531	0.8554	0.8577	0.8599	0.8621
1.1	0.8643	0.8665	0.8686	0.8708	0.8729	0.8749	0.8770	0.8790	0.8810	0.8830
1.2	0.8849	0.8869	0.8888	0.8907	0.8925	0.8944	0.8962	0.8980	0.8997	0.9015
1.3	0.9032	0.9049	0.9066	0.9082	0.9099	0.9115	0.9131	0.9147	0.9162	0.9177
1.4	0.9192	0.9207	0.9222	0.9236	0.9251	0.9265	0.9278	0.9292	0.9306	0.9319

续表

z	0	0.01	0.02	0.03	0.04	0.05	0.06	0.07	0.08	0.09
1.5	0.9332	0.9345	0.9357	0.9370	0.9382	0.9394	0.9406	0.9418	0.9430	0.9441
1.6	0.9452	0.9463	0.9474	0.9484	0.9495	0.9505	0.9515	0.9525	0.9535	0.9545
1.7	0.9554	0.9564	0.9573	0.9582	0.9591	0.9599	0.9608	0.9616	0.9625	0.9633
1.8	0.9641	0.9648	0.9656	0.9664	0.9671	0.9678	0.9686	0.9693	0.9700	0.9706
1.9	0.9713	0.9719	0.9726	0.9732	0.9738	0.9744	0.9750	0.9756	0.9762	0.9767
2.0	0.9772	0.9778	0.9783	0.9788	0.9793	0.9798	0.9803	0.9808	0.9812	0.9817
2.1	0.9821	0.9826	0.9830	0.9834	0.9838	0.9842	0.9846	0.9850	0.9854	0.9857
2.2	0.9861	0.9864	0.9868	0.9871	0.9874	0.9878	0.9881	0.9884	0.9887	0.9890
2.3	0.9893	0.9896	0.9898	0.9901	0.9904	0.9906	0.9909	0.9911	0.9913	0.9916
2.4	0.9918	0.9920	0.9922	0.9925	0.9927	0.9929	0.9931	0.9932	0.9934	0.9936
2.5	0.9938	0.994	0.9941	0.9943	0.9945	0.9946	0.9948	0.9949	0.9951	0.9952
2.6	0.9953	0.9955	0.9956	0.9957	0.9959	0.996	0.9961	0.9962	0.9963	0.9964
2.7	0.9965	0.9966	0.9967	0.9968	0.9969	0.997	0.9971	0.9972	0.9973	0.9974
2.8	0.9974	0.9975	0.9976	0.9977	0.9977	0.9978	0.9979	0.9979	0.998	0.9981
2.9	0.9981	0.9982	0.9982	0.9983	0.9984	0.9984	0.9985	0.9985	0.9986	0.9986
3.0	0.9987	0.9990	0.9993	0.9995	0.9997	0.9998	0.9998	0.9999	0.9999	1.0000

附表 2　相关系数显著性临界值表

df = N − 2	a = 0.10	0.05	0.01	0.005	0.001
1	0.988	0.997	1.000	1.000	1.000
2	0.900	0.950	0.990	0.995	0.999
3	0.805	0.878	0.959	0.974	0.991
4	0.729	0.811	0.917	0.942	0.974
5	0.669	0.755	0.875	0.906	0.951
6	0.621	0.707	0.834	0.870	0.925
7	0.582	0.666	0.798	0.836	0.898
8	0.549	0.632	0.765	0.805	0.872
9	0.521	0.602	0.735	0.776	0.847
10	0.497	0.576	0.708	0.750	0.823
11	0.476	0.553	0.684	0.726	0.801
12	0.457	0.532	0.661	0.703	0.780
13	0.441	0.514	0.641	0.683	0.760
14	0.426	0.497	0.623	0.664	0.742
15	0.412	0.482	0.606	0.647	0.725
16	0.400	0.468	0.590	0.631	0.708
17	0.389	0.456	0.575	0.616	0.693

附表2 相关系数显著性临界值表

续表

df = N − 2	a = 0.10	0.05	0.01	0.005	0.001
18	0.378	0.444	0.561	0.602	0.679
19	0.369	0.433	0.549	0.589	0.665
20	0.360	0.423	0.537	0.576	0.652
21	0.352	0.413	0.526	0.565	0.640
22	0.344	0.404	0.515	0.554	0.629
23	0.337	0.396	0.505	0.543	0.618
24	0.330	0.388	0.496	0.534	0.607
25	0.323	0.381	0.487	0.524	0.597
26	0.317	0.374	0.479	0.515	0.588
27	0.311	0.367	0.471	0.507	0.579
28	0.306	0.361	0.463	0.499	0.570
29	0.301	0.355	0.456	0.491	0.562
30	0.296	0.349	0.449	0.484	0.554
40	0.257	0.304	0.393	0.425	0.490
50	0.231	0.273	0.354	0.384	0.443
60	0.211	0.250	0.325	0.352	0.408
70	0.195	0.232	0.302	0.327	0.380
80	0.183	0.217	0.283	0.307	0.357
90	0.173	0.205	0.267	0.290	0.338
100	0.164	0.195	0.254	0.276	0.321
200	0.116	0.138	0.181	0.197	0.230
500	0.074	0.088	0.115	0.125	0.146
1000	0.052	0.062	0.081	0.089	0.104

图书在版编目（CIP）数据

心理测量实践教程/廉串德，梁栩凌编著.—北京：社会科学文献出版社，2011.4
（经济管理实践教材丛书）
ISBN 978-7-5097-2179-7

Ⅰ.①心… Ⅱ.①廉… ②梁… Ⅲ.①心理测量学-高等学校-教材 Ⅳ.①B841.7

中国版本图书馆 CIP 数据核字（2011）第 034666 号

·经济管理实践教材丛书·
心理测量实践教程

编　　著	/ 廉串德　梁栩凌
出 版 人	/ 谢寿光
总 编 辑	/ 邹东涛
出 版 者	/ 社会科学文献出版社
地　　址	/ 北京市西城区北三环中路甲 29 号院 3 号楼华龙大厦
邮政编码	/ 100029
网　　址	/ http：//www.ssap.com.cn
网站支持	/ （010）59367077
责任部门	/ 财经与管理图书事业部 （010）59367226
电子信箱	/ caijingbu@ssap.cn
项目负责人	/ 周　丽　赵学秀
责任编辑	/ 赵学秀
责任校对	/ 宋建勋
责任印制	/ 董　然
总 经 销	/ 社会科学文献出版社发行部 　（010）59367081　59367089
经　　销	/ 各地书店
读者服务	/ 读者服务中心 （010）59367028
排　　版	/ 北京步步赢图文制作中心
印　　刷	/ 北京季蜂印刷有限公司
开　　本	/ 787mm×1092mm　1/20
印　　张	/ 19.6
字　　数	/ 323 千字
版　　次	/ 2011 年 4 月第 1 版
印　　次	/ 2011 年 4 月第 1 次印刷
书　　号	/ ISBN 978-7-5097-2179-7
定　　价	/ 59.00 元

本书如有破损、缺页、装订错误，请与本社读者服务中心联系更换

版权所有　翻印必究